远红外光谱及技术应用

刘建学　编著

科学出版社
北　京

内 容 简 介

本书结合国内外远红外技术研究现状，总结了该领域的最新科技成果，融入了本团队一直以来在远红外技术及其应用技术方面的研究成果，是一本以远红外辐射技术、远红外光谱分析技术及其应用技术为主的较全面的远红外光谱技术方面的工具书或参考书。本书主要介绍远红外形成机理及其基础理论、远红外发射材料、适用于不同应用类型的远红外复合材料、远红外发热元件及技术、远红外光谱及其分析技术以及各应用技术等。

本书可供从事远红外技术领域的科技研发、工程设计、科技管理，以及化工、食品、医药、化妆品、纺织等领域的科技工作者参考，也可作为高等学校教师、研究生、本科生的教学参考书。

图书在版编目(CIP)数据

远红外光谱及技术应用/刘建学编著. —北京：科学出版社，2017.10

ISBN 978-7-03-054585-5

Ⅰ. ①远… Ⅱ. ①刘… Ⅲ. ①远红外辐射-红外分光光度法 Ⅳ. ①0657.33

中国版本图书馆 CIP 数据核字（2017）第 231001 号

责任编辑：钱 俊 胡庆家/责任校对：邹慧卿

责任印制：张 伟/封面设计：陈 敬

科 学 出 版 社 出版

北京东黄城根北街 16 号

邮政编码：100717

http://www.sciencep.com

北京虎彩文化传播有限公司 印刷

科学出版社发行 各地新华书店经销

*

2017 年 10 月第 一 版 开本：720×1000 B5

2020 年 3 月第四次印刷 印张：12 1/4

字数：240 000

定价：78.00 元

（如有印装质量问题，我社负责调换）

前　言

远红外技术曾被国外学者称作可与纳米技术媲美的21世纪具有巨大发展潜力的新技术。就我国目前能源消耗而言，有研究表明，能量利用率提高10%，就等于节约标准煤1.4亿吨。远红外技术在农产品/食品加工领域最广泛的应用在于加热、干燥方面，其显著特点体现在加工产品品质高、节能环保、利于实现机械化及智能化生产等方面，适宜于规模化的现代化生产，是一项具有可持续发展、节约能源的绿色加热技术。

尽管远红外技术具有这么好的优点，但是在我国各领域的应用却仍停留在传统应用技术上，特别是在农产品/食品加工方面，应用较多的仍然是碳化硅、石英晶体等发射谱段较宽的材料，不论何种加工物料，其吸收谱段一般都在这些远红外发射材料发射谱段范围之内，使得热能转换利用效率不高。有一个问题似乎没有得到太大关注，那就是远红外发射材料的发射谱与被加工物料吸收谱的匹配问题。可利用的远红外发射材料非常多，不同种类物料的远红外吸收大不相同，解决好这个匹配问题，可以使得热能转换、热能利用效率翻倍甚至几倍地提高，在当今能源紧缺的现实状况下，能源利用率的提高无疑会产生巨大的经济和社会效益，希望引起相关研究者和生产者的关注。

有关远红外技术应用方面的图书近些年少有出版，其原因大概有两方面：一是认为该领域的研究没有什么新鲜视点可供关注；二是认为传统 加热技术应用不容易出成果，转而趋向新材料或复合材料方面的研究。远红外辐射的主要功用是辐射热，认为只要能提供热量，起到热源的效果即可，在光谱匹配等精准加工方面的研究成果较少。例如，对辐射板在热场中的排列、辐射板与被加热物料的距离、辐射热的有效利用等问题关注较少，也没有考虑到加工产品品质提升等问题。

本书得到了河南科技大学专著出版经费的资助。第1章由刘建学编著，第2章由韩四海编著，第3章由李佩艳编著，第4章由李璇编著。全书插图、表格及公式由李璇编排和修改。鉴于作者水平有限，书中不妥之处在所难免，恳请业内专家不吝指正。尽管如此，希望本书在为该领域的科技工作者提供查阅和帮助的同时，能够吸引更多的专家学者加入到远红外技术研究队伍中来，为这项技术的发展发挥作用。

刘建学

2017年初夏于洛阳

目　录

第1章 绪　　论

远红外辐射是一种热辐射。自然界中物体总是不断地吸收其他物体辐射出来的能量，而温度高于绝对零度（−273℃）的物体会将一部分能量以一定的波长辐射出去，现代物理学称之为热辐射。当物体吸收能量，就会发生电子振动，使电子跃迁到高一级能级，脱离原来的轨道。如果有能量来源，还会跃迁到更高的能级上，但这种状态是不稳定的，随时都有跳回到原能级的趋势。在从高能级到低能级的过程中，会释放能量，把这种能量称为辐射能。辐射能以红外线的形式输出，故所有绝对温度以上的物体，无一例外地发射出不同程度的红外线。

红外线是由著名德国科学家赫歇尔在一次科学实验中发现的。1800年，他设计了一个简单的实验，让阳光通过三棱镜，产生七彩光谱，利用三支涂黑酒精球的温度计（为了最大限度地吸收辐射热），一支置于可见光某一色光中，另两支置于可见光外作为背景值的测量，发现从紫光、蓝光、绿光、黄光、橙光到红光，温度依次增高。令人不可思议的是，他发现在红光区域旁，肉眼看不见光线的地方，温度居然更高，据此推断这里有眼睛看不到的光！这是人类第一次发现肉眼不可见的光，称为“红外线”。于是他断定，在太阳的可见光线以外存在着一种人的肉眼无法看见的光线，但它的物理特性与可见光线极为相似，有着明显的热辐射。由于它位于可见光中红光的外侧，故而称之为红外线。

太阳光线可简单地划分为可见光和不可见光。可见光经三棱镜后会折射出紫、靛、蓝、绿、黄、橙、红颜色的光线（光谱），其波长范围为380～780nm，在电磁波谱（图1.1）中仅包含一个较小的波段。不可见光则包含波长范围为10^{-5}～380nm的γ射线、X射线、紫外线和波长范围为750～3×10^{13}nm的红外线、微波及无线电波。其中750～10^{6}nm波段为红外线，是一种具有强热作用的放射线。红外线的波长范围很宽，人们将不同波长范围的红外线分为近红外、中红外和远红外区域，相对应波长的电磁波称为近红外线、中红外线及远红外线。红外线是一种光波，它的波长比无线电波短，比可见光长。任何物体都可发射红外线，但我们的眼睛却看不到，只能感受到热量的存在。远红外线是靠近微波的一个波段，波长范围为750～10^{3}nm。

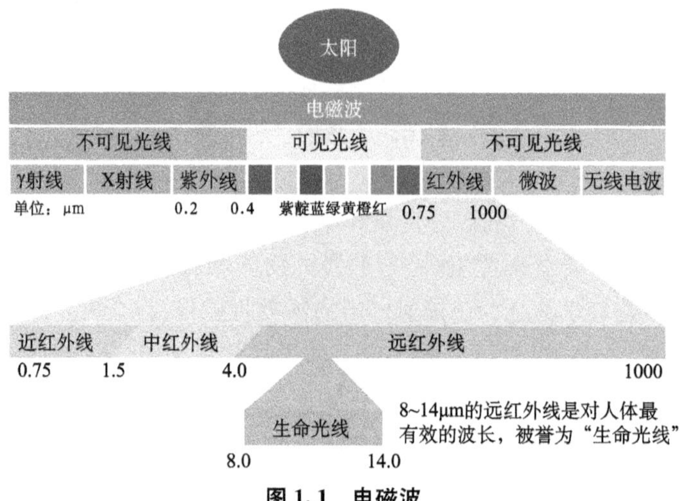

图 1.1 电磁波

1.1 远红外光谱的产生

远红外光谱是指物质在远红外区的吸收光谱或发射光谱。物体的红外发射光谱主要决定于物体的温度和化学组成，由于测试比较困难，红外发射光谱只是一种正在发展的新的实验技术，如激光诱导荧光。当前，红外光谱仪专门为发射光谱设置了发射模件，可以方便地测定发射光谱。

将一束不同波长的红外射线照射到物质的分子上，某些特定波长的红外射线被吸收，形成这一分子的红外吸收光谱。每种分子都有由其组成和结构决定的独有的红外吸收光谱，它是一种分子光谱。例如，水分子有较宽的吸收峰，所以分子的红外吸收光谱属于带状光谱。原子也有红外发射和吸收光谱，但都是线状光谱。

1.1.1 电磁波

电磁波（又称电磁辐射）是由同相振荡且互相垂直的电场与磁场在空间中以波的形式移动，其传播方向垂直于电场与磁场构成的平面，可以有效地传递能量和动量。电磁辐射可以按照频率分类，从低频率到高频率，包括无线电波、微波、红外线、可见光、紫外线、X 射线和 γ 射线等（图 1.1）。人眼可接收到的电磁辐射，波长在 380～780nm，称为可见光。只要是本身温度大于绝对零度的物体，都可以发射电磁辐射，而目前世界上并未发现低于或等于绝对零度的物体。因此，人们周边所有的物体时刻都在进行电磁辐射。尽管如此，只有处于可见光频域以内的电磁波，才是可以被人们看到的。电磁波不需要依靠介质传播，各种电磁波在真空中的速率固定，速度为光速。

电磁波首先由詹姆斯·麦克斯韦于1865年预测出来，而后由德国物理学家海因里希·赫兹于1887年至1888年间在实验中证实存在。麦克斯韦推导出电磁波方程，这是一种波动方程，清楚地显示出了电场和磁场的波动本质。因为电磁波方程预测的电磁波速度与光速的测量值相等，所以麦克斯韦推论光波也是电磁波。

对于无限大各向同性均匀介质中电磁场运动形式，空间不存在自由电荷和传导电流，即 $\rho_0=0, j_0=0$，则麦克斯韦方程组可表示为

$$\left.\begin{aligned} &\nabla \cdot \boldsymbol{E} = 0 \\ &\nabla \cdot \boldsymbol{B} = 0 \\ &\nabla \times \boldsymbol{E} = -\frac{\partial \boldsymbol{B}}{\partial t} \\ &\nabla \times \boldsymbol{B} = \varepsilon\mu \frac{\partial \boldsymbol{E}}{\partial t} \end{aligned}\right\} \tag{1.1}$$

假设平面电磁波沿 z 轴方向传播，则 $\boldsymbol{E}$ 和 $\boldsymbol{B}$ 都只是 t 的函数，麦克斯韦方程组可改写为

$$\begin{aligned} &\frac{\partial E_z}{\partial z} = 0, \quad \frac{\partial E_x}{\partial z} = -\frac{\partial B_y}{\partial t}, \quad \frac{\partial E_y}{\partial t} = \frac{\partial B_x}{\partial t} \\ &\frac{\partial B_z}{\partial z} = 0, \quad \frac{\partial B_y}{\partial z} = -\varepsilon\mu \frac{\partial E_x}{\partial t}, \quad \frac{\partial E_x}{\partial z} = \varepsilon\mu \frac{\partial B_y}{\partial t} \\ &\frac{\partial B_z}{\partial t} = 0, \quad \frac{\partial E_z}{\partial t} = 0 \end{aligned} \tag{1.2}$$

电磁波中电场和磁场矢量沿传播方向(纵向)的分量 E_z 和 B_z 是常量，不随时间和空间变化，$E_z=0, B_z=0$。因此，得到电磁波的第一条性质，电磁波是横波。

电磁波的横波性质说明，电磁波沿 z 方向传播，则电场矢量和磁场矢量只能处于 xy 平面内。

若选择电场矢量沿 x 方向，则 $E_y=0$。可以得到

$$\frac{\partial B_x}{\partial t} = 0, \quad \frac{\partial E_z}{\partial z} = 0 \tag{1.3}$$

这时，磁场矢量的 x 分量必定等于0，也就是磁场矢量只能沿 y 方向。因此，得到电磁波的第二条性质，电磁波的电场矢量 $\boldsymbol{E}$ 与磁场矢量 $\boldsymbol{B}$ 是互相垂直的，并与传播方向 k 满足右手螺旋关系。

电磁波的磁场、电场及其行进方向互相垂直。振幅沿传播方向的垂直方向做周期性交变，其强度与距离的平方成反比，波本身带动能量，任何位置之能量功率与振幅的平方成正比，其速度等于光速 $c(3\times10^8\,\mathrm{m/s})$。在空间传播的电磁波，距离最近的电场(磁场)强度方向相同，其量值为最大两点之间的距离，就是电磁波

的波长 λ，电磁每秒钟变动的次数便是频率 f。三者之间的关系可通过公式 $c=\lambda f$ 表示。

电磁波的传播不需要介质，同频率的电磁波，在不同介质中的速度不同。不同频率的电磁波，在同一种介质中传播时，频率越大折射率越大，速度越小，且电磁波只有在同种均匀介质中才能沿直线传播，若同一种介质是不均匀的，电磁波在其中的折射率是不一样的，在这样的介质中是沿曲线传播的。通过不同介质时，会发生折射、反射、衍射、散射及吸收等。电磁波的传播有沿地面传播的地面波，还有从空中传播的空中波以及天波。波长越长其衰减也越少，电磁波的波长越长也越容易绕过障碍物继续传播。机械波与电磁波都能发生折射、反射、衍射、干涉，因为所有的波都具有波动性。衍射、折射、反射、干涉都属于波动性。

红外线是电磁波中的一员，红外光谱区在可见光与微波区之间，其波长范围一般为 0.75～1000μm。红外线按其波长不同又划分为近红外线、中红外线和远红外线三种，其中波长 0.75～2.5μm（波数 13333～4000cm^{-1}）为近红外线；波长 2.5～25μm（波数 4000～400cm^{-1}）为中红外线；波长 25～1000μm（波数 400～10cm^{-1}）为远红外线。远红外线具有电磁波的一切性质。

1.1.2　远红外光谱的产生与简介

1676 年，英国人牛顿用玻璃做的三棱镜发现了红、橙、黄、绿、蓝、靛、紫的光带——太阳光谱。1800 年，英国人赫歇尔想测量各种不同颜色的光中到底有多少热量，就重复了牛顿的实验，并把太阳光从一个细缝引到黑暗的屋内，让它经过玻璃三棱镜，之后桌上出现一个彩色的光带，在光带各种颜色上分别放一个水银温度计。有一次他偶然发现靠近红色的在黑暗处的温度计升温特别快，其温度比放在任何颜色上的温度计都要高得多。于是，他写信给英国皇家学会报道：“……太阳光中的热至少有一部分是包含在一种看不见的光线中……”于是，以后就把这部分的热称为“看不见的光线”，现在称为红外线或红外辐射，也称作热辐射。虽然，红外辐射在 19 世纪初就被发现了，可是真正广泛地应用到工业、军事上却是在第二次世界大战期间。

1. 黑体辐射

1）吸收、反射和透射率之间的关系

要了解这三者的关系，首先应研究反射、吸收和透射的内在联系。当辐射能投射到一个物体表面时，有一部分会被反射，而剩下来的那部分将进入到物体内部，如果物体是不透明的，则进入到物体内的能量将全部被吸收，而且转化为热能引起物体温度升高，如果物体是透明的，那么除去被吸收的部分外，还会有一部分辐射能透射出去。一般说来，入射的辐射能总量应当等于反射、吸收和透射能量的总和。我们还不能找到一个理想的反射体或理想的吸收体，事实上，大量的物质在透明与不透明两者之间并没有明显的基本界限。

如果辐射到某一物体的总功率为 P_0，其中一部分 P_α 被吸收，一部分 P_ρ 被反射，另一部分 P_τ 穿透该物体，则

$$P_0 = P_\alpha + P_\rho + P_\tau \tag{1.4}$$

将上式两端各除以 P_0，得

$$\frac{P_\alpha}{P_0} + \frac{P_\rho}{P_0} + \frac{P_\tau}{P_0} = 1 \tag{1.5}$$

上式左边第一项比值称为物体的吸收率 α，第二项称为物体的反射率 ρ，第三项则称为物体的透射率 τ，故

$$\alpha + \rho + \tau = 1 \tag{1.6}$$

顺便指出，一种材料的吸收率 α、反射率 ρ 和透射率 τ 是指对该材料的标准试样(规定的表面处理、表面粗糙度、表面清洁度及厚度等条件的试样)进行相应测试所得的数据。当具体试样的表面状态、厚度等不同时，测试所得数据可能会与标准试样的数据相差很大。因而，当所测材料不是标准试样时，其相应地被称为吸收系数、反射系数和透射系数。

根据式(1.6)可以得到，若 $\alpha=1$，则 $\rho=\tau=0$，也就是说，所有落在物体上的辐射能完全被该物体吸收，这一类物体称为绝对黑体或简称黑体。

若 $\rho=1$，则 $\alpha=\tau=0$，亦即所有落在物体上的辐射能完全被反射出去。如果反射的情况是正常反射，即符合几何光学中反射定律规定的反射角等于入射角，该物体称为镜体；如果是漫反射，则该物体称为白体。

若 $\tau=1$，则 $\alpha=\rho=0$，此时，所有落在物体上的辐射能全部穿透过去，这一类物体称为绝对透明体。自然界中不存在绝对黑体、绝对白体和绝对透明体。α、ρ、τ 值与物体的材料、表面状况、温度及辐射线的波长有关。

2)普朗克定律

1900年，普朗克(Max Planck)提出了一个可求出能量分布的普遍方程式，其基本出发点是，辐射是基本质点发生振动的结果，这种振子能够激发电磁波，但辐射的能量只能是量子化的。而且由振子发射或吸收的量子能与辐射的频率有关。即能量量子化的假设：辐射中心是带电的谐振子，它能够同周围的电磁场交换能量；谐振子的能量是不连续的，是一个量子能量 $\varepsilon=h\nu$ 的整数倍。根据经典理论，能量为 $n\varepsilon$ 的几率为 $\rho \propto \mathrm{e}^{-n\varepsilon/kt}$。

设 $\rho=\alpha \mathrm{e}^{-n\varepsilon/kt}$，则谐振子平均能量为 $E=\sum \rho \cdot n\varepsilon = \alpha \sum n\varepsilon \mathrm{e}^{-n\varepsilon/kt}$，且 $\sum \rho = 1$，故

$$E = \frac{\alpha \sum n\varepsilon \mathrm{e}^{-n\varepsilon/kt}}{\sum \rho} = \frac{\varepsilon \sum n \cdot \varepsilon \mathrm{e}^{-n\varepsilon/kt}}{\sum \mathrm{e}^{-n\varepsilon/kt}}$$

利用级数展开公式 $\frac{1}{1-x}=\sum x^n$ 和 $\sum_{n=0}^{\infty} n\mathrm{e}^{-ny}=-\frac{\mathrm{d}}{\mathrm{d}y}\sum_{n=0}^{\infty}\mathrm{e}^{-ny}$ 可得

$$E=\frac{\varepsilon}{\mathrm{e}^{-n\varepsilon/kt}-1}$$

空腔内单位体积内频率在 $\nu\sim(\nu+\mathrm{d}\nu)$ 的振动数目为$\frac{8\pi\nu^2}{c^3}\mathrm{d}\nu$，所以能量密度为

$$\rho(\nu)\mathrm{d}\nu=\frac{8\pi\nu^2}{c^3}\cdot\frac{\varepsilon}{\mathrm{e}^{-n\varepsilon/kt}-1}\mathrm{d}\nu$$

将 $\varepsilon=h\nu$ 代入，得

$$\rho(\nu)\mathrm{d}\nu=\frac{8\pi h\nu^3}{c^3}\cdot\frac{1}{\mathrm{e}^{-n\varepsilon/kt}-1}\mathrm{d}\nu$$

即单位时间内从黑体表面的单位面积在半球内所辐射的能量对频率的分布关系，此即普朗克定律。黑体的光谱辐出度 M_λ 与波长 λ 和温度 T 的关系为

$$M_\lambda=\frac{\partial M}{\partial\lambda}=\frac{2\pi hc^2}{\lambda^5}\cdot\frac{1}{\mathrm{e}^{hc/k\lambda T}-1}\tag{1.7}$$

式中，h 为普朗克常量，$h=(6.626176\pm0.000036)\times10^{-34}\,\mathrm{W\cdot s^2}$；$k$ 为玻尔兹曼常量，$k=(1.380662\pm0.000044)\times10^{-23}\,\mathrm{W\cdot s\cdot K^{-1}}$；$c$ 为光速，$c=(2.99792458\pm0.000000012)\times10^{10}\,\mathrm{cm\cdot s^{-1}}$；$\lambda$ 为波长，单位为μm；T 为温度，单位为 K。
将上面的物理常量代入式(1.7)，可以写成

$$M_\lambda=\frac{c_1}{\lambda^5}\cdot\frac{1}{\mathrm{e}^{c_2/\lambda T}-1}\tag{1.8}$$

式中，c_1为第一辐射常量，$c_1=3.741832\times10^4\,\mathrm{W\cdot cm^{-2}\cdot\mu m^4}$；$c_2$为第二辐射常量，$c_2=1.438786\times10^4\,\mathrm{\mu m\cdot K}$。

3）斯特藩-玻尔兹曼定律

斯特藩-玻尔兹曼定律是热力学中的一个著名定律：一个黑体表面单位面积在单位时间内辐射出的总能量（称为物体的辐射度或能量通量密度）M 与黑体本身的热力学温度 T（又称绝对温度）的四次方成正比，即

$$M=\sigma T^4\tag{1.9}$$

式中，M 为黑体辐出度，单位为 $\mathrm{W\cdot s^{-1}\cdot cm^{-2}}$；$\sigma$ 为斯特藩-玻尔兹曼常量，$\sigma=(5.67032\pm0.00071)\times10^{12}\,\mathrm{W\cdot cm^{-2}\cdot K^{-4}}$。

该定律由斯洛文尼亚物理学家约瑟夫·斯特藩（Jožef Stefan）和奥地利物理学家路德维希·玻尔兹曼分别于 1879 年和 1884 年各自独立提出。提出过程中，斯特藩是通过对实验数据的归纳总结，玻尔兹曼则是从热力学理论出发，通过假设用光（电磁波辐射）代替气体作为热机的工作介质，最终推导出与斯特藩的归纳结果相同的结论。本定律最早由斯特藩于 1879 年 3 月 20 日以《论热辐射与温度的关系》为论文题目发表在维也纳科学院的大会报告上，这是唯一一个以斯洛文

尼亚人的名字命名的物理学定律。它能够很方便地通过对黑体表面各点的辐射谱强度应用普朗克黑体辐射定律，再将结果在辐射进入的半球形空间表面以及所有可能辐射频率进行积分而得到，即

$$M = \int_0^\infty d\nu \int_{\Omega_0} d\Omega I(\nu, T)\cos(\theta)$$

式中，Ω_0为黑体表面一点的辐射进入的半球形空间表面(以辐射点为球心)；$I(\nu, T)$为在温度T时黑体表面的单位面积在单位时间、单位立体角上辐射出的频率为ν的电磁波能量。式中包括了一个余弦因子，因为黑体辐射在几何上严格符合朗伯余弦定律。将几何微元关系 $d\Omega=\sin(\theta)d\theta d\phi$ 代入上式并积分得

$$M = \int_0^\infty d\nu \int_0^{2\pi} d\phi \int_0^{\pi/2} d\theta I(\nu, T)\cos(\theta)\sin(\theta) = \frac{2\pi^5 k^4}{15c^2 h^3} T^4 \tag{1.10}$$

该定律表明，从“绝对黑体”表面发射的总功率即各种波长下辐射功率之和，与波长无关，只与黑体表面的绝对温度的四次方成正比。

4)维恩位移定律

每一种温度的M_λ-λ 曲线都有一个峰值，随着温度的升高此峰值向短波方向移动。下面的维恩位移定律便可用于计算位移的情况：

$$\lambda_m T = 2897.8\mu m \cdot K \tag{1.11}$$

维恩位移定律表明，黑体光谱辐出度的峰值波长λ_m与黑体的绝对温度T成反比。由维恩位移定律可以计算出：人体(T=310K)辐射的峰值波长约为9.4μm；太阳(看成T=6000K的黑体)的峰值波长约为0.48μm。可见，太阳辐射的50%以上功率是在可见光区和紫外区，而人体辐射几乎全部在红外区。

将式(1.11)代入式(1.8)，可得

$$M_{\lambda,m} = bT^5 \tag{1.12}$$

式中，$b=1.2866\times10^{-15} W \cdot cm^{-2} \cdot \mu m^{-1} \cdot K^{-5}$。

式(1.12)是维恩位移定律的另一种形式。它表明，黑体的光谱辐出度的峰值与绝对温度的五次方成正比。

2. 非黑体辐射

1)基尔霍夫定律

对于非黑体，如果用ε表示非黑体的辐出度M'与同温度的黑体辐出度M之比，即

$$\varepsilon = \frac{M'}{M} \tag{1.13}$$

式中，ε称为发射率。由于同一温度下的黑体辐出度最大，所以非黑体的发射率是0～1的一个值。根据辐射源的ε随波长变化的情况，辐射源可分为三类：

(1)黑体$\varepsilon(\lambda)=\varepsilon=1$；

(2)灰体 $\varepsilon(\lambda)=\varepsilon=$常数(小于 1);

(3)选择性辐射体 $\varepsilon(\lambda)$随波长而变。

在自然界中几乎所有物体的辐射都有选择性。具有粗糙表面的固体的选择性最小,大多数工程材料的辐射具有很小的选择性,它们可看成灰体。灰体的辐射也和黑体一样具有连续光谱,且其光谱曲线的形状与黑体类似。在相同温度下灰体和黑体具有相同的峰值波长。三种辐射体的光谱发射率及光谱辐出度随波长变化的情况如图 1.2 所示。气体辐射的选择性大,例如,水汽和二氧化碳气体,在某些波长范围内发射率大,而在另外一些波长范围内则发射率小。

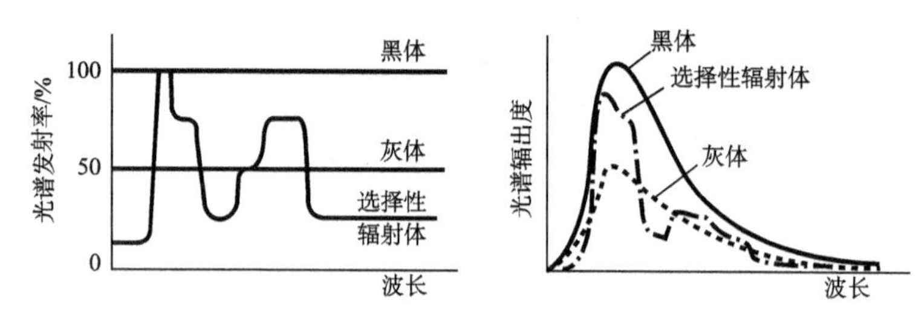

图 1.2　CO_2在以 4.3μm 为中心的波段内的发射率

基尔霍夫发现,在任一给定温度的热平衡条件下,任何物体的辐出度 M' 和吸收率 α 之比都相同,且恒等于同温度下绝对黑体的辐出度 M,即

$$\frac{M'}{\alpha}=M \quad 或 \quad \frac{M'}{M}=\alpha \tag{1.14}$$

这就是基尔霍夫定律。

如果将式(1.14)和式(1.13)相比,就可看出,任何不透明材料的发射率在数值上等于同温度的吸收率,即

$$\varepsilon=\alpha \tag{1.15}$$

因而好的吸收体也是好的发射体。由前面关于黑体的定义可知黑体的吸收率最大,等于1,所以黑体的发射率也最大,也等于1。由斯特藩-玻尔兹曼定律可得,黑体的辐出度为

$$M=\alpha T^4 \tag{1.16}$$

因而非黑体的辐出度就可表示为

$$M'=\varepsilon\alpha T^4 \tag{1.17}$$

上述几种情况,实际上就反映了物质的辐射光谱、吸收光谱与反射光谱的内在联系。例如,式(1.15)反映的是辐射谱与吸收谱的对应关系。

基尔霍夫定律的物理意义在于,物体的发射本领与其吸收本领的比值,与物体的性质无关,而是波长和温度的普适函数,因此,吸收率越大的物体,辐射度也大。在热平衡情况下,一方面物体之间的能量交换仍在继续进行;另一方面热平衡的状态又不允许破坏,所以,在单位时间内,吸收能量多的物体,辐射出的能量

也多;吸收能量少的物体,辐射出的能量也少。对整个系统来说,可以保持动态热平衡状态。所以,良吸收体也是良辐射体。

基尔霍夫辐射定律是一个极其普遍的规律,也是热辐射最重要的定律。由这个定律我们可以看出,一方面,对任何物体来说,物体的发射本领和吸收本领的比值跟物体的性质及表面状况毫无关系;另一方面,对每一种物体来说,它的发射本领的大小和它的吸收能量的多少是与物体的种类和它的表面状况密切相关的。

由于总会有不同程度的反射或透射,自然界的一切热辐射体的吸收率都是小于1的。自然界不存在绝对黑体,但是,人们可以通过改变物体的形状和构造的方式来改变物体的吸收率。

2)物体发射率的影响因素

固体材料的光谱发射率与很多因素有关,其中主要与材料、温度、波长及表面粗糙度等有关。

绝大多数金属材料在$\lambda=0.65\mu m$,在表面无氧化物覆盖时发射率均小于0.4,只有少数金属如钨、锰、铁、钛的ε高于0.5。但是在具有氧化物的金属或合金及非金属材料的ε则较高,在温度低于350K时,一般大于0.7。

温度对物体的发射率也有影响。研究表明发射率随温度增高而增高的现象在多数情况下是在波长较大($\lambda>5\mu m$)的条件下成立的。波长较短的条件下会出现逆现象。图1.2出现一种"x"点现象,即在某一个波长处,$\varepsilon-\lambda$曲线出现交叉现象,在波长小于该点时,ε随温度的增加而降低。

波长对发射率也有影响。非导电材料的发射率随温度的增加一般呈缓慢的下降趋势。发射率随波长的变化关系较为复杂。表面处理可能会对发射率有重要影响。

3. 远红外辐射模型

远红外辐射是自然界各种物质普遍存在的客观现象,对这种现象的解释和研究,科学界曾提出许多经典物理模型,主要有自由电子模型、谐振子模型、阻尼振子模型以及振子耦合模型等。这些物理模型可以在一定范围内解释电磁辐射与物质之间相互作用(尤其是辐射的发射和吸收)的某些现象,但均有一定的局限性,直到量子理论出现以后,通过全新概念的量子化振子模型和统计法,才真正弄清楚了热辐射的光谱分布规律。

1)自由电子模型

经典电磁理论认为,电磁辐射是由电荷加速运动引起的,而物质的最基本单元是原子和其内部的电子,因此,对于产生电磁辐射最先提出的物理模型是自由电子模型。所谓自由电子就是没有被力束缚在特定中心上的电子。在金属中的传导电子,当忽略其与晶格离子的碰撞效应,或者电子虽被束缚在某个原子附近,但只要它与原子的耦合作用可以忽略，仍可将它看成自由电子。

产生辐射的自由电子模型认为，一个自由电子在外加周期电场 $E_0 e^{j\omega t}$ 作用下，由于电子不受局部中心力束缚，其运动方程可写为

$$m_e \frac{d^2 x}{dt^2} = eE_0 e^{j\omega t} \tag{1.18}$$

式中，m_e为电子的质量；E_0 为电子的电荷；x 为电子离开平衡位置的位移；$\omega=2\pi\nu$ 为外加周期电场的角频率。

如果设电场的初速度和平衡位置为零，则式(1.18)的解为

$$x(t) = -\frac{eE_0}{m_e\omega^2} e^{j\omega t} \tag{1.19}$$

可见，自由电子在外加周期电场中将以外场频率做振动，振幅随外场频率的平方变化，但不会发生共振。在给定的电场中，自由电子的振动频率和振幅不变，这说明它不会与外场交换能量，既不会发生辐射又不会产生吸收。因此，自由电子模型由于忽略了电子电荷所受的束缚力，最终并没能解释物质产生和吸收电磁辐射的问题。

2)谐振子模型

考虑电荷是被某种力束缚在固定的位置附近，可克服自由电子模型的缺点。在经典物理学中，认为晶体结构中的原子和分子是由于弹性力束缚的，因此，电子和离子是由弹性力作用，在 $x=0$ 的平衡位置做谐振动。当电子或离子离开平衡位置时，其所受的回复力为 Gx(G 为回复力常数)，如果除此之外假设电子不受其他力的作用，则其运动方程为

$$m_e \frac{d^2 x}{dt^2} + Gx = 0 \tag{1.20}$$

解这个微分方程得

$$x(t) = x_0 e^{j2\pi\nu_0 t} \tag{1.21}$$

式中，$\nu_0 = \frac{1}{2\pi}\sqrt{\frac{G}{m_e}}$ 。

从以上结果可知，谐振子模型中电子以固有频率 ν_0 在平衡位置附近做简单的无阻尼谐振动，ν_0 为与外场的共振频率，同时，这个振动的电荷将感生一个频率为 ν_0 的电磁场。但是，谐振子模型中的电荷谐振动无限长的无衰减发生。所以也没有与外界交换能量，因此，这个模型仍无法解释辐射的起源。

3)阻尼振子模型

谐振子模型虽然解释了共振频率的存在，但由于忽略了振子向外界发射辐射的能量交换而产生振幅衰减，所以是不完善的。阻尼振子模型弥补了这个缺点，在运动方程中加了一项阻尼力，则在无其他外力作用的情况下，振子的运动方程为

$$m_e \frac{d^2 x}{dt^2} + R \frac{dx}{dt} + Gx = 0 \tag{1.22}$$

解式(1.19)得

$$x(t) = x_0 e^{-(R/2m_e)t} \cdot e^{j2\pi\nu t} \tag{1.23}$$

设 $R/m_e = r$ 为衰减常数，则

$$x(t) = [x_0 e^{-(r/2)t}] e^{j2\pi\nu t} \tag{1.24}$$

其中，共振频率为

$$\nu = \frac{1}{2\pi}\sqrt{\frac{G}{m_e} - \left(\frac{R}{2m_e}\right)^2} \approx \nu_0$$

从上式结果可知，当衰减常数 r 很小时，共振频率 ν 可近似为谐振子的共振频率，即 $\nu \approx \nu_0$。阻尼振子的振幅以指数规律衰减，这种能量的衰减将会产生振子向外界发射辐射。因此，阻尼振子模型定性地解释了振子的能量衰减是物质产生辐射现象的根源，并可由运动方程式(1.20)计算出共振光谱近似的波长区。根据固体中原子或离子的结合力常数 G 和折合质量 m_e，可计算在 $10^{10} \sim 10^{14}$ Hz 的红外区域存在共振频率。在实际的固体中，其吸收、发射和反射过程都显示出了红外共振区的存在。

阻尼振子模型还可以解释在共振频率附近的发射和吸收具有一定的频率宽度。将式(1.18)和式(1.22)对比，可知当衰减常数 $r = R/m_e = 0$ 时，即使是在无阻尼的振子情况下，振动也与时间无关，振动频率是固定的，没有带宽。若衰减常数 $r = R/m_e \neq 0$，则振子将按式(1.24)做减幅振动。振动能量与振幅平方成正比。因此，振子的振动时间是有限的。如果将振子能量消耗到原始值的 $1/e$ 所需要的时间 I 定义为振动时间或寿命，则

$$I = 1/R = m_e/R$$

阻尼振子的衰减振动过程并不是简单的正弦或余弦振动，而是傅里叶分量的叠加，因而有一定的频率宽度。因此，振子的响应，即振子发射或吸收辐射的频率分布是一个连续函数 $I(\nu)$。经傅里叶分析，该连续函数为

$$I(\nu) = A \frac{1}{4\pi^2 (\nu - \nu_0)^2 + r^2/4} \tag{1.25}$$

式中，A 为振子振幅强弱与振动电荷振幅之间的关系。

由此可知，在共振的中心频率 $\nu = \nu_0$ 处，振子发射或吸收的强度达到最大值：

$$I_{\max} = 4A/r^2 \tag{1.26}$$

当强度下降到最大值的一半时，设 $\nu = \nu_0 \pm \alpha$，则频率宽度 2α 也称为谱线宽度：

$$2\alpha = \frac{r}{2\pi} = \frac{1}{2\pi I} \tag{1.27}$$

由此看来，振子发射或吸收的谱线宽度取决于阻尼振子的有限寿命。

4)振子耦合模型

在阻尼振子模型中,振子与电磁辐射的相互作用具有明显的频率选择性。如果两个相距很远的辐射原子,由于彼此互不相干,则根据阻尼振子模型,将具有相同的共振频率和有限的谱线宽度。但如果两个振子之间的距离缩小,则一个振子的运动将会受到另一个振子的相互作用力(如静电性质的作用力),通常把这种相互作用称为相互耦合。耦合的作用造成两个原子振动的相位不同,每个辐射原子上的回复力常数 G 不同,于是,对这种两原子体系持有两个频率响应(即在两个分开的频率上共振)。也就是说振子的耦合使振子的响应获得一个附加频率。当体系里具有更多的原子,并形成密集的结构时,因为各振子间的距离有大有小,致使每个振子与辐射场相互作用的频率响应产生连续变化,最后形成一个连续的频率响应区。

4. 远红外辐射机理

在了解上述基本理论和远红外辐射模型之后,无论是从光学还是从热学探讨远红外产生的机理,都必须涉及原子结构、量子理论等内容,这里有必要先明确几个基本概念。

1)几个基本概念

A. 量子数

量子数是表征微观粒子运动状态的一些特定数字。量子化的概念最初是由普朗克引入的,即电磁辐射的能量和物体吸收的辐射能量只能是量子化的,是某一最小能量值的整数倍,这个整数 n 称为量子数。这与我们以往所熟悉的一些物理量如能量、长度等连续性变化概念不相符,能量的增减只能做跳跃式变化而不能做连续性变化,并且任意一个高能态在数值上都是低能态的整数倍,称这种相应物理量间的整数倍为量子数。事实上不仅原子的能量,它的动量、电子的运行轨道、电子的自旋方向也都是量子化的,即电子的动量、运动轨道的分布和自旋方向都是不连续的。

B. 能级、基态和激发态

所谓能级,就是原子所能具有的量子化能量状态的一系列等级。在正常状态下,原子在具有最小能值的定态中;换言之,在正常状态下原子处在最低能级中,称这种能量最低的状态为基态。当原子受到外来作用如加热、放电或其他方式,也能被转移到具有较高能值的另一定态,称这种能值较高的状态为激发态。能值的大小正比于能级与核的距离,即距核越远的能级其能值越高。能级间不是等距离的,总的趋势是能值越高能级越密,当能值足够高时,能级间隔很小而形成连续能级。

C. 跃迁和跃迁几率

跃迁是指微观粒子从某一能量状态到另一能量状态的过渡。例如,一个处于低能轨道运转的电子由于从外部吸收了能量而过渡到某个高能轨道运转，就说这个电子由低能级跃迁到高能级。

跃迁几率是指一个体系内从某一能量状态到另一能量状态的微观粒子占全部初态粒子的百分数。跃迁几率的大小既决定于发生跃迁的量子体系的性质，又决定于引起跃迁的外部条件。

2)远红外辐射机理产生方式

在远红外波段范围，材料的红外辐射性能主要是因其粒子振动引起偶极矩变化而产生的，根据对称性选择定则，粒子振动时的对称性越低，偶极矩的变化就越大，其红外辐射性就越强，而降低粒子振动对称性的主要因素就是晶格畸变。缺陷和杂质离子的存在对发射率的提高也有积极的贡献。

构成分子内能的三部分能量：原子核外电子的能量、原子的振动能量和分子的转动能量。分子的转动能级间发生跃迁时所吸收或辐射的能量最小，原子的振动能级跃迁时吸收或辐射的能量较大，因而当振动能级跃迁时，不可避免地会伴随有转动能级的跃迁。而电子能级跃迁时吸收或辐射的能量最大，当其中之一、二或三种同时发生量子化的跃迁时就会向外辐射红外线。根据能量跃迁差的不同，分别辐射出近红外线、中红外线和远红外线。

A. 原子核外电子的跃迁

当原子从外部吸收能量，结合力较小的一些外层电子就跃迁到较高能量的轨道上，但是这种状态是不稳定的，当这些电子跃迁回到原来的轨道上时，等于两位置差的能量就以光量子的形式发射出来，产生光谱线。电子多次跃迁回到原来位置，原子相应发出多个光量子，形成多根谱线。

B. 分子的转动

分子的运动方式除平动和振动外还有转动。根据量子学说，对于极性双原子分子，分子转动惯量越大，转动常数越小，转动光谱的谱线波长越长，轻的分子转动时惯性小，谱线波长较短，落在远红外区，重的分子转动时光谱则落在微波区内。

C. 原子的振动

对于谐振子模型的能级跃迁，在振动过程中振动量子数是不发生变化的，不会因振动而辐射或吸收红外线，但若振动量子数从初能态向邻近低能态跃迁时就会辐射电磁波，其辐射电磁波的能量等于谐波的基频。

1.2 远红外光谱

1.2.1 远红外发射光谱

当远红外辐射体受到外界刺激和干扰时，就能把低能量运动状态下此物质中的电子、原子或分子跃迁到高能量运动状态，并在恢复跃迁过程中把多余的能量释放掉，以光子的形式带走，远红外辐射就是这样从物质的内部发射出来，形成的光谱即远红外发射光谱。远红外发射光谱是以发射率为纵坐标，波长(λ)或波数(σ)为横坐标的连续光谱图。

发射率是实际物体与同温度黑体在相同条件下的辐射功率之比，用 ε 表示。然而在实际工作中材料的热辐射特性在不同波长及不同方向上是不相同的。对于波长范围取平均，可用"总"表示，对于半球范围取平均，可用"半球"表示，故而分为分谱、全波长、方向、法向和半球发射率。由于大多数红外系统都是响应辐射源规定方向上的一个小立体角内的辐射通量，因而通常测量的都是方向发射率。

1.2.2　远红外吸收光谱

远红外吸收光谱是利用分子和原子与远红外辐射的作用，使其产生振动和转动能级的跃迁所得到的光谱。当试样受到频率连续变化的远红外光照射时，分子吸收某些频率的辐射，分子振动能级和转动能级从基态到激发态的跃迁，使相应于这些吸收区域的透射光强度减弱。记录远红外光的吸光度与波数或波长关系曲线，就得到远红外吸收光谱。远红外吸收光谱图通常以远红外光通过试样的吸光度(A)为纵坐标，以远红外波长(λ)或波数(σ)为横坐标。

金属-有机键的吸收频率主要取决于金属原子和有机基团的类型。由于参与金属-配位体振动的原子质量比较大或由于振动力常数比较低，所以金属原子与无机及有机配体的伸缩振动和弯曲振动的吸收出现在远红外区，故远红外区特别适合研究无机化合物。对于无机固体物质可提供晶格能及半导体材料的跃迁能量。对仅由轻原子组成的分子，如果它们的骨架弯曲模式除氢原子外还包含有两个以上的其他原子，其振动吸收也出现在远红外区，如苯的衍生物，通常在该光区有几个特征吸收峰。由于气体分子的纯转动吸收也出现在远红外区，故能提供如 H_2O、O_3 和 AsH_3 等气体分子的永久偶极矩。过去，由于远红外区能量弱，在使用上受到限制，所以除非在其他红外区没有特征谱带，否则一般不在此范围内进行分析。然而，随着傅里叶变换仪器的出现，红外区具有高的输出，在很大程度上缓解了这个问题，使得光谱分析工作者又较多地注意到这个区域的研究。

1.2.3　远红外辐射的功用

1)远红外加热

对红外线敏感的物质，其分子、原子吸收红外线后，不仅会发生能级的跃迁，也扩大了以平衡位置为中心的各种运动的幅度，质点的内能量加大。微观结构质点运动加剧的宏观反映就是物体温度的升高，即物质吸收红外线后，便产生自发的热效应。由于这种热效应直接产生于物体的内部，所以能快速有效地对物质加热。与传统加热方法相比，具有加热速度快、新产品质量好、设备占地面积小、生产费用低和加热效率高等许多优点。

据估计，就我国目前能源消耗而言，能量利用率提高10%，就等于节约标准煤1.4亿吨。黄鸣等报道，利用远红外技术加热可以减少装机容量的15%～30%，缩短升温时间15%～50%，耗电降低15%～40%。可见，远红外线的有效利用，将是远红外加热方面的高效节能途径。

远红外加热技术中，远红外辐射材料的选择至关重要。第一代远红外加热技术，其辐射材料主要采用碳化硅、金属管、电阻带、陶瓷、半导体、搪瓷等辐射元件；第二代，发展了石英管、镀金石英管、微晶玻璃灯等元件；第三代，远红外复合材料辐射器开发和辐射波谱精准化设计成为趋势。

远红外加热系统的核心部件是远红外辐射源。陶瓷材料的固有电阻较高，电能转化为热能的效率较低，一般将别的热源(如金属加热装置)与陶瓷辐射体偶联，将远红外陶瓷加热，从而进行远红外辐射。常用的偶联方式包括：在陶瓷管内装电阻发热体；在陶瓷板上装置印刷电阻发热电路；在金属的加热板上涂陶瓷粉。

远红外辐射器，大部分结构其内部仍是电热丝，但一般电热丝加热时还释放可见光，远红外辐射器电热丝外部覆盖一层以稀土元素为主的复合材料烧结物，通过电热丝产生的热量加热烧结物，改变热辐射光线的频率范围，减少可见光，提高热效率。

远红外干燥是一种高效、节能，同时又具环保特性的新型快速干燥技术。水由一个氧原子和两个氢原子组成，三个原子不是排成一条直线。在基态时，O—H两原子之间的距离为0.096nm，两个O—H键之间的夹角为104.5°。当水分子受到吸收波长为2.663μm，2.738μm和6.270μm的远红外线时，可引起三种振动形式。远红外干燥是通过利用远红外射线辐射物料，引起物料分子的振动，使内部迅速升温，促进物料内部水分向外部转移，达到内外同时干燥的目的。如果辐射器发射的辐射能全部或大部分集中在谷物的特征红外吸收谱带，则辐射能将大部分被吸收，从而实现良好的匹配，提高干燥效率。

利用远红外辐射进行加热或干燥，需要利用物质对远红外辐射的选择性吸收，使辐射与吸收尽可能匹配。所谓远红外辐射的选择性吸收是指，物质只对能满足其分子产生高、低两个能级跃迁的远红外辐射产生吸收，其频率不能满足条件的远红外辐射则不被吸收而是穿过。由于物质分子的吸收能级很多，各个能级的跃迁差异不等，所以实际的吸收不是单一的，而是复杂的，并伴有多种能级跃迁的吸收过程。辐射加热需要辐射源，其产生的辐射不是所有波长的辐射强度都相等，辐射能力按不同波长而有所变化的辐射称为选择性辐射。当物料的选择性吸收与辐射源的选择性辐射一致时，称为匹配辐射加热。日本学者细川秀克等曾提出过理想匹配的模型。所谓理想匹配是指辐射源与被加热物料具有完全相对应的光谱，这样，辐射能将全部被物料所吸收，成为无损失的理想辐射加热。

2)生物医学功能

远红外辐射材料有较高的远红外辐射发射率，其产生的远红外辐射能通过皮肤作用于人体，起到一定的医疗保健作用。人体皮肤在受到远红外辐射刺激之后，皮肤上的神经就能把此种刺激向上传导到大脑，脑神经就会立即产生反应。在产生的各种反应中，以植物性神经和内分泌腺活动最为活跃。植物性神经是管理心脏和血管收缩的。植物性神经的活跃，必然引起内脏活动加强，血管扩张，血流加快，如此一来，身体的机能就大为振奋，身体抵抗力就大大加强，提高了免疫力，从而达到对人体的保健作用。

3)抑制微生物功能

远红外辐射能够通过热效应改变及破坏菌体的正常生理活动，从而抑制细菌、真菌等微生物的生长。例如，远红外辐射釉对大肠杆菌、金黄色葡萄球菌、枯草芽孢杆菌、产黄桔青霉菌的抑制率分别为：91.87%～98.76%、100%、100%、92.25%～97.25%。

1.3 远红外光谱技术研究状况

远红外技术曾被国外学者称作可以与纳米技术媲美的21世纪具有巨大发展潜力的新技术。国外对于远红外辐射材料的研究自20世纪60年代开始，至90年代国内出现研究热潮，发展到今天，研究内容已发生较大的变化，近年的主要方向多为低温和常温远红外陶瓷粉在织物、医疗保健方面的研究，用于食品方面的中低温远红外复合辐射材料的研究并不多。

在日本、西欧和美国等国家和地区，远红外技术在理论和实际应用上的研究取得了很大成就和进展，尤其是近年来随着红外发射元件的不断改进，金属氧化物配方的不断优化，表面涂覆材料采用纳米技术，使其应用越来越广泛。研究的重点和热点也逐渐转向复合材料的特性、高性能远红外材料的合成技术、发射率的测定技术等方面的研究。

1.3.1 远红外材料研究

金属和非金属的氧化物、碳化物、氮化物或硼化物通常较纯金属或非金属具有更高的远红外发射率，因而其具有一定配比的混合物常被用作远红外辐射材料。研究表明，复合物中的远红外辐射物质含量越高，其远红外发射率越高。事实上，复合物中远红外辐射物质的添加量受材料物理机械性能下降的制约不能无限制增大。日本学者细川秀克在他的著名远红外理论——匹配吸收原理中提到，远红外加热和干燥并不是对一切物质或在一切情况下都能运用，只有远红外材料的辐射波长与被加热物质的主要吸收带的波长相匹配，才能达到快速加热和节能的效果。因而，针对不同的食品（农产品）物料，需要根据其远红外吸收波谱进行不同的远红外复合材料配方，即选用材料的发射谱要与被加热对象的吸收谱一致，才能达到上述目的。

随着远红外技术的迅速发展，高辐射率材料的研究成为热点，其中远红外辐射陶瓷以其优越的辐射性能备受重视。远红外辐射陶瓷就是运用20余种无机化合物及微量金属或特定的天然矿石分别以不同的比例配合，再经1200～1600℃的高温煅烧，使其成为能辐射出特定波长远红外的陶瓷材料，其核心技术是原料的选择、配方的比例以及陶瓷的烧结，这是一个值得不断深入研究的课题。远红外线产品基本波长的选择相当重要，产品辐射出来的波长与辐射对象物体的吸收波长一致（即光谱匹配），才能产生共振效应，这是好坏的关键所在。

所谓“匹配”，就是把对准被加热物“吸收窗口”的“辐射窗口”开得很大，而把没有对上的“辐射窗口”关得很小。当被加热物遇到某个波数的远红外线辐照时，如果远红外线传送的波数与基本质点的固有频率相等，则会发生与振动学中共振运动相似的情况，质点会吸收远红外线并使运动进一步激化。也就是说，对远红外线敏感的物质，其分子、原子能吸收与自身固有运动频率相当的远红外线，不仅发生载动能级的跃迁，也扩大了以平衡位置为中心的各种运动幅度，质点的内能量加大，微观结构质点运动加剧的宏观反映就是物体温度升高。如果两者频率相差较大，那么远红外线就不会被吸收而可能是反射或穿过。由于辐射的单色光谱与吸收的单色光谱不可能做到绝对匹配，所以在实际应用中采取远红外辐射器和辐射温度的最佳优选，使辐射器的“区间辐射率”和被加热制品与该入射区间相对应的“区间辐射率”相配合，这就是远红外线辐射加热的机理。可见，提高被加热物料对入射辐射热量的吸收率与光谱频率密切相关，应确立出合理的远红外加热辐射实效光谱区段，以达到与加热制品的最佳匹配。

为了达到这种匹配效果，一般容易想到的做法是将几种或多种具有远红外发射特性的材料混合，以扩展发射光谱范围。远红外陶瓷粉就是基于这种思路而考虑的。不同的远红外辐射陶瓷粉有着不同的红外光谱特性，这是由它们的晶格振动不同所致。研究表明，在8～25μm范围内，没有一种单一金属或金属氧化物材料的全辐射率能稳定在90%左右。而采用元素周期表中第Ⅲ或第Ⅴ周期的一种或几种氧化物混合而成的远红外辐射陶瓷粉（如$MgO-Al_2O_3-CaO$、$TiO_2-SiO_2-Cr_2O_3$、$Fe_2O_3-SiO_2-MnO_2-ZrO_2$等），在较低温度时具有较高的光谱发射率，是一种理想的辐射材料。研究还表明，由两种或多种化合物的混合物构成的远红外陶瓷粉，有时具有比单一物质更高的辐射率，尤其是在陶瓷烧结后，由于新物质的形成，其效果更加显著。在远红外陶瓷领域，使用最多的是金属氧化物和金属碳化物，有时也使用金属氮化物，其中以氧化铝、氧化镁、氧化锆和碳化锆为好；有时也使用二氧化钛和二氧化硅等天然矿石，堇青石和莫来石分别属于氧化镁和氧化铝类，其辐射率达到75%以上。应该注意的是，某些金属氧化物具有天然放射性，因而不适于农产品(食品)的加工。

随着近年来纳米技术的发展，各种远红外纳米材料的制备工艺和新材料不断涌现，韩慧芳等报道了纳米氧化锆的制备方法，主要包括湿化学法(共沉淀法、乳浊液法、水热法、直接沉淀法和均一沉淀法等)、化学气相法(CVD法)，以及溶剂蒸发法等。刘伟良、陈云霞等报道了纳米远红外陶瓷粉体的制备工艺，并分析了粉体细度对陶瓷辐射性能的影响。

在远红外陶瓷粉的制备方面，对制备工艺、烧结技术及烧结助剂等都有较多研究。温度控制对远红外辐射陶瓷的性能有重要影响，烧结过程中的升温速度，达到一定温度需要恒温控制的时间，以及达到的最高烧结温度对陶瓷烧结都起着重要作用。由于其直接影响陶瓷材料的相对密度、韧性、晶粒的大小、晶格、晶相等，所以是陶瓷材料烧结的核心技术问题。烧结助剂对陶瓷烧结也起着重要作用，合理地选择烧结助剂，能够起到降低烧结温度，增加基体的韧性和相对密度等多种作用，例如，崔万秋、吴春芸等研究了用堇青石和过渡元素金属氧化物(ZrO_2、Fe_2O_3、SiO_2、MnO_2)多相复合制备远红外陶瓷材料，制定了配方及工艺参数，对该体系陶瓷进行了XRD分析和辐射性能、热膨胀性能的测定，探讨了结构和性能之间的关系。韩敏方等研究了ZrO_2粉体的烧结性能，以不同粒度的ZrO_2粉体为原料，用热分析仪测试了室温～1000℃范围内坯体的变形量和热膨胀性能，采用1450℃恒温1～6h的烧结工艺，制备了ZrO_2粉体并进行了性能表征。结果表明，粉粒的一次粒径越小，其初始烧结温度越低，粉料的团聚粒径越小，分布越窄，坯体的烧结致密化越容易。

高廉、黄军华等研究了烧结温度、烧结压力和烧结助剂对TiO_2陶瓷致密性的影响，并得出TiO_2陶瓷烧结的最佳工艺参数。张宾、陈吉化等研究了烧结温度和烧结助剂对ZrO_2增韧陶瓷性能的影响，用3%的Y_2O_3作为烧结助剂，分别在1490℃、1530℃、1570℃、1610℃下烧结，然后测量其密度、表面气孔率、线性收缩率、弯曲强度，得出该ZrO_2增韧陶瓷的最佳烧结温度是1570℃。陈利祥等利用三点弯曲法测试了ZrO_2增韧陶瓷的断裂韧性值。

笔者所带领的课题组，研究了波长匹配原则下的适于谷物干燥的锆钛系远红外复合陶瓷材料的筛选及其辐射性能，并研制了高效远红外辐射器，其法向积分辐射率达到0.87以上，最高可达0.93；同时还进行了智能型复合配方软件的设计应用探索。宋宪瑞等采用传统的陶瓷制备方法，以TiO_2-莫来石系为主要研究对象，研究了不同组分和烧成温度对陶瓷材料的远红外吸收性的影响。试验表明，TiO_2-莫来石体系陶瓷材料的远红外吸收性能，随着烧结温度的升高明显降低；TiO_2能有效促进材料烧结，降低烧结温度，提高材料的红外吸收性能。何登良等重点介绍了国内外远红外功能材料方面的研究现状，提出对我国丰富的矿物材料进行改性等深加工，从而制备性能优良的远红外功能材料。

1.3.2 远红外测试技术研究

远红外测试技术的研究主要集中在远红外材料发射率的测量和远红外光谱测试方法的研究方面。

1. 远红外材料发射率的测量

如前所述，远红外发射率是实际物体与同温度黑体在相同条件下的辐射功率之比。红外发射率越高，该物体的远红外辐射能力就越强，因而远红外发射率是衡量物体远红外性能的重要指标。对这一性能参数的测量，其测量原理或方法都是基于这个定义而进行的，已有多个国家/行业标准对此进行了描述。但对相同的样品进行远红外发射率的检验，不同的检验机构采用不同的检验方法与标准，往往得出偏差较大的结果。其原因是实验条件(如试验温度、试验波长范围等)和实验方法不一致。

法向发射率的测量，按照检测信号可分为光谱测量型和温度测量型，其原理都是依照基尔霍夫定律，只不过光谱测量型是分别测量同温度下的标准黑体与样品的普朗克曲线，然后对曲线在每一处波长进行比值计算，得出光谱发射率曲线，最后利用普朗克公式计算发射率。而温度测量型是分别测量同温度下的标准黑体辐射板与样品的辐射强度，来进行比值计算，得到发射率数值。

法向发射率测量的准确与否，对于温度型测量方法，依赖于所用黑体以及温度测量的准确性；对于光谱型测量方法，则依赖于计算过程中所确定的波长范围的准确性。因而，影响法向发射率测量的因素主要有：①标准黑体；②激发温度及其稳定性；③波长范围的确定。

2. 远红外光谱测试方法

远红外光谱测量时，需要分别扫描背景样品或待测样品来获得背景单光束谱和样品单光束谱，两单光束谱的比值即待测样品的透射光谱。理论上，如果背景样品和待测样品是同一样品，应该得到透射率 T 为 100%的直线(或称为基线)，即 $A=-\lg T=0$。因为 $T=I/I_0$，如果背景样品(I_0)和待测样品(I)为同一样品，则 $I_0=I$，所以 $T=100\%$。然而，实际情况并不完全如此，经研究发现，检测过程中同一样品的 100%线不是理想的近似直线，而是在样品有强吸收的波长处出现异常峰，这种异常峰称为反常吸收(出现反常吸收的现象在中红外光谱检测中更为常见)，是由测量样品或环境中的水汽分子对远红外的强吸收所致。

远红外光谱测量时，空气中的水汽分子的吸收遍布整个远红外区。如果水汽分子在背景单光束谱和样品单光束谱中对红外光的吸收程度存在差异，那么水汽分子的光谱就会出现在远红外光谱图中，从而干扰样品的谱峰信息。实际测定远红外光谱时，经常采用将整个光谱仪内部抽真空或吹扫干燥空气（氮气）的方法来消除水汽吸收峰的影响。

影响反常吸收的因素：①仪器内部的水汽含量。试验证明，光路中水汽含量不同，对测量得到的100%线有明显影响。在相对湿度RH=5%的条件下，光路中水汽浓度低，水汽对远红外的吸收弱，在水汽最强吸收的$150cm^{-1}$处观察不到明显的异常峰，即在此相对湿度下可以抑制反常吸收现象的出现。随着光路中水汽含量的增加，实测100%线逐渐偏离理论100%线，$150cm^{-1}$处的异常峰开始出现并且越来越明显，当相对湿度达到RH=32.4%时，$150cm^{-1}$处的异常峰已经很显著了，远大于仪器的随机噪声。其总的趋势是，光路中水汽含量越大，反常吸收越易出现，异常峰的强度也往往越大。但在20%以下的相对湿度下，异常峰的大小不会影响远红外光谱的质量。②光谱分辨率。对气体分子而言，测量光谱时采用的分辨率对光谱的形状往往有重要影响。高分辨情形下，得到的吸收峰尖而高；低分辨率情形下得到的谱线变矮而峰形变宽。有研究表明，相同温度条件下，不同分辨率下得到的100%线有显著差异，$4cm^{-1}$和$8cm^{-1}$分辨率条件下得到的100%线不出现反常吸收，而分辨率为$2cm^{-1}$时反常吸收现象明显，特别是强吸收$150cm^{-1}$处的异常峰更为突出。也就是说，反常吸收现象与采集光谱时的分辨率相关。对于远红外光谱，测量样品多为固体，因此采用$8cm^{-1}$或$4cm^{-1}$分辨率采集光谱数据，可以有效抑制水汽反常吸收现象的出现。此外，反常吸收还与光源的能量和检测器的质量有关。如果光源的强度足够大，水汽吸收后还有大量光子到达检测器，那么反常吸收现象也不易出现。同样，如果采用高质量的检测器，就能降低和抑制噪声，即使到达检测器的载有样品信息的光子较少，反常吸收也会受到抑制。

综上，在远红外光谱测量技术测试方法方面研究较少，更先进的仪器研发能力不足，仅局限于现有仪器上的方法改进；在远红外反射率的测定方面没有较权威的测量方法，所采用的测试标准不一致，即创新测量方法和测试标准的建立是目前存在的主要问题。

第 2 章　远红外辐射材料

2.1　远红外辐射材料概述

自然界中有很多物体都可以作为远红外辐射体，不同的材质和结构能够产生不同的辐射光谱。本章所提到的远红外辐射材料专指人们研究和应用的一些功能性远红外辐射材料，如远红外陶瓷，过渡金属氧化物、碳化物、硼化物、氮化物，生物炭，电气石等。

2.1.1　远红外辐射材料的分类

远红外辐射材料按组成成分可分为以下几类：

(1) 金属氧化物：B_2O_3、Fe_2O_3、Gr_2O_3、Al_2O_3、TiO_2、ZrO_2、MnO_2、Ni_2O_3、Co_2O_3、MgO 等。其中由 Fe_2O_3、Al_2O_3、MnO_2、CuO、Co_2O_3、Cr_2O_3 等多种过渡金属及其氧化物组成的材料，具有类似黑体的红外辐射特性，在整个高载能的 2～25μm 波段内都具有较高的发射率。

(2)非金属氧化物：B_2O_3、SiO_2 等。

(3)碳化物：B_4C、Cr_4C_3、SiC、TiC、ZrC、WC、TaC、MoC 等。

(4)氮化物：BN、CrN、SiN、TiN、ZrN、AlN 等。

(5)硼化物：TiB_2、ZrB_2、Cr_3B_4、CrB 等。

(6)硅化物：WSi_2、$TiSi_2$ 等。

(7)远红外陶瓷：陶瓷是以天然黏土以及各种天然矿物为主要原料经过粉碎混炼、成型和煅烧制得的材料。远红外陶瓷是一种新型的光热转换材料，该材料在常温时有着很高的辐射率及光热转换性能。

(8)生物炭：高温竹炭、备长炭、竹炭粉、竹炭粉纤维以及各种制品等。

(9)碳纤维制品：碳纤维发热电缆、碳纤维暖气片等，通电后的碳纤维在产生热量的同时，会产生辐射固定的远红外线。

(10)复合材料：近年来人们发展了很多种新型复合材料，包括无机复合材料、有机/无机复合材料，丰富了远红外辐射材料的种类，扩大了其应用范围。

(11)远红外辐射微晶玻璃材料。

(12)其他：电气石、云母、堇青石、方解石、麦饭石、莫来石、水晶、萤石、玉石等。

按照远红外辐射材料工作温度范围，可划分为常温、中温、高温远红外辐射材料。按温度划分只是相对的，因为一些远红外辐射材料在常温或其温度范围均有远红外辐射。

(1)常温：≤150℃，其中 20～50℃又称为低温。低温远红外辐射材料包括金属和非金属氧化物、低温陶瓷等。金属和非金属氧化物及其混合物在低温条件下具有远红外辐射性能，氧化铝、氧化钛、氧化锆、氧化硅、莫来石、高岭土和绢云母等或其混合物是性能良好的低温远红外辐射物质，煅烧对其低温远红外发射率影响不大，而且这些物质在 50℃下的 4～14μm 波段的远红外发射率往往高于其在高温下的同波段远红外发射率。而过渡金属氧化物和其混合物的低温远红外发射性能较其高温远红外发射性能略差，煅烧可显著提高其低温远红外发射性能。采用 Fe_2O_3、MnO_2 等过渡金属氧化物为主料，TiO_2、ZrO_2 等为辅料，经固相烧结，可得到低温远红外辐射陶瓷。

常温远红外辐射材料主要包括 $MgO-Al_2O_3-TiO_2-ZrO_2$ 系的白色陶瓷(粉)。低温(常温)型远红外陶瓷粉在室温附近(20～50℃)能辐射出 3～15μm 波长的远红外线，由于此波段与人体红外吸收谱匹配完美，故称为“生命热线”或“生理热线”。

(2)中温：150～600℃。中温远红外辐射材料主要包括一些黑色陶瓷(粉)，含过渡金属及其氧化物、SiC 等成分。

(3)高温：＞600℃为高温。ZrO_2、Fe_2O_3、Cr_2O_3、SiO_2 可用来制作高温远红外辐射材料，在 600～1000℃时发射率可达 85%以上。

2.1.2 远红外辐射材料的应用领域

1)在加热与干燥技术中的应用

利用远红外辐射器发出的远红外线未被加热物体吸收，直接转变成热而达到加热干燥的目的。它特别适用于各种有机物、高分子物质及含有水分的物质的加热和干燥。诸如各种树脂、油漆、黏结剂涂膜的烘烤，粮食、蔬菜、食品、纤维制品、塑料制品、胶合板、纸张、印刷、油墨粉末制品、金属加工、车辆涂饰、玻璃、橡皮等加热干燥、硬化和热加工等。

食品中的很多成分在 3～10μm 的远红外区有很强的吸收，因此在食品加热中，往往选择远红外进行加热。

2)在医疗保健中的应用

人体皮肤在受到远红外辐射刺激之后，皮肤上的神经就能把此种刺激向上传导到大脑，脑神经就会立即产生反应，最终导致植物性神经和内分泌腺活动的活跃。植物性神经的活跃，必然引起内脏活动加强，血管扩张，血流加快。如此一来，身体的机能就大为振奋，身体抵抗力也大大加强。内分泌的许多功用之中，有的是加强人体防御力量的，有的是使人体更适应环境的，有的则具有动员人体力量的作用，因此，使某些疾病得到了改善或治疗。远红外线能使被照射部位发生充血、组织松软、镇痛，有消炎增强人体抵抗力的作用，也可用于急性或慢性损伤、发炎、疼痛等症状，对于风湿性疾病和关节炎有疗效。

3)在纺织领域的应用

把远红外陶瓷粉掺入到纺织纤维中，制成的织物在人体正常温度下自动调节吸取人体周围和自身的辐射能量，发射出对人体有益的远红外线，从而激发人体组织细胞的活力，改善微循环，促进新陈代谢，加速乳酸分解，消除疲劳，提高免疫力，从而达到对人体的保健作用。

4)在农业中的应用

把远红外辐射材料掺入塑料中，可以做成塑料板材、塑料膜，用于建造农作物温室大棚或用于农作物地膜等。此外，远红外辐射材料也可用于农作物育种，用适量的远红外线作用于植物种子，有利于其吸水和呼吸，提高发芽率，促进成熟，增加产量。

5)在金属焊接技术中的应用

远红外线能够有效地改善金属焊接的局部应力，提高金属焊接质量。在石油化学工业中的各种反应塔、罐、压力容器、大型电力变压器油箱、大口径钢管以及其他工业中的钢板焊接过程中，消除局部应力都是必不可少的重要程序。否则在高温高压下使用时，焊接处的内部应力容易发生局部裂伤，从而有可能引发事故造成损失。消除应力需要给予一定的热量，对加热器的设备要求是不论钢板厚度尺寸如何都能均匀地加热，并且能重复所需加热程序，施工简便。实践证明，远红外加热器构成的应力消除装置具备这种条件，而且消除应力效果好，已有实用。

此外，远红外辐射材料在节能、环保、食品保鲜等方面也具有较好的应用前景。例如，把远红外陶瓷粉作为原料，按照普通陶瓷生产工艺，制成远红外陶瓷球，用于节油、节能系统，效果良好，特别是用于汽车节油系统，不仅节油，而且还可以减少汽车尾气等有害气体的排放，减少环境污染。把远红外陶瓷粉掺入普通陶瓷釉中，按常规施釉方法，把远红外陶瓷釉浆施在坯体上，经烧成后，可制成具有远红外线辐射功能的陶瓷制品。这种陶瓷制品具有广谱高效杀灭细菌的作用；对食物、饮料、水具有活化作用，使食物和饮料味道鲜美，还可以清除水中的杂质，提高水的保健作用；可以加速酒的发酵和成熟，并可消除酒的异味，提高酒的档次。

2.2 金属和非金属氧化物远红外辐射性能

金属和非金属氧化物是性能良好的远红外辐射物质，而且它们的低温远红外发射率明显地高于其高温远红外发射率。常见的金属和非金属氧化物的低温远红外发射率如表 2-1 所示。

表 2-1 常见的金属和非金属氧化物的低温远红外发射率(100℃)(单位:%)

物质名称	发射率	物质名称	发射率
$\gamma-Al_2O_3$	88	CeO_2	79
TiO_2	82	Sb_2O_3	87
Fe_2O_3	74	SiO_2	83
ZnO	83	SiC	81
ZrO_2	82	莫来石	82
Cr_2O_3	79	绢云母	80
Co_2O_3	81	堇青石	79
MgO	80	高岭土	79

测试温度对发射性能有一定的影响，不同纯物质的发射率随温度变化的规律不同。与 100℃相比，在 50℃条件下的 Al_2O_3 和绢云母的发射率有了进一步的提高，大部分波段的发射率超过了 90%，而 ZnO 的发射率则显著降低(表 2-2)。

表 2-2 50℃分波段远红外发射率 (单位:%)

物质名称	波长范围与发射率							
	F1	F2	F3	F4	F5	F6	F7	F8
Al_2O_3	91	93	94	95	95	94	94	92
ZnO	40	38	29	35	36	31	39	62
绢云母	88	91	87	87	92	94	93	93

注：表中 F1～F8 对应的波长范围依次为：全波长、≤8μm、8.55μm、9.50μm、10.6μm、12.0μm、13.5μm 和 14μm。引自张兴祥等，1999。

组成成分对发射性能有着重要影响。将金属和非金属氧化物以不同的重量比例机械混合后，不经高温煅烧，直接测试其辐射性能的变化，当氧化铝含量在 15%～80%连续变化时，混合物中其他成分的种类和含量均可对混合物低温远红外发射率产生影响，100℃远红外发射率在 74%～87%波动，混合物的低温远红外发射性能与其组成之间没有明显的规律性。改变混合物中物质的种类和比例时，混合物的远红外发射率通常低于其组成物质的最高远红外发射率。

以铝为主要成分添加少量硅后所得混合物，和以钛为主要成分添加莫来石和硅后得到的混合物具有较高的低温远红外发射率，大部分波段的发射率在 90%以上(表 2-3)，但未经煅烧的过渡金属氧化物(氧化铁、氧化锰、氧化钴)的混合物其低温发射率则较低，仅为它们的 60%左右。

表 2-3　未经煅烧远红外辐射材料的发射率　　（单位：%）

主要成分（根据重量顺序排列）	100℃	50℃							
		F1	F2	F3	F4	F5	F6	F7	F8
镁、钛	78	78	78	64	75	79	93	95	92
铝、硅	86	91	94	94	95	95	94	93	91
钛、硅、铝	84	87	93	94	94	93	94	92	90
铁、锰、钴	83	60	62	48	56	60	58	74	61
钛、莫来石、硅	83	89	94	96	96	96	95	92	92
铬、锆、铁、硅	89	67	69	55	62	66	69	87	92
铝、镁、钛、莫来石	84	84	87	83	89	93	95	94	92
铝、镁、钛、莫来石	85	87	90	86	92	95	95	94	91
钛、锆、锰、铁、铬、镍	84	68	77	63	73	79	91	87	85

注：引自张兴祥等，1999。

煅烧对以铝、钛、镁、锆、莫来石等为主要成分的混合物试样的低温远红外发射性能影响不大，而对以过渡金属氧化物为主要成分的混合物试样的低温远红外发射性能则有较明显的影响。以铝、钛、镁、锆、莫来石等为主要成分的混合物试样 1～4（经煅烧）和未经煅烧试样的低温远红外发射率的差异不大；以过渡金属氧化物为主要成分的试样 5～9（经煅烧），在 100℃ 时的全波长远红外发射率均低于 90%，50℃时仅有部分波段的远红外发射率超过了 90%（表 2-4）。

表 2-4　经煅烧远红外辐射材料的发射率　　（单位：%）

编号	外观	100℃	50℃							
			F1	F2	F3	F4	F5	F6	F7	F8
1	白色	86	84	93	95	94	94	93	89	88
2	白色	82	83	94	95	95	95	94	94	94
3	白色	84	86	93	95	94	94	93	89	88
4	白色	88	83	93	95	94	94	93	91	90
5	黑色	79	86	89	94	89	90	92	93	91
6	淡绿色	86	87	89	93	94	90	80	85	87
7	淡绿色	80	91	89	91	92	89	82	87	89
8	黑色	87	89	90	91	91	91	89	89	88
9	黑色	80	80	85	81	87	86	85	89	92

注：引自张兴祥等，1999。

金属氧化物颗粒的粒径大小对其远红外辐射也有重要影响。例如，纳米 ZnO 的发射率要比微米 ZnO 的发射率大（表 2-5），这是由纳米 ZnO 微晶中存在的晶格畸变现象所致。根据红外理论可知，不同离子间的相对振动将产生一定的电偶极矩，因而离子晶体的长光学波可以和红外辐射场相互作用，并交换能量，从而产生红外吸收和红外辐射。由于晶体的晶格具有平移对称性，在简谐近似的情况下，晶体中原子的本征振动模是一系列独立的格波，声子是格波的能量量子，晶体中声子同时具有准动量。当晶格振动与红外辐射相互作用时，需要满足动量守恒条件，因而只有少数几种振动对红外辐射的共振吸收有贡献。纳米 ZnO 中由于存在晶格畸变，晶体周期性遭到一定程度的破坏，当晶格振动与红外辐射相互作用时，对于某些非共振振动，无须满足准动量守恒选择定则，因而可能对红外吸收有贡献，使得其发射率偏高。

表 2-5　微米 ZnO 与纳米 ZnO 的红外发射率对比(50℃,8～14μm)

类型	微米 ZnO	纳米 ZnO
红外发射率/%	85	92

纳米 ZnO 的发射率与温度的变化关系：将纳米 ZnO 粉体从室温以 2℃/min 的速率分别升至 600℃、700℃、1000℃、1300℃，保温 3h 后随炉冷却至室温制得各样品，样品的发射率测试结果如表 2-6 所示。随着热处理温度的升高，样品发射率单调下降并逐渐趋近于微米 ZnO，这可能是由于温度升高，纳米颗粒逐渐长大，晶格畸变减小并趋于完整晶格。

表 2-6　不同温度热处理纳米 ZnO 样品的发射率

热处理温度/℃	未处理	600	700	1000	1300
发射率/%	92	91	89	86	86

纳米 ZnO 在 8～14μm 波段的红外发射率比微米 ZnO 高，这是由于纳米 ZnO 微晶发生晶格畸变；随着热处理温度的提高，纳米 ZnO 的红外发射率单调下降并趋近于微米 ZnO 的发射率，可能是因为温度升高，纳米颗粒长大，晶格畸变减小并逐渐趋近于完整晶格。

2.3　远红外辐射陶瓷

远红外辐射陶瓷，指具有远红外辐射性能的陶瓷材料。远红外辐射陶瓷辐射率高，是理想的远红外辐射材料，深受人们青睐。远红外辐射陶瓷是将多种无机化合物及微量金属或特定的天然矿石分别以不同的比例配合，再用 1200～1600℃的高温煅烧，使其成为能辐射出特定波长远红外线的陶瓷材料。远红外线产品基本波长的选择相当重要，产品辐射出来的波长与放射对象物体的吸收波长一致(即光谱匹配)，才能产生共振效应，这是产品好坏的关键所在。远红外辐射陶瓷的发展速度非常快，尤其是随着纳米技术的进步，远红外陶瓷业在陶瓷粉的制备和陶瓷烧结方面都取得了质的飞跃。目前，先进的陶瓷粉制备工艺主要有：共沉淀法、水解沉淀法、水热法、溶胶-凝胶法、微乳液法(反胶束法)等。随着研究的不断深入,一些研究者探索出了更新的制备远红外辐射陶瓷超细粉的思路,如高温喷雾热解法、喷雾感应耦合等离子法等。这些方法的生产工艺与传统的化学制粉工艺截然不同,是将分解、合成、干燥甚至煅烧过程合并在一起的高效方法,但这些方法尚不成熟,需要进一步的研究和探索。先进的烧结工艺有:气氛加压烧结、热等静压烧结、微波烧结、等离子体烧结、陶瓷自蔓燃烧结等。另外,大量先进设备(如 XRD 衍射仪、红外光谱仪、热分析仪、扫描电子显微镜等)的应用,使科技工作者对陶瓷的微观结构有了更深刻的了解,促进了远红外辐射陶瓷制品综合性能的提高。远红外陶瓷业作为一种新型产业,与各种专业加热相匹配的远红外陶瓷制品具有广阔的发展空间,人们在不断地开发出新型、高辐射率、可应用于各种具体行业的远红外辐射陶瓷(粉),以达到匹配性好、效率高、能耗低,环境污染小等目的。

2.3.1　远红外辐射陶瓷的成分

远红外辐射陶瓷材料因物理、化学成分的不同,会直接影响远红外辐射器的辐射效率和主波长。虽然远红外辐射材料的种类很多,能辐射出远红外线的物质也不少,但单一物质往往只能在某一个较窄的主波长范围内有较大的辐射率,为制成能在相当宽的波长范围内都有较大辐射率的辐射器,往往将两种或数种材料混合起来,制成复合陶瓷材料。复合陶瓷材料的最大辐射率可能有所降低,但因其具有较好的热转换率等性能,所以更具实用价值。常见的远红外辐射陶瓷材料组成见表 2-7。

表 2-7　常见的远红外辐射陶瓷材料组成

材料类型	材料名称
氧化物	MgO、Al_2O_3、CaO、TiO_2、SiO_2、Cr_2O_3、Fe_2O_3、SiO_2、MnO_2、ZrO_2、BaO、莫来石等
碳化物	B_4C、SiC、TiC、MoC、WC、ZrC、TaC
氮化物	B_4N、AlN、Si_3N_4、ZrN、TiN
硅化物	$TiSi_2$、$MoSi_2$、WSi_2
硼化物	TiB_2、ZrB_2、CrB_2

2.3.2　远红外辐射陶瓷的分类

远红外辐射陶瓷材料按照其应用温度可分为常温(低温)、中温和高温三种。一般来说,随着温度的升高,原子、电子的热运动加剧,远红外辐射率将提高。即使对于常温远红外陶瓷,远红外辐射率也随温度的提高而增大。常温范围定为 25～150℃(其中 20～50℃又称为低温),相应中温为 150～600℃ ,>600℃为高温。低温型远红外陶瓷粉在室温附近(20～50℃)能辐射出 3～15m 波长的远红外线，由于此波段与人体红外吸收谱匹配完美，故称为“生命热线”或“生理热线”。常温(≤150℃)远红外陶瓷粉体一般为白色陶瓷粉体，主要成分为氧化铝、氧化锌、氧化硅、氧化钛、氧化镁等，它们广泛应用于纺织、造纸、医疗器械、陶瓷等行业。中温以上(>150℃)远红外陶瓷粉体一般为黑色陶瓷粉体，主要成分包括 Mn、Fe、Co、Ni、Cu、Cr 及其氧化物，此外，SiC 也属于该类陶瓷。中温以上远红外陶瓷粉体多应用于辐射加热器、烘干器、高温炉的表面涂层。

2.3.3 远红外辐射陶瓷的辐射特性

陶瓷材料发射辐射的机制是由极性振动的非谐振效应的二声子和多声子产生辐射。高辐射陶瓷材料如 SiC、金属氧化物、硼化物等均存在极强的红外激活极性振动，这些极性振动由于具有极强的非谐效应，其双频和频区的吸收系数一般具有 10^2～10^3 cm^{-1}数量级，相当于中等强度吸收区在这个区域剩余反射带的反射率较低，因此，有利于形成一个较平坦的强辐射带。一般说来，具有高热辐射效率的辐射带，大致是从强共振波长延伸到短波整个二声子组合和二声子组合合频区域，包括部分多声子组合区域，这是多数高辐射陶瓷材料辐射带的共同特点，可以说，强辐射带主要源于该波段的二声子组合辐射。除少数例外，一般辐射陶瓷的辐射带集中在大于 5μm 的二声子、三声子区。因此，对于红外辐射陶瓷而言，1～5μm 波段的辐射，主要来自于自由载流子的带内跃迁或电子从杂质能级到导带的直接跃迁，大于 0.75μm 波段的辐射主要归于二声子组合辐射。

不同的远红外陶瓷(粉)具有不同的红外光谱特性，这是由它们的晶格振动不同所致，资料表明，在 8～25μm 范围内，没有一种单一金属或非金属氧化物材料的全辐射率能稳定在 90%左右。而采用元素周期表中第Ⅲ或第Ⅴ周期的一种或几种氧化物混合而成的远红外陶瓷粉(如 $MgO-Al_2O_3-CaO$、$TiO_2-SiO_2-Cr_2O_3$、$Fe_2O_3-SiO_2-MnO_2-ZrO_2$等)在较低温度时具有较高的光谱发射率，是一种理想的辐射材料，研究还表明，由两种或多种化合物的混合物构成的远红外陶瓷粉，有时具有比单一物质更高的比辐射率，尤其是在陶瓷烧结后，由于新物质的形成，其效果更加显著，在远红外陶瓷领域，使用最多的是金属氧化物和金属碳化物，有时也使用金属氮化物，其中以氧化铝、氧化镁、氧化锆和碳化锆为好，有时也使用二氧化钛和二氧化硅等天然矿石，堇青石和莫来石分别属于氧化镁和氧化铝类，其辐射率达到 75%以上，应该注意的是，某些金属氧化物具有天然放射性而不适用。

远红外辐射陶瓷具有以下辐射特性：

(1)发射率高。发射率又称辐射率，是衡量物体表面以热辐射的形式释放能量相对强弱的能力。物体的发射率等于物体在一定温度下发射的能量与同一温度下黑体辐射的能量之比。黑体的发射率等于 1，其他物体的发射率介于 0～1。实际物体的发射率越接近 1，它们的辐射也越接近黑体辐射。发射率是衡量材料辐射性能的重要指标。远红外陶瓷一般具有较高的发射率。常温远红外陶瓷，发射率可达 85%以上。

(2)光热转换效率高。光热转换效率，指物体吸收环境热量后以远红外能量的形式输出。远红外陶瓷(粉)具有较高的光热转换效率。

(3)单位面积的辐射能大。

(4)定向发射的性能好、辐射能分布较均匀，并能根据使用要求方便地将发射的红外线进行指向、聚集等技术处理。

(5)耐热性、耐热冲击性优良。

(6)机械强度高、耐腐蚀、抗氧化性好。

(7)易成型且易被加工为所需的形状，可以大量生产，价格便宜。

2.3.4 远红外辐射陶瓷的制备

远红外辐射陶瓷制备，一般是将多种无机化合物及微量金属或特定的天然矿石分别以不同的比例配合，再经 1200～1600℃的高温煅烧，生成具有远红外线辐射性能的陶瓷材料，制备技术的关键是原料的选择、配方的比例和烧结等。

1)远红外辐射陶瓷烧结方法

远红外辐射陶瓷的烧结过程，就是通过加热，使颗粒黏结，经过物质迁移而使粉体产生强度并导致致密化和再结晶的过程。烧结工艺是远红外陶瓷制备的关键环节，烧结方法和控制烧结过程直接影响陶瓷显微结构(晶体、玻璃体、气孔等)中晶粒尺寸和分布、气孔尺寸和分布及晶界体积分数等参数。目前，远红外辐射陶瓷生产过程中常采用常规烧结、热压烧结等方法。

(1)常规烧结。一般采用常规加热方式，在传统电炉中进行，是目前远红外陶瓷最常用的烧结方式。由于纯的远红外陶瓷材料通常很难烧结，在性能允许的条件下，通常引入一些烧结助剂，以期形成部分低熔点的固熔体、玻璃相或其他液相，促进颗粒的重排或黏性流动，从而获得致密的产品，同时也可降低烧结温度。

(2)热压烧结。采用专门的热压机，在高温下单相或双相施压完成，温度和压力的交互作用使颗粒的黏性和塑性流动增强，有利于坯件的致密化，可形成几乎无空隙的制品，因此热压烧结又被称为“全致密工艺”，同时，烧结时间短、温度低、抑制晶粒的长大，产品性能得到提高。另外，反应烧结、超高压烧结、微波烧结等烧结方法在远红外辐射陶瓷烧结中都有一定的应用。

烧结工艺以及烧结助剂对远红外辐射陶瓷具有重要影响。在烧结过程中伴随发生坯体内所含溶剂、黏结剂及增塑剂等成分的去除，坯体内气孔减少，颗粒间结合强度增加，机械强度增高等变化，因此烧结过程尤其是烧结温度对材料的性能起决定性作用。远红外陶瓷粉料经压制后形成具有一定外形的坯体，一般含有30%～50%的气孔，颗粒之间仅是点接触，通过烧结过程，发生了颗粒间接触面积扩大，颗粒聚集，体积收缩；颗粒中心距离的逼近，逐渐形成晶界；气孔形状变化，体积缩小，从连通气孔逐渐变为孤立的气孔并逐渐缩小，以致排除，最终形成致密体。烧结助剂对陶瓷烧结也起着重要作用，合理地选择烧结助剂，能够起到降低烧结温度、改善陶瓷的辐射性能、增加基体的韧性和相对密度等多种作用。例如，用常规固相反应烧结法制备出 Fe_2O_3-堇青石系高效常温红外辐射陶瓷材料时，通过研究材料的微观结构，发现在 Fe_2O_3 中掺杂 Mn_2O_3 经还原气氛高温处理后生成的 $MnFe_2O_4$ 与堇青石形成了置换型固溶体。Mn^{2+} 以六配位的形式进入堇青石结构中占据了 Mg^{2+} 的结构位置。同时，Fe_2O 远红外辐射陶瓷材料中物理、化学成分的不同，会直接影响远红外辐射器的辐射效率和主波长。虽然远红外辐射材料的种类很多，能辐射出远红外线的物质也不少，但单一物质往往只能在某一个较窄的主波长范围内有较大的辐射率，为制成能在相当宽的波长范围内都有较大辐射率的辐射器，往往将两种或数种材料混合起来，制成复合陶瓷材料。复合陶瓷材料的最大辐射率可能有所降低，但因其具有较好的热转换率等性能，所以更具有实用价值。含量的增加，堇青石的结构从有序结构向无序结构过渡。这些结构上的变化，导致了辐射性能在常温下较单相有了很大改善。另外，添加少量的稀土和微量的过渡金属氧化物可以显著提高远红外辐射发射率。在远红外波段范围，材料的红外辐射主要是其粒子振动引起偶极矩变化而产生的，根据对称性选择定则：粒子振动时的对称性越低，偶极矩的变化就越大，其红外辐射性能就越强，而降低粒子振动对称性的主要因素是晶格畸变。当在远红外陶瓷粉中添加 Pb_2O_3 和 Y_2O_3 时，因煅烧时合成的堇青石、莫来石等均属结构不紧密晶体，此时 Pb^{3+}、Y^{3+} 等离子容易固溶于其中引起晶格畸变，同时，Pb^{3+}、Y^{3+} 与 Zr^{4+}、Ti^{4+} 等电价及半径均不相等，当其形成固溶体时引起晶格畸变，这些都降低了振动的对称性，提高了晶格振动活性，从而提高了材料的远红外辐射发射率。

2）纳米远红外辐射陶瓷粉体的制备

远红外辐射陶瓷粉体常见的制备方法有液相沉淀法和固相合成法。

液相沉淀法制备工艺：配料→溶解→加入表面活性剂→加入氨水→共沉淀→过滤、水洗→加入表面活性剂“S. T. O”和“PVA＋EDTA”进行两次脱水处理→干燥→煅烧→气流粉碎→性能检测→成品。其中“S. T. O”为 3 种表面活性剂：S 指 Span－60，失水山梨醇单硬脂酸酯；T 指 Tween－60，聚氧乙烯（20）失水山梨醇单硬脂酯；O 指 OP，烷基酚聚氧乙烯醚。

固相合成法制备工艺：配料→球磨混合→高温合成→磨细→过筛→性能检测→成品。

远红外陶瓷粉体的粒度表征采用 X 射线小角散射法，或粒度分析仪测试远红外陶瓷粉体粒径大小及分布。远红外辐射率的测试采用法向全辐射发射率检定校准系统来测定远红外陶瓷粉体材料的法向全辐射发射率。

3)低温远红外辐射陶瓷的制备

以过渡金属氧化物 MnO_2、Fe_2O_3 为主要原料，ZrO_2、TiO_2 作为辅助添加剂，经传统的固相烧结，可以得到低温远红外辐射陶瓷材料。但是，这种材料具有热膨胀系数大、不耐冲击的缺点。崔万秋等(1997)选用堇青石和过渡金属氧化物进行多相复合制备远红外辐射陶瓷材料，结果发现：过渡金属氧化物与堇青石复合可以提高整个红外波段的辐射率，在整个红外波段辐射率都在87%以上；在1100～1200℃ 范围内提高烧结温度可以提高材料辐射率。非还原气氛下掺杂 ZrO_2、TiO_2 有利于 $(Mn_{0.983}Fe_{0.017})_2O_3$ 的合成，以及提高材料辐射率；堇青石的加入可以极大地改善材料的热膨胀性能和耐冲击性能，热膨胀系数减小到 1.87×10^{-6}℃。

制备方法：选择分析纯 Al_2O_3、MgO、SiO_2，以 2∶2∶5 摩尔比配料，并置于研钵中加蒸馏水研磨 12h，干燥后在 6MPa 的压强下压片成型，合成堇青石($2Al_2O_3$∶2MgO∶$5SiO_2$)，烧结温度为 1400℃，保温 4h。再选择分析纯的过渡金属氧化物 MnO_2、Fe_2O_3、ZrO_2、TiO_2。MnO_2、Fe_2O_3 为主要原料，质量百分比为 3∶2，置于研钵中加蒸馏水研磨 6h，干燥后于 6MPa 的压强下压片，于还原气氛、1100℃ 下预烧 1h，提高物料活性，取出后再研磨 6h，在 18MPa 压强下压片，烧结温度为 1200℃，还原气氛，保温 7h，合成 $MnFe_2O_4$(A)，将 A 研磨成粉以备掺杂。配方及工艺参数见表 2-8。选择 A-4 与堇青石以质量百分比为 1∶3 的比例混合，置于研钵中加蒸馏水研磨 6h，干燥后于 18MPa 压强下压制成型，空气气氛下烧结，烧结温度为 1100℃，得到低温远红外陶瓷辐射材料(编号 A-04)。

表 2-8 配方及工艺参数

编号	成分/%				成型压力/MPa	气氛	烧结温度/℃	保温时间/h
	A	ZrO_2	TiO_2	MnO_2				
A-1	95	5	—	—	18	还原	1100	4
A-11	95	5	—	—	18	还原	1800	4
A-2	95	—	5	—	18	还原	1100	4
A-22	95	—	5	—	18	非还原	1100	4
A-3	90	5	5	—	18	还原	1100	4
A-4	90	3	4	3	18	还原	1100	4

XRD 分析表明，在 1400℃下烧结的堇青石主晶相为 α-堇青石，中远红外辐射率较高。堇青石晶体结构为斜方晶系，是环状结构的硅酸盐，化学组成为 $Al_3Mg_2[Si_5AlO_{18}]$，其基本结构单元是 5 个(或 4 个)[SiO_4]四面体和 1 个(或 2 个)[AlO_4]四面体所组成的六元环，六元环之间由[MgO_6]八面体和[AlO_4]四面

体相连接,因此晶胞中平行于 C 轴方向有一个由六元环组成的空隙,其大小足可容纳水分子,结构不紧密,过渡金属氧化物可填充其中,引起晶格畸变,从而降低离子振动时的对称性,提高红外辐射率。A－04 峰值或多或少地偏大,可以说明添加物填充了空隙,使晶格产生畸变。

A 样品晶相是 $MnFe_2O_4$,尖晶石结构。掺杂 ZrO_2、TiO_2 后,主晶相变为 $(Mn_{0.983}Fe_{0.017})_2O_3$,同时存在少量 $MnFe_2O_4$ 和 Fe_2TiO_4。$(Mn_{0.983}Fe_{0.017})_2O_3$ 是一种晶格有缺陷的尖晶石结构,尖晶石结构的缺位可以被其他金属离子填充,如 Zr^{4+}、Ti^{4+}。同时 Zr^{4+}、Ti^{4+} 也可取代 Mn^{3+}、Fe^{+}。从晶格常数上看,$(Mn_{0.983}Fe_{0.017})_2O_3$ 的实验值比理论值大,说明缺位或部分 Mn^{3+}、Fe^{+} 被大半径离子 Zr^{4+}、Ti^{4+} 填充或取代。缺陷和杂质离子的存在对发射率的提高有积极的贡献。堇青石和过渡金属氧化物进行多相复合制备远红外辐射陶瓷材料,之所以辐射率高,主要归因于电子从杂质能级到导带直接跃迁,以及晶格的非谐振动,形成了一片很宽的强辐射带。

4)常温远红外陶瓷粉的制备和远红外日用陶瓷

常温远红外陶瓷不仅是一种新型光热转换功能陶瓷材料,而且是用途广泛的保健型陶瓷。与高温远红外辐射陶瓷相比,常温远红外陶瓷辐射率(一般可大于 85%)和光热转换效率均比较高,在吸收环境热量后以远红外能量形式输出。远红外日用陶瓷不仅对食物、饮料、水有活化作用,可以加速酒的发酵和成熟,而且对人体还具有保健功能。刘维良等(2002)采用液相法制备出纳米远红外陶瓷粉,把远红外陶瓷粉按适当比例掺入普通陶瓷釉浆中,制成常温下具有高效发射远红外线功能的日用陶瓷产品,如瓷碗、盘、茶杯、酒具等。采用 XRD 分析其物相和 SEM 观察其显微结构,结果表明,当远红外陶瓷粉在基釉中的添加量为 10wt%时,可提高日用陶瓷釉面的光泽度和显微硬度,且釉面质量优良。所制备远红外陶瓷粉的法向全辐射发射率为 94%,远红外日用陶瓷的法向全辐射发射率达到 83%以上。

常温远红外陶瓷粉制备工艺:

原材料:$ZrOCl_2 \cdot 8H_2O$、$AlNH_4(SO_4)_2$、氨水、$MgCl_2$、$SiCl_4$、$TiCl_4$、YCl_3、$PdCl_3$、Span－60、Tween－60、PEG、CMC、MgO、ZrO_2、Al_2O_3、SiO_2、TiO_2、Y_2O_3、Pd_2O_3、Pd_2O_3。

液相共沉淀法制备远红外陶瓷粉的配方如表 2-9 所示。固相合成法制备远红外陶瓷粉的配方如表 2-10 所示。远红外日用瓷釉配方如表 2-11 所示。

表 2-9 液相共沉淀法制备远红外陶瓷粉的配方

配方号	$MgCl_2$	$ZrOCl \cdot 8H_2O$	$AlNH_4(SO_4)_2$	$SiCl_4$	$TiCl_4$	YCl_3	$PdCl_3$
F_1	12	39	69	57	71	1.73	0.08
F_2	12	39	69	57	71	0	0
F_3	12	26	69	57	95	2.6	0.16

表 2-10　固相合成法制备远红外陶瓷粉的配方

配方号	MgO	ZrO_2	Al_2O_3	SiO_2	TiO_2	Y_2O_3	Pd_2O_3
F_4	5	15	30	20	30	2	0.1
F_5	5	15	30	20	30	0	0
F_6	5	10	25	20	40	3	0.2

表 2-11　远红外日用瓷釉配方

配方号	配比/wt%	配方号	配比/wt%
A_{11}	基釉+5%F_1	A_{41}	基釉+5%F_4
A_{12}	基釉+10%F_1	A_{42}	基釉+10%F_4
A_{13}	基釉+15%F_1	A_{43}	基釉+15%F_4
A_{14}	基釉+20%F_1	A_{44}	基釉+20%F_4
A_{21}	基釉+5%F_2	A_{51}	基釉+5%F_5
A_{22}	基釉+10%F_2	A_{52}	基釉+10%F_5
A_{23}	基釉+15%F_2	A_{53}	基釉+15%F_5
A_{24}	基釉+20%F_2	A_{54}	基釉+20%F_5
A_{31}	基釉+5%F_3	A_{61}	基釉+5%F_6
A_{32}	基釉+10%F_3	A_{62}	基釉+10%F_6
A_{33}	基釉+15%F_3	A_{63}	基釉+15%F_6
A_{34}	基釉+20%F_3	A_{64}	基釉+20%F_6

工艺流程如下。

(1)液相共沉淀法制备工艺：

配料→溶解→加表面活性剂→共沉淀→过滤水洗→脱水处理→干燥→气流粉碎→性能检测→备用

(2)固相合成法工艺：

配料称量→球磨混合→高温合成→磨细→过筛→性能检测→备用

(3)远红外日用陶瓷样品制备工艺：

普通日用瓷基釉+远红外陶瓷粉→球磨混合→远红外釉浆→施釉→上釉→素坯→烧成样品

远红外日用陶瓷样品制备工艺采用纳米粒子制备技术中的液体处理方法之共沉淀法。在采用静电机制和空间位阻机制控制沉淀反应的基础上，于干燥前引入表面活性剂(Span－60、Tween－60、OP)实施脱水处理工艺，通过脱去凝胶表面自由吸附水、结构配位水和非架桥羟基等组成的“水膜”，控制了在干燥和煅烧过程中硬团聚体的形成，从而制备出纳米级远红外陶瓷粉。而用固相合成法制备远红外陶瓷粉的工艺是：经 900～1300℃煅烧后，球磨 20h。这种制备工艺获得的远红外陶瓷粉平均粒径为 10～15μm。扫描电镜分析表明，液相共沉淀法制备的远红外陶瓷粉的颗粒呈球形，固相合成法制备的远红外陶瓷粉体的颗粒呈多棱形。

远红外陶瓷粉的细度与远红外辐射性能密切相关。把不同配方和不同工艺制备的远红外陶瓷粉分别用胶混合均匀后粘贴在 60mm×60mm 的铝板上，黏贴厚度为 1mm，样品加热到 80℃，测定样品的法向全辐射发射率，其结果如表 2-12 所示。

表 2-12　样品的法向全辐射发射率(ε_n)测试结果

配方号	法向全辐射发射率(ε_n)/%	配方号	法向全辐射发射率(ε_n)/%
F_1	93	F_4	82
F_2	82	F_5	78
F_3	94	F_6	83

液相共沉淀法与固相合成法制备的远红外陶瓷粉比较显著的不同点是：用液相共沉淀法制备的远红外陶瓷粉颗粒很细，达到纳米级，而且颗粒大小均匀，呈球形。细小均匀的远红外陶瓷粉对光的吸收很大，根据基尔霍夫定律，在相同温度和相同入射波长的条件下，物体的吸收率 α 等于物体的发射率 ε，即 $\varepsilon=\alpha$。因此，粒度越小，红外辐射发射率越高。

用液相共沉淀法制备的远红外陶瓷粉总表面积很大，相对整体粒子而言，表面分布的原子比例很大，例如，将棱长为 1mm 的正方体分成棱长为 1μm 的正方体和棱长为 1nm 的正方体，其粒子数与总表面积值见表 2-13。

表 2-13　在 $1mm^3$ 体积中粒子数与总表面积值

正立方体棱长	$1mm^3$ 体积中粒子数	单个粒子表面积	总表面积
1mm	1 个	$6mm^2$	$6mm^2$
1μm	10^9 个	$6\times10^{-6}mm^2$	$6\times10^3mm^2$
1nm	10^{18} 个	$6\times10^{-12}mm^2$	$6\times10^6mm^2$

随着远红外陶瓷粉颗粒变细，总表面积大大增加，表面原子数也显著增多，表面能也随之增大，也就增大了粉体表面的活性。因此，由液相共沉淀法制备的远红外陶瓷粉的表面活性远大于由固相合成法制备的远红外陶瓷粉的表面活性。从而显著提高了远红外陶瓷粉的辐射发射率。

稀土氧化物和过渡金属氧化物的添加显著影响了远红外陶瓷粉的辐射性能。从表 2-12 可知，在同一数量级大小的颗粒中，F_2 的发射率小于 F_1 和 F_3 的发射率，同样，F_5 的发射率小于 F_4 和 F_6 的发射率；比较它们的化学组成，F_2 和 F_5 中不含 Y_2O_3 和 Pd_2O_3，实验结果表明，Y^{3+}、Pd^{3+} 都具有活化催化作用，添加少量的稀土和微量的过渡金属氧化物可以显著提高远红外辐射发射率。

稀土元素的原子构造可以用 $4f^n5d^16s^2$ 表示，n 从 0 变化到 14，外层价电子是 $5d^16s^2$，故随原子序数的增加，稀土元素 $4f^n$ 逐渐被填满。当在远红外陶瓷粉中加入稀土氧化物时，因远红外陶瓷粉中含有大量的 TiO_2，TiO_2是光触媒的半导体，充满电子的价电子带由能传导电子的传导带和不能存在电子的禁带构成。由于其外层的价电子带存在，当一定能量的光照射到远红外陶瓷粉时，稀土元素价电子带会俘获光催化电子，所以 TiO_2产生的电子大部分被稀土元素的外层价电子带（为正三价）所俘获，这样便产生更多的空穴。故加入稀土氧化物的远红外陶瓷粉所产生的电子、空穴浓度远高于未引入稀土氧化物的远红外陶瓷粉。因陶瓷材料大部分为多晶体介质材料，而介质晶体材料的红外辐射特性在远红外短波范围主要与电子或电子空穴有关，所以电子-空穴浓度的增加，会使材料的红外辐射加强。

远红外陶瓷粉在釉中的掺入量对远红外陶瓷釉的辐射发射率和釉面质量有重要影响。从表 2-14 可看出，远红外陶瓷釉法向全波辐射发射率、光泽度、显微硬度随远红外陶瓷粉添加量的增加而提高。外观质量方面，当远红外陶瓷粉添加量达到 20wt%时，才出现少量气泡，釉面颜色随远红外陶瓷粉的添加量的增多而由白色逐渐变为黄色。ZrO_2、TiO_2的乳浊效果提高了釉面的光泽度。远红外陶瓷粉中 TiO_2 含量比较高，当远红外陶瓷粉添加量超过 10wt%时，釉面颜色逐渐变黄，这是金红石相存在所致。远红外陶瓷粉中 Al_2O_3含量比较高，当釉中添加一定量的远红外陶瓷粉后，提高了釉中 Al/Si 的比值，从而提高了釉面硬度。该工艺制备的远红外陶瓷粉是 $MgO-Al_2-SiO_2-TiO_2-ZrO_2$系统，属白色陶瓷系统，外加少量 Y_2O_3和 Pd_2O_3起激活催化作用，此系统以金红石、堇青石、莫来石、锆石等为主要晶相，具有高的远红外辐射发射率。

当远红外陶瓷粉在釉中添加量为 10wt% 时，坯釉结合情况良好。综合考虑远红外陶瓷釉的辐射性能、釉面质量、颜色和成本等因素，远红外陶瓷粉（选择配方 F1）在基釉中的添加量以 10wt%为佳，其发射率达到 83%，其他性能均达到国家日用瓷标准要求。

表 2-14　远红外釉的发射率和釉面质量的测试结果

配方号	发射率/%	光泽度	显微硬度/MPa	外观质量	釉面颜色
A_{11}	80	106.1	600.1	无针孔、气泡	白色
A_{12}	83	109.2	613.7	无针孔、气泡	乳白
A_{13}	85	111.5	630.8	无针孔、气泡	淡黄
A_{14}	87	114.9	640.9	有少量小气泡	象牙黄
A_{21}	70	104.6	605.2	无针孔、气泡	白色
A_{22}	72	108.6	615.4	无针孔、气泡	乳白
A_{23}	76	110.8	632.7	无针孔、气泡	淡黄
A_{24}	80	111.0	644.8	有少量小气泡	象牙黄
A_{31}	82	107.2	595.8	无针孔、气泡	白色
A_{32}	84	109.8	612.8	无针孔、气泡	乳白
A_{33}	86	112.8	625.8	无针孔、气泡	淡黄
A_{34}	88	115.8	639.1	有少量小气泡	象牙黄

续表

配方号	发射率/%	光泽度	显微硬度/MPa	外观质量	釉面颜色
A_{41}	71	104.2	592.3	无针孔、气泡	白色
A_{42}	73	104.9	610.6	无针孔、气泡	乳白
A_{43}	77	106.8	616.7	无针孔、气泡	淡黄
A_{44}	80	108.3	631.6	有少量小气泡	象牙黄
A_{51}	60	96.0	607.3	无针孔、气泡	白色
A_{52}	65	97.2	616.7	无针孔、气泡	乳白
A_{53}	68	97.8	633.2	无针孔、气泡	淡黄
A_{54}	72	98.2	644.2	有少量小气泡	象牙黄
A_{61}	70	100.2	590.2	无针孔、气泡	白色
A_{62}	78	104.4	608.3	无针孔、气泡	乳白
A_{63}	80	107.9	615.7	无针孔、气泡	淡黄
A_{64}	82	109.8	625.6	有少量小气泡	象牙黄

5)锆钛系远红外复合陶瓷

锆钛系远红外复合陶瓷是以 ZrO_2 和 TiO_2 为主料，添加适当辅助原料组成的一种新型高能辐射材料，如果 ZrO_2 和 TiO_2 的比例选择适当，其发射出的红外光谱就能和小麦等谷物的吸收光谱相一致，便能达到良好的光谱匹配，在谷物干燥过程中便具有低能耗、高效率同时又符合环保要求等众多优点。刘建学等(2006)通过研究典型谷物的特征红外吸收谱段，遴选了以 ZrO_2 和 TiO_2 为主要原料的适于谷物干燥的远红外复合辐射材料，测定了经过高温烧结而成的远红外复合陶瓷的辐射率，研究了其辐射特性。利用该成果研制了谷物干燥专用复合陶瓷辐射器，不仅提高了热转换效率，而且提高了谷物干燥产品品质。

国内外红外辐射材料的研究资料表明，常用的具有好的辐射效果的金属氧化物为 Fe_2O_3、MnO_2、NiO、CuO、CoO、Cr_2O_3、ZrO_2、TiO_2、SiO_2、Al_2O_3、MgO、La_2O_3、CeO 等，其中用得较多的是过渡金属氧化物，如 Fe_2O_3、CuO、MnO_2、CoO 等，这是因为过渡金属氧化物材料易得、价廉，在加热烧结后改变了其晶相结构，提高了辐射性能，且可在氧化性气氛下长期使用。但用于农产品加工方面的红外辐射材料，必须考虑食品质量的安全性，具有放射性质的材料是绝对不允许使用的。笔者课题组依据谷物及其成分组成如蛋白质、脂肪、淀粉、水等对远红外线的特性吸收谱带，并考虑到由于谷物干燥要求表里同时吸收、均匀升温，故对于红外复合陶瓷材料的入射辐射的主波长应不同程度地偏离吸收峰的波长，即采用偏匹配的原则，选定主料为 ZrO_2、TiO_2，辅料为 MnO_2、Fe_2O_3、CuO、MgO、石蜡等，来优化远红外复合辐射材料。

复合材料的制备：以 3 种不同质量分数的主料和相应辅料组成复合材料的不同配方(表 2-15)，制成粉浆，采用浇注成型的方法，做成 $\Phi 20\times 1.5$mm 的圆片，然后烧结成型，作为测试试样进行各项指标的检测。

表 2-15　复合材料不同配方的因素水平表

水平	因素		
	TiO_2/%	ZrO_2/%	辅助原料
	A	B	C
1	15	80	No. 1
2	10	65	No. 2
3	5	50	No. 3

测定结果：通过高温烧结而成的远红外复合陶瓷的辐射率范围为 83%～91%，利用正交实验设计，以红外辐射率为指标进行了配方的优化设计，得到的最佳配方方案为(质量分数)：ZrO_2 为 80%，TiO_2 为 15%，由 MnO_2、Fe_2O_3、CuO、MgO、石蜡等组成的辅助原料为 5%。

6) TiO_2-莫来石远红外陶瓷

莫来石的基本成分为氧化铝和氧化硅($3Al_2O_3 \cdot 2SiO_2$)，属岛状结构的铝硅酸盐，它的晶体结构中有沿 *C* 轴发展的[AlO_6]八面体组成的链，链与链间由[SiO_4]和[AlO_4]相连接，在每对节链[$CAlSi_7O_7$]中，常失去公共顶点 O^{2-}，形成八面体空穴。莫来石具有大量的八面体空位，如果可以使一些与其原子半径相差很大的原子进入，便可以使得硅线石内部原有的电位平衡被打破，从而促使新电偶极矩的产生，提高材料的远红外辐射能力。宋宪瑞等(2007)以 TiO_2-莫来石体系陶瓷材料为主要研究对象，研究了不同组分和烧成温度对陶瓷材料的远红外吸收性的影响。试验表明，TiO_2-莫来石体系陶瓷材料的远红外吸收性能，随着烧结温度的升高明显降低；TiO_2能有效促进材料烧结，降低烧结温度，提高材料的红外吸收性能。

TiO_2-莫来石远红外陶瓷的主要材料为：TiO_2、SiO_2、MgO、Al_2O_3、ZrO_2、Y_2O_3，实验配方见表 2-16。

表 2-16　三种不同的原料配方

配方号	TiO_2	SiO_2	MgO	Al_2O_3	ZrO_2	Y_2O_3
F_1	30	24	5	30	12	1
F_2	5	32	12	47	14	0.7
F_3	10	30	12	43	14	1

制备过程：①将试剂按相应的比例混合，加入球磨罐中，以 ZrO_2 球为研磨体，去离子水作为球磨助剂，在 700r/min 的转速下球磨 4～6h；②将球磨好的浆体置于干燥箱内烘干后过孔径 2.3μm 筛，然后干压成型；③将成型好的试条进行干燥，失去全部水分后，于梯温炉内 1100～1400℃烧结，改变烧结条件，重复上面步骤；④利用 XRD、SEM、红外吸收等检测仪器，检测烧成材料的结构及辐射性能。

TiO_2-莫来石体系，属白色红外陶瓷系统，外加少量的 ZrO_2 和 Y_2O_3，可以增加陶瓷材料的白度及烧结材料的强度，并且少量的 ZrO_2 可以对 TiO_2 的烧结起到促进作用。因此，物相分析过程中以金红石、堇青石、莫来石、锆石等为主要晶相，具有较高的远红外吸收率。

随着烧结温度的升高，陶瓷材料的红外吸收性能明显降低。图 2.1 为配方 F_1 分别在 1150℃、1200℃、1250℃下烧结后，所得到的材料红外吸收曲线。从图中可以看出随着温度的升高，波长在 2～8μm 的范围内的吸收率有少量升高，而在波长 8～18μm 范围内的吸收率却明显降低。因为随着温度的升高，有太多的玻璃相产生，而使得先前生成的晶粒被包裹起来，也就是说 1200℃时，材料已经出现过烧现象，从而使得烧成材料的透射性能增强，而吸收性能降低。

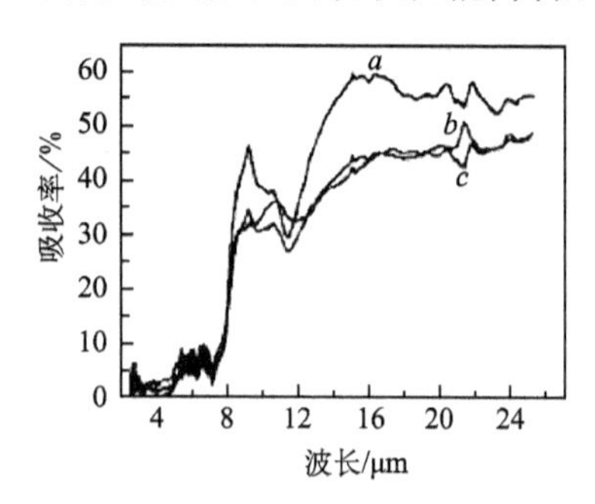

图 2.1 配方 F_1 分别在 1150℃ (*a*)、1200℃ (*b*)、1250℃ (*c*)烧结后的红外吸收曲线

随着 TiO_2 加入量的增加，材料的烧结温度明显降低。图 2.2 为 TiO_2 加入量分别为 5%和 10%时材料在同一烧结条件下的红外吸收特性曲线。从图中可以看出陶瓷材料的吸收率随着 TiO_2 加入量的增加而有明显的升高。这是因为在远红外波段范围，材料的红外吸收主要是电磁波和晶格相互作用的吸收，当晶体内晶格参数变化时，会引起吸收特性的变化。烧结后的陶瓷材料中含有 Y^{3+}、Zr^{4+}、Ti^{4+} 等电价半径均不相等的离子，当其与莫来石形成固容体时引起晶格畸变，降低了振动的对称

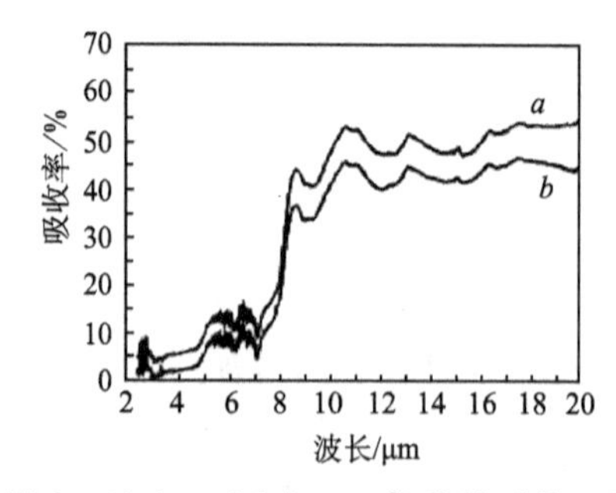

图 2.2 配方 F3(*a*)、F2(*b*)在 1300℃烧结后的红外吸收曲线

性，从而提高了材料的远红外吸收特性。但晶格振动过程中，只有少数几种振动模才能与红外辐射场作用，并交换能量，产生晶格振动吸收光谱。例如，离子对中的两

个离子通过重心保持不变的方式发生相反方向的位移，其结果使这对离子的偶极矩在振动，可以产生吸收和红外辐射，因此材料的远红外吸收和辐射性能也就越强。

TiO_2烧结过程中在 500～600℃范围内生成锐钛矿型，在超过 600℃后开始向金红石型转变，在 1100℃以上便生成一定的液相。而液相的生成有利于柱状莫来石的形成，因此在同一烧结温度下，TiO_2的加入可以促进莫来石的生成，从而使得烧结材料的远红外吸收得到提高。

7）常温远红外辐射釉

釉是用矿物原料（如长石、石英、高岭土）和化工原料，按一定配比混合经研磨、加水调制后，施于坯体表面，经高温焙烧而熔融形成的玻璃质薄层。远红外辐射釉便是在普通的陶瓷釉料配方中加入适量的常温远红外辐射陶瓷粉制得的。将这种釉浆按常规施釉方法施加在陶瓷坯体上，便可制得具有特殊保健和抑菌功能的远红外陶瓷产品。

远红外辐射釉的制备对基釉没有特别的要求，只要所用基釉适用于需施釉的坯体即可，一般采用普通的日用瓷釉料。将制备好的远红外辐射陶瓷材料按一定比例添加到预先制备好的基釉釉料中，经过充分混合制成具有适当比重和 pH 的釉浆。采用与其他釉相同的施釉方法在陶瓷生坯或底釉上施釉，干燥后经烧制便得到远红外辐射釉。如要得到不同颜色的釉面，也可在釉料中加入不同的合适的着色剂或采用配好的颜色釉作为基釉。

采用各种体系的红外辐射材料制得的远红外辐射釉的远红外辐射性能均随红外辐射材料添加量的增加而趋于提高。对于上述各种体系材料，其法向全波段发射率一般均可达到 83%以上，但具体最佳添加量还需综合考虑釉面的其他性能要求，根据实际情况来确定。釉面光泽度和显微硬度等性能随红外辐射材料添加量的变化情况、随所采用的辐射材料体系的不同而呈现不同变化。对于 $MgO-Al_2O_3-SiO_2-TiO_2-ZrO_2$体系材料，由于 ZrO_2、TiO_2的乳浊效果提高了釉面光泽度，所以，随添加量的增加，光泽度提高，但添加量过多，又易因金红石的存在，使釉面由白色变为黄色。另外由于该体系材料中 Al_2O_3含量较高，故添加适量该体系辐射材料还有利于提高釉中 Al/Si 比，从而提高釉面硬度。但对于 $Fe_2O_3-MnO_2-CuO-Co_2O_3$体系，其与天然硅酸盐矿物复合体系的红外辐射材料相比，却出现了不同的情况，当其添加量达到 5%时，红外辐射釉的光泽度明显降低。

2.3.5　远红外辐射陶瓷的应用

1. 食品产业中的应用

1）食品加热

食品热加工中采用远红外线辐射，加热速度快，食品受热均匀，表里热度基本一致，而且能够改善食品的风味品质。远红外烘烤食品，不会产生类似膨化造成的内外表面的水分分布不均匀、口感较差的现象，能使食物的内外表面水分一致，口感好。在新鲜茶叶加工中，用远红外线照射处理，可以使茶叶在较低温度（30～40℃）凋萎，不仅减少营养损失，还可以增强茶叶香味。

2）食品保鲜

采用远红外辐射陶瓷制作食物容器内壁，或在食品包装材料中添加远红外辐射陶瓷，能够起到保鲜作用。用远红外线照射方法处理新鲜的水果，能杀死或抑制表面病原微生物，并能适当降低水果中的水分含量，减少储运过程中的腐烂现象。采用远红外线辐射还可用于各种袋装食品的灭菌，克服了袋装食品无法使用高温消毒的难题。

3）食品干燥

远红外干燥技术是一种高效、节能，同时又具环保特性的新型快速干燥技术。它是利用远红外射线辐射物料，引起物料分子的振动，使内部迅速升温，促进物料内部水分向外部转移，达到内外同时干燥的目的。如果辐射器发射的辐射能全部或大部分集中在谷物的特征红外吸收谱带，则辐射能将大部分被吸收，从而实现良好的匹配，提高了干燥效率。不同物料对远红外线的吸收都具有一定的选择性，对不同的光谱、波长，其吸收率不同。与谷物具有特征红外吸收波段一样，不同远红外辐射材料也有自己的远红外发射谱段。所谓匹配辐射是指当照射到物体上的红外线频率与组成该物体的物质分子的振动频率相同时，分子就会对红外辐射能量产生共振吸收，同时通过分子间能量的传递，使分子内能（振动能及转动能）增加，也就是分子平均动能增加，表现为物体温度升高。但并不是说发射波段和吸收波段一一对应就好，根据吸收定律：

$$k(\lambda) = k_0(\lambda)\mathrm{e}^{-T(\lambda)h}$$

式中，λ 为波长；$k(\lambda)$为物料内深 h 处的光谱辐射功率密度；$k_0(\lambda)$为发射材料表面的光谱辐射功率密度；$T(\lambda)$为光谱吸收系数，是物料和波长的函数，对于给定的物料，T 随 λ 而变化。

当辐射波长 λ 与物料特征吸收峰波长一致时，$T(\lambda)$为极大值，也就是通常所说的正匹配吸收。当辐射波长 λ 偏离物料特征吸收峰时，$T(\lambda)$值较小，即通常所说的偏匹配吸收。当 $h=1/T(\lambda)$时，$k(\lambda)=k_0(\lambda)/e$，即能量衰减为发射辐射能的 $1/e$，定义$d=1/T(\lambda)$为穿透深度。当 $h\ll d$ 时，远红外辐射线一般能穿透物料，例如，涂装干燥的涂层等为薄层干燥；当 $h>d$ 时，远红外辐射线不能穿透物料，例如，谷物干燥、食品烘烤等为厚层干燥。对于谷物的干燥，由于红外辐射穿透能力较弱，为了使物料内外同时被加热升温，应选择 $T(\lambda)$较小的波段，穿透深度 d 增大，以得到较好的加热效果，也就是使辐射源工作波段偏离吸收峰，形成偏匹配吸收。

笔者课题组通过研究典型谷物的特征红外吸收谱段，遴选了以 ZrO_2 和 TiO_2

为主要原料的适于谷物干燥的远红外复合辐射材料,并对远红外谷物干燥复合材料及其干燥效果进行了研究。将实验分为 a、b 两组,其中,a 组为自制远红外辐射器干燥组,b 组采用普通热风干燥作为对照组。将经过水分调整后湿基含水率为 27% 的小麦均匀地在盛料网盘上平铺一层,厚度不超过 5cm。干燥过程中定时测量物料重量,计算不同时刻小麦的湿基含水率,直至其含水率达到 14%为止。根据所得数据,绘制远红外干燥及普通热风干燥失水特性曲线,如图 2.3 所示。

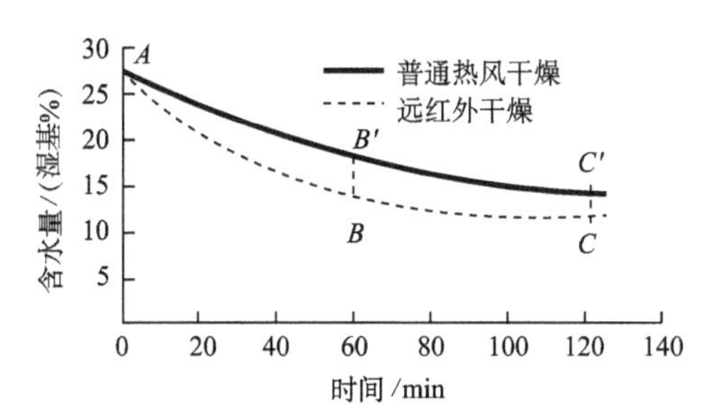

图 2.3　远红外干燥与普通热风干燥曲线对比

试验所得 a 组的干燥曲线基本上为指数函数曲线,其变化可分为两个阶段:第一阶段即 AB 部分,采用与被干燥物料(小麦)内部基本粒子振动相匹配的远红外加热,被干燥物料吸收大量红外线,使其内部的水分子产生剧烈振动,热效率成倍提高。升温脱水速率迅速上升,含水率下降很快。小麦的含水率基本上是在 60min 内由 27% 损失到 14% 左右;而 b 组采用普通热风干燥,在第一阶段即 AB' 部分,曲线下降比较缓慢,干制时间也较长,小麦在 60min 内水分损失到 18% 左右。在 a 组的第二阶段即 BC 阶段,由于水分含量相对减少,且以结合水为主,故内部热效应减弱,物料内部相对温度下降,与湿度梯度相反的温度梯度变得很大,影响了水分内部扩散速率。故第二阶段失水速率逐渐下降,所用时间较长,与普通热风干燥速率相接近。通过 a 组和 b 组对小麦的干燥对比试验,可以看出,采用远红外干燥组干燥速率快、效率高、所需干燥时间短,应为较理想的谷物干燥方法。

2. 纺织品中的应用

远红外纺织品能够吸收来自环境或人体的电磁波,并辐射出波长范围在 25~30μm 的远红外线。当织物辐射的远红外线被人体吸收后,会产生一定的生理效应,包括:热效应(保暖);激活生物大分子;改善微循环;增强机体免疫等。远红外织物于 20 世纪 80 年代面世以来,深受人们喜爱,相关产品开发比较迅速。远红外陶瓷材料在纺织品中常见的应用方式有以下几种:①将远红外陶瓷粉混入聚酯后纺出纤维;②将远红外陶瓷粉掺入尼龙或聚丙烯腈纺成纤维,或是涂覆在纤面纺成纱线;③采用碳化锆陶瓷溶液涂层,制成尼龙保暖织物;④白色陶瓷材料包覆黑色碳化锆陶瓷形成白色蓄热保温材料,用于聚酯、聚酰胺织物的制作。

3. 工业炉窑中的应用

工业中,远红外辐射技术广泛应用于加热炉、干燥器等,通过增加炉窑内壁黑度,改变炉内热辐射的波谱分布,不仅提高了热效率,而且使炉温趋向均匀,提高了加热质量。将高温红外粉料与黏结剂混合,调成糊状后,涂刷在加热炉的内壁或电阻带上,待自然干燥后即可使用,具有明显的节能效果。另外,生产机械一般都是处在高温高压状态下,其金属加工的热处理工序对整机有很大的影响。过去的焊前预热主要是采用乙炔火焰、电热、工频感应等加热方式。火焰喷射方式会改变材质的性能,电热效率不高,工频感应法设备又比较复杂。

4. 生物医学领域的应用

生物医学领域所用的远红外辐射陶瓷材料是一种人造的光辐射源,它能依据人们所需要的波长而辐射特定的波段,而且它们的穿透力强,穿透大气时损耗很少。它所发出的电磁波,称为"生命波",这种电磁波包含远红外线电磁波中的一段(4～14μm),相当于人体温度应发射的那段波长,因此,远红外辐射被用于各种理疗设备中。人体通过辐射吸收远红外材料的远红外辐射后,表皮温度升高并不断向皮下组织传递,使该处血管扩张,血流加速,局部血液循环得到改善,增强血液的物质交换,给病灶提供有利于康复的重要生化反应的动力和营养,加速代谢,改善人体免疫功能,促进疾病的恢复。

5. 节能环保领域的应用

利用远红外辐射陶瓷材料对燃油进行红外辐射,可以使燃油的黏度和表面张力降低,利于雾化和充分燃烧。远红外陶瓷材料可制成蜂窝状、网状或管状元件,用于燃油汽车、船舶、炉灶,节能效果可达到5%以上,对削减燃油污染有一定意义。远红外陶瓷涂料(含纳米 TiO_2 涂料)具有催化氧化功能,在太阳光(尤其是紫外线)照射下,生成—OH,能有效除去室内的苯、甲醛、硫化物、氨和臭味物质,并具有杀菌功能。

2.4 纳米 ZrO_2

2.4.1 纳米 ZrO_2 的功能特点

ZrO_2 及其与其他氧化物的混合物作为一种远红外辐射材料,具有远红外辐射频率，与人体有机官能团肽链的固有振动频率相近，在较低的温度下（室温～100℃）也具有较高的发射率，以及无毒无放射性等优点，使其在医疗保健等方面日益得到人们的重视，具有广阔的发展前景。尤其是随着现在纳米技术的飞速发展，人们发现将 ZrO_2 制成纳米颗粒后，其远红外辐射峰发生了宽化，从而与人体有机官能团肽链的固有频率重合得更好；此外，纳米级粒子粒径减小，散射系数减小，远红外辐射率也有了提高；同时，ZrO_2 纳米颗粒具有更高的比表面积，更强的活性，与聚合物基体之间的附着力也得到了显著的加强。

2.4.2　纳米 ZrO_2 的制备

目前，ZrO_2 及其混合物纳米颗粒的制备方法主要有化学沉淀法、溶胶-凝胶法、微乳液法，除此之外，还有一些比较新颖的制备方法，如 Jiahe 等利用超声的声穴（acoustic cavitations）能量效应对 $Zr(NO_3)\cdot 5H_2O$ 和 $NH_3\cdot H_2O$ 的混合溶液进行超声处理，制备出了四方相的 ZrO_2 晶体；P. Murugavel 等和 Sabacky 等分别使用甲醇溶液中的金属有机物前驱体（异丙醇锆）与 $ZrOCl_2$ 的和 YCl_3 的盐酸溶液进行喷雾高温分解，制备出了粒径小于 100nm 的 ZrO_2 晶体。此外，也有文献报道使用喷嘴将 ZrO_2 粉末与铝盐水溶液混合喷于冻干介质中，经冷冻干燥、热处理等，得到粘有 Al_2O_3 的 ZrO_2 粉末。

1）化学沉淀法

化学沉淀法是制备 ZrO_2 纳米颗粒最常用的方法，因为与其他制备方法相比，其具有原料相对便宜易得、设备操作简单等优点。一般使用 $ZrOCl_2$ 或者 $ZrO(NO_3)_2$ 为原料，使用 $NH_3\cdot H_2O$ 为沉淀剂，反应方程式如下：

$$ZrOCl_2+2NH_3\cdot H_2O \longrightarrow ZrOH_4+2NH_4Cl \longrightarrow ZrO_2$$

使用化学沉淀法制备 ZrO_2 纳米颗粒，关键在于：①在沉淀过程中防止沉淀微粒发生二次聚集；②加热脱水之前要尽量将沉淀中的游离水分除去。

在沉淀反应中，所生成的微核难以自由生长成为微米级粒子，因此大的粒子通常是由所生成的微核在多种力（如 van der Waals 力）作用下发生二次聚集所形成的。如果能够采取某种手段有效地阻止微核发生二次聚集，就可以制备纳米级的 ZrO_2 颗粒。目前，用于阻止微核发生二次聚集的方法有以下几种：①控制体系的 pH 以及电解质浓度，即通过调节 pH 以及电解质浓度，以增大在碱性环境下所生成的 $Zr(OH)_4$ 沉淀粒子胶团间的斥力位能，从而达到防止胶团粒子团聚的目的。②改变沉淀微粒的表面性质，即向反应体系中加入表面活性剂。由于表面活性剂分子在沉淀微核表面定向排列而改变其表面性质从而阻止其发生二次聚集。例如，邵忠宝等向沉淀体系中加入表面活性剂 Tween－80 以阻止沉淀微核发生二次聚集，成功地制备出了平均粒径为 3～9nm 的 ZrO_2 纳米颗粒。③利用配体或者表面阻碍剂的基团阻碍作用，即向反应体系中加入配体或者表面阻碍剂，如乙酰丙酮、柠檬酸、丙酸、甲基丙烯酸和丙烯酸等，以起到空间阻碍的作用，阻碍沉淀微粒发生聚集。

2)溶胶-凝胶法

溶胶-凝胶法也是制备 ZrO_2 纳米颗粒的重要方法。Ray L. Frost 等先将经过乙酸或者丙酸改性的四正丁醇锆(TBZ)在 25℃的水中进行水解，然后将水解所得的沉淀洗涤，再分散，并加入 HNO_3 作为分散剂，制备出了透明状的 ZrO_2 溶胶。溶胶经过溶剂挥发后即可制备出 ZrO_2 凝胶。凝胶经干燥、焙烧除去有机成分后，即可得到 ZrO_2 纳米颗粒。使用有机酸对 TBZ 进行改性是为了控制 TBZ 的水解与缩合速率，其改性的反应方程式如下所示：

$$Zr(OBu)_4 + CH_3COOH \longrightarrow Zr(OOCH_3)_{4-x}(OBu)_x + xBuOH$$

3)反相微乳液法

反相微乳液法，是一种新型的 ZrO_2 纳米颗粒的制备方法。它的制备过程是：使用乳化剂将锆盐溶液分散于有机介质中形成油包水反相微乳液，所得微乳液经加入沉淀剂凝胶化、洗涤、干燥、焙烧后就可以制得 ZrO_2 纳米颗粒。这种方法的一个特点就是纳米级晶粒可以团聚成形状较为规则，甚至是球形的二次颗粒。高濂等将 $ZrO(NO_3)_2$ 溶液分散于加有 3vol%乳化剂的二甲苯中并用超声震荡处理制备出反相微乳液，再向微乳液中通入 NH_3(气)使之凝胶化，然后将所得含 ZrO_2 凝胶的乳液共沸蒸馏、乙醇洗涤、烘干、焙烧，得到了粒径为 13～14nm 的四方相 ZrO_2 纳米颗粒。杨传芳等使用磷酸三丁酯(TBP)作为乳化剂，航空煤油作为有机相，对 $ZrOCl_2$ 溶液进行萃取，所得的反向微乳液使用浓氨水在室温下使之沉淀反萃，然后使用离心法分离固体，所得的固体用乙醇洗涤除去有机物，经烘干、焙烧后，得到了平均粒径约为 10nm 的四方相与单斜相的 ZrO_2 纳米颗粒的混合物。

2.4.3 ZrO_2 远红外辐射性能的改善

为了改善 ZrO_2 的远红外辐射性能，有必要对 ZrO_2 进行改性。目前，材料远红外辐射率的提高可以通过对材料的化学组成、元素及其键合、晶体结构与缺陷、微量掺杂等进行优化而实现。张汉辉等报道，通过共沉淀法制备的 ZrO_2 与 Al_2O_3 的混合物的发射率较之纯的 ZrO_2 有了较大的提高。据作者分析，Al_2O_3 的加入起到了分散剂的作用，使 ZrO_2 粒径变小而相转变温度降低。除 Al_2O_3 外，可用于增强 ZrO_2 远红外辐射率的物质还有 SiO_2、TiO_2、HfO_2、Fe_2O_3、MgO、硅藻土、滑石、高岭土等。目前常用的以 ZrO_2 为主体的发射波长位于 5～50μm 的远红外辐射材料有 ZrO_2、97.5wt% ZrO_2 + 2.5wt% TiO_2 和 75wt% $ZrO_2 \cdot SiO_2$ + 3.5wt% Fe_2O_3 +1.5wt% MnO_2 +20wt%黏土等。

2.4.4 ZrO_2 纳米颗粒的表征方法

目前，对 ZrO_2 纳米颗粒进行表征的手段主要有：透射电镜(TEM)、扫描电镜

(SEM)、X 射线衍射(XRD)、紫外拉曼光谱(UV Raman)、红外发射光谱(IES)和对 ZrO_2远红外发射能力的测试等。

2.4.5　ZrO_2远红外发射能力的测试

发射率是指在相同温度条件下,样品辐射的能量与黑体辐射的能量之比。材料远红外辐射率的测试方法有很多种,但是总的来讲可以分为直接法与间接法两大类。所谓直接法就是对样品所发射出的远红外辐射进行测量以直接计算其发射率的方法。而间接法则是根据不透明样品的反射率 ρ、吸收率 α 以及发射率 ε 之间的数量关系,通过对样品反射率的测量来间接推算其发射率的测量方法。张汉辉等将所制得的 ZrO_2纳米颗粒均匀地涂覆在铝片上,然后使用红外分光光谱仪对其远红外辐射光谱进行测量,得到了 ZrO_2纳米颗粒样品的远红外辐射谱。Ray L. Frost 等将 FTIR 光谱仪的红外发射源改成盛放样品的发射池,测得了 ZrO_2凝胶热降解的红外发射光谱。董庆年等在 FTIR 光谱仪上加装了一个自制的样品槽,将样品发射出的辐射引入仪器的外光束通道,成功地测得了煤样品的发射光谱;俞伦昆等根据发射率的定义,将使用分光光度计测得的样品与相同温度下参照黑体的红外发射光谱相比较,测出了铝片的光谱发射率曲线。上述的测量中,都需要对参照黑体的红外发射进行测量才能计算出样品的发射率。而 D. Especel 等报道,使用周期辐射计同时对样品的红外发射和红外反射进行测量,结果成功地在没有使用参照黑体的情况下,实现了对样品发射率的测量。此外,还有一些使用专业的红外辐射测量仪器(如 IRE－1 型红外辐射测量仪)对样品的红外发射率进行测量的文献报道。

2.4.6　ZrO_2物相组成的表征

ZrO_2具有 3 种不同的聚集相:单斜相(m－ZrO_2)、四方相(t－ZrO_2)和立方相(c－ZrO_2)。XRD 可以对 ZrO_2的物相组成进行表征。

因为 ZrO_2在 UV 区间内有强烈的吸收,所以只有其表面发出的 UV Raman 散射不会因其自身的吸收而受到影响。因此 UV Raman 光谱也就成为了研究 ZrO_2表面相变的有力工具。

2.4.7　ZrO_2凝胶热降解行为的表征

IES 技术有两个优点,其一是能够实现对样品在高温下的原位测量;其二是除了需要将样品制成亚微米级的粒子,不再需要对样品进行其他的处理。因此 IES 技术使对 ZrO_2凝胶在高温下的降解行为的研究成为了可能。Ray L. Frost 等使用 IES 研究了 ZrO_2凝胶的热降解行为,并且根据实验结果,提出了一个 5 阶段热降解模型:在初始阶段,当 ZrO_2凝胶的温度介于室温与 200℃之间时,体系中可以观察到除配位水外所有的配体。在阶段 1，只有 2 种配体，即配位在 Zr 原子表面的—OH 和乙酸根离子配体可以被观察到。此外，还可以观察到 w1、w2 和 w3 这 3 种不同形态的水。在阶段 2，当温度升到 200～300℃时，凝胶失去 w1 水，但是 w2 和 w3 水仍然是存在的。在这一阶段，—OH 基团开始缓慢失去。在阶段 3，—OH基团已经失去，水分子都以 w4 的形态存在。此时乙酸根离子配体仍然配合在 ZrO_2的表面。在阶段 4，随着凝胶的进一步加热，ZrO_2表面仅剩下乙酸根离子配体。据推测，此时的乙酸根离子配体都是二齿配位态了，但是仍然有待进一步研究，确定此时乙酸根离子配体是否都是二齿配位态。在阶段 5，高温条件下，只剩下 ZrO_2氧化物。

2.4.8 纳米 ZrO_2的应用

纳米 ZrO_2 远红外辐射材料可用来制备保暖纤维，应用于人体保健。远红外辐射纤维的发射率与远红外辐射材料的加入量有关，当纤维中远红外辐射材料的含量逐渐增加时，纤维的远红外辐射率会有一个或多个极值出现。一般来说，极值出现在纤维中远红外辐射材料含量为 1%～15%的范围内。根据制备工艺的不同，红外辐射纤维制备方法有母粒法、全造粒法、注射法和复合纺丝法等(表 2-17)。

表 2-17 远红外辐射纤维的常用制备方法

方法名称	技术流程	方法特点
母粒法	将远红外辐射材料、分散剂和载体等相应的助剂一起混合造粒，制作成远红外功能母粒，然后母粒与常规切片混合纺丝	工艺路线简单，成本适中
全造粒法	远红外辐射材料在聚合生产过程中加入，制成远红外辐射切片，然后直接用该切片进行纺丝	加工路线短，均匀性好，但聚合过程不易控制
注射法	在纺丝过程中将远红外辐射材料及分散剂直接定量注入螺杆，与聚合物熔体混合纺丝	工艺路线简单，但功能介质分散不均匀
复合纺丝法	远红外母粒与涤纶切片一起干燥作为一组分，由螺杆 1 注入复合纺丝组件，另一组涤纶切片组分干燥后由螺杆 2 注入复合纺丝组件，在复合纺丝组件两组分制成皮芯结构或并列结构的复合纤维	技术难度高，纤维产品性能稳定、可纺性好

远红外辐射纤维的发射率与远红外辐射材料的加入量有关。据张兴祥等报道，当纤维中远红外辐射材料的含量逐渐增加时，纤维的远红外辐射率会有一个或多个极值出现。一般来说，极值出现在纤维中远红外辐射材料含量为 1%～15%的范围内。

目前，ZrO_2远红外辐射材料已经得到了广泛的应用。Sato 等合成了含 5%～

60%的 Al_2O_3，20%～70%的 TiO_2，25%～50%的 ZrO_2 和 0.01%的稀土金属氧化物的纤维状远红外辐射材料，其可应用于内衣、帽子和玩具；Chung 等使用具有高强度和低延长性的黏合剂将 Al_2O_3、SiO_2、ZrO_2 粉末包覆在大麻纤维的表面，制备出具有远红外辐射功能的改性大麻纤维，并发现这种改性后的大麻纤维的织物具有促进人体新陈代谢以及血液循环的作用；He Yingjie 等使用 ZrO_2、Al_2O_3、SiO_2、$MgCO_3$、滑石、高岭土等制成了具有远红外辐射性能的粉末。李冬绮等使用 ZrO_2、Al_2O_3、SiO_2 等原料，经混合、烧制、球磨、干燥、过筛等工艺，制成了在常温下发射波长在 8～20μm 的范围内具有较强远红外辐射能力的远红外辐射粉末，并且将粒度为 1μm 以下的远红外陶瓷粉与丙纶基料按 1∶9 混合均匀，经熔融、纺丝后制备出了远红外保健型合成纤维。其可以用于腹带、护膝、护肘、床单、枕套、背心、鞋、帽等。菊田俊一使用 ZrO_2、Al_2O_3、TiO_2 等氧化物与稀土金属氧化物按照一定的比例混合，经过高温下烧结与研磨后制成粒径约 0.3μm 的粉末。然后将这种粉末与 HDPE 按一定比例在捏合-挤压机中捏合，制备出了具有远红外辐射能力的聚合物颗粒。这种远红外辐射聚合物颗粒加工成型后，可以用于食品干燥、农产品和海产品的养殖、医疗器材以及服装材料等。段谨源等将主要成分为 ZrO_2、Al_2O_3 和 MgO，平均粒径为 0.05μm 的远红外辐射粉体加入 PET 单体中，并使用硅烷、硬脂酸等作为助纺剂，在螺杆挤出机中挤出，喷丝，制成了具有高可纺性的远红外辐射 PET 纤维。该纤维可以使用常规工艺加工成各种纺织品。陈宏军等使用全造粒的方法将 PP 与远红外辐射粉末、降温母粒通过高速混合、双螺杆挤出、冷却、切粒、干燥等，制备出了远红外辐射材料混合均匀、具有良好高速纺丝性能的远红外辐射 PP 材料。

2.5　有机/无机远红外复合材料

2.5.1　有机/无机远红外复合材料的功能特点

有机/无机物相结合的远红外辐射材料是一种新型的远红外材料，具有常温、高效(无机物辐射)、易被人体吸收(有机物蛋白辐射)等特点。更有趣的是这些材料具有一定的生理保健作用，可用于防病治病和康复。

2.5.2　有机/无机远红外复合材料的制备

以蛋白-无机物复合物(王宝明等)为例：样品分为蛋白占 100 份，无机物分别占 5 份、10 份、15 份、20 份、25 份五种。按以上比例把有机无机物粉末与一定浓度的水玻璃混合，滴加甲醛溶液，充分搅拌制成直径为18mm，厚度为2mm的圆形模块，阴干后放在100～200℃温度炉中烘干2～3h，使水分完全蒸发并防止温度过高使蛋白质变性。水玻璃起黏合作用，甲醛使有机物交连。由于蛋白分子的极性，很容易连接Ca^{2+}和Si^{2+}形成稳定牢固的分子结构。

样品按成分不同分为三组：

(1)酪蛋白 + 无机物(75%～76% SiO_2，16%～17% Al_2O_3，7%～9%苏州土，苏州土富含铁、钠、钾等金属离子)。

(2)纤维蛋白或蛋白片 + 无机物(75%～76% SiO_2，16%～17% Al_2O_3，7%～9% 苏州土，苏州土富含铁、钠、钾等金属离子)。

(3)蛋白成分为酪蛋白，无机物为下列两者之一：

A：苏州土(75%～76%)，CoO (16%～17%)，Cr_2O_3(7%～9%)；

B：苏州土(75%～76%)，MnO_2(16%～17%)，Fe_2O_3(7%～9%)。

在第一组，即100份酪蛋白和不同比例无机物(SiO_2，Al_2O_3，苏州土)混合制成的样品中，含10%无机物的酪蛋白有最强的热辐射，波长为13～25μm，热发射率ε为80%～90%。这是由于按这种比例混合的材料无机物极性晶体的极性分子能充分渗透到有机分子中间，与蛋白质极性分子集团重新结合，形成有机无机分子交联的离子链极性振动，加上无机物自身自由离子、杂质和二、三声子组合辐射带连在一起，形成较强的辐射宽带。

在第二组样品中，100份纤维蛋白或100份蛋白片与同样成分的无机物混合，这两种材料除了无机物为10份的纤维蛋白，其余样品的热发射率都随无机物含量的增加而单调上升。

在第三组中，两种不同无机物的样品热发射率随无机物含量的增加也有大致上升趋势。原因是无机物热发射率一般较高，其含量对样品热辐射有主要或重要贡献。

2.5.3 有机/无机远红外复合材料的应用

这种辐射材料的辐射频率与人体吸收频率(波长)相近，材料强辐射带与被辐射物的吸收带均匹配，辐射能量易于人体表面吸收。可以把这种辐射材料制成颗粒状，接触(或接近)病人患处。例如，含有酪蛋白的辐射材料对治疗乳腺疾病有良好的效果。

2.6 竹炭/电气石远红外复合材料

2.6.1 竹炭/电气石远红外复合材料的功能特点

竹炭和电气石是远红外辐射率比较高的两种天然材料，其远红外辐射率可达

85%以上。竹炭来自竹材高温热解的产物，竹材在热解过程中形成了特殊的孔隙结构，形状非常类似并接近于由五元环和六元环所组成的洋葱状富勒烯(C_{60})结构，且在热解过程中吸收和储备的热使极性分子激发到更高的能级，在常温下当它向下跃迁至较低能级时，就以发射电磁波的方式释放多余的能量。电气石是一种天然宝石，可释放负离子，有较高的远红外辐射率(红外发射率可达到 93%)，不仅具有热电性，而且具有活血化瘀、抗菌除臭、净化空气等功能，可用作远红外保健材料。

竹炭和电气石由于受材料形状、结构的影响，很难直接用于替代人工合成的远红外陶瓷。郭兴忠等以竹炭和电气石为主要原料，尝试将这两种材料进行复合，在低温下(低于 1000℃)制备了一种具有较高远红外比辐射率的远红外复合材料。

2.6.2　竹炭/电气石远红外复合材料的制备

选用优质竹炭和电气石粉作为原料，称取一定质量，使得竹炭与电气石的质量比为 1∶1，以去离子水为介质，球磨至粉末状；添加聚乙烯醇湿磨 24h 后取出，80℃烘干，磨粉；将复合粉体高压成型，在 120℃烘干。取成型样品，置于真空烧结炉中，在氮气保护下，分别升至 700℃、800℃及 900℃煅烧，保温 2h，随炉冷却，取出备用。

随着温度的升高，复合材料的远红外比辐射率呈降低趋势，当煅烧温度为 700℃时，竹炭/电气石复合材料的比辐射率达到最大，为 89.6%。

不同温度下竹炭/电气石远红外复合材料的 XRD 衍射图谱显示复合材料的物相属电气石相，竹炭以无定形碳存在。

2.6.3　竹炭/电气石远红外复合材料的应用

竹炭/电气石远红外复合材料，一方面碳表面含有多种含氧官能团，具有方便可再生、吸附能力强、化学稳定性好且原料持续等特点；另一方面，具有电气石物相及相关的物理性质。该复合材料，有望部分地替代一些远红外功能陶瓷，应用于空气净化、污水处理、土壤改良、电磁屏蔽等领域。

2.7　麦饭石基铝系远红外基元材料

麦饭石，别名炼山石、马牙砂、豆渣石，是一种天然的复合矿物或药用岩石，属于火山岩，其主要化学成分是无机的硅铝酸盐，其中包括 SiO_2、Al_2O_3、Fe_2O_3等，还含有动物所需的全部常量元素，如 K、Na、Ca、Mg、Cu、Mo 等微量元素，还含有硼、锗、铜、锌、锡、镓、铬、镍、铟、钼、钒、钴、铌、钽、锆、硒、铍、钡、锶，以及稀土元素镧、铈、钇、镱等。

何登良等(2010)将天然麦饭石与 Al_2O_3、MgO、TiO_2、ZrO_2进行混合烧结，成功制备了麦饭石基铝系远红外基元材料。通过 XRD、IR、红外热效应、红外辐射检测等测试，结果表明，$Al_2O_3-MgO-TiO_2-ZrO_2$系远红外材料在麦饭石的加入后烧结，有堇青石的生成，所显示的衍射峰分别对应于六方结构堇青石的(112)、(202)、(211) 特征峰，(100) 晶面衍射峰为堇青石的最强峰；所制基元材料红外热效应明显，A7、MA7 10min 的温升分别能够达到 48.2℃、51.3℃ ；红外辐射率分别为 83%、86%。将制备的远红外基元材料加入到涂料中，涂料红外发射率为 85%。

制备工艺(何登良等)：以麦饭石为主要原料；以金属氧化物 Al_2O_3、MgO、TiO_2、ZrO_2为辅助添加剂(表 2-18)，制备过程如下：①原料的预处理：将麦饭石球磨 8h 左右，烘干粉碎后，以无水乙醇为介质进行超声波分散，自然晾干；②根据配方用天平称量各种粉体并混匀，将已经混匀的物料进行热分析，确定该配方试样的烧结温度和烧结时间；③将配好的混合料以一定的压力压紧，装入坩埚，并放入高温炉中进行高温固相烧结，炉内气氛为空气。具体烧结参数为：升温速率为 300℃/h，最高烧结温度 1300℃ ，烧结保温时间 2h，当炉内温度冷却到 80℃以下时出炉，最后将各种配方的烧结块，分别细磨过 400 目筛；④检测制得的粉体远红外辐射发射率，并做成分、微观结构等分析。

表 2-18　样品组成　(单位：wt%)

质量分数 样品 编号	麦饭石	Al_2O_3	MgO	TiO_2	ZrO_2
1#	80	15	10	8	8
2#	80	12	8	6	6
3#	80	9	6	4	4
4#	80	6	4	2	2
5#	70	15	8	4	2
6#	70	12	10	2	4
7#	70	9	4	8	6
8#	70	6	6	6	8

Al_2O_3体系的预烧结：将 $Al_2O_3-MgO-TiO_2-ZrO_2$按配方称好原料，放入碾钵中磨细，压片后放入坩埚中，在温度 $T=1300$℃下烧结，保温 $t=2$h，自然冷却后，破碎、磨细做 XRD 分析。XRD 分析结果表明 Al_2O_3体系的主要晶相是 $Mg_{0.4}Al_{2.4}O_4$、$Zr_5Al_3O_{0.5}$和少量的 TiO_2与 MgO。Al_2O_3的量越大，$Mg_{0.4}Al_{2.4}O_4$系远红外样品的主峰越强，而 $Mg_{0.4}Al_{2.4}O_4$、$Zr_5Al_3O_{0.5}$是具有远红外辐射性的主要物质，ZrO_2、TiO_2的掺杂，可以提高材料的远红外发射率。

Al_2O_3/麦饭石复合体系烧结：将 $Al_2O_3-MgO-TiO_2-ZrO_2$体系与麦饭石按照配方混合后烧结，保温 2h，自然冷却后，破碎、磨细。Al_2O_3/麦饭石复合体系 XRD 衍射图谱见图 2.4 和图 2.5。物相分析表明，烧结后主要晶相是 $Mg_2Al_4Si_5O_{18}$和 $Zr_5Al_3O_{0.5}$与 TiO_2以及少量的镁铝尖晶石，同时还有少量未反应的 SiO_2。堇青石晶体结构为斜方晶系，是环状结构的硅酸盐，所显示的衍射峰分别对应于六方结构堇青石的(112)、(202)、(211) 特征峰，(100) 晶面衍射峰为堇青石的最强峰，而从峰型上看，样品的晶体形成与生长状态较好。堇青石的结构是不紧密的，因此，一些过渡金属氧化物易固溶而引起晶格畸变，降低了晶格的对称性，提高了晶格振动的活性，从而提高了材料的远红外辐射性。

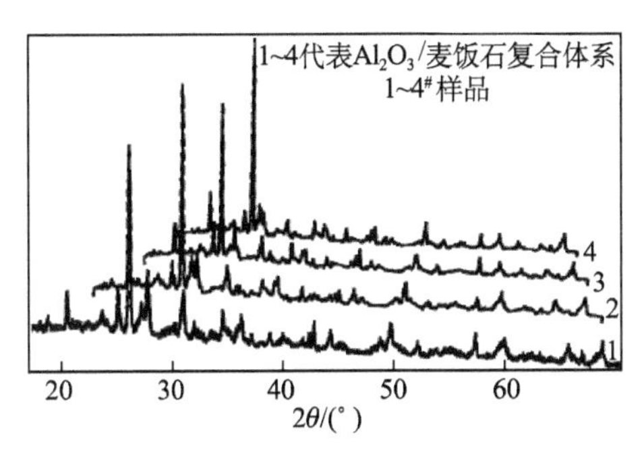

图 2.4　Al_2O_3/麦饭石复合体系(1～4#) XRD 衍射图谱

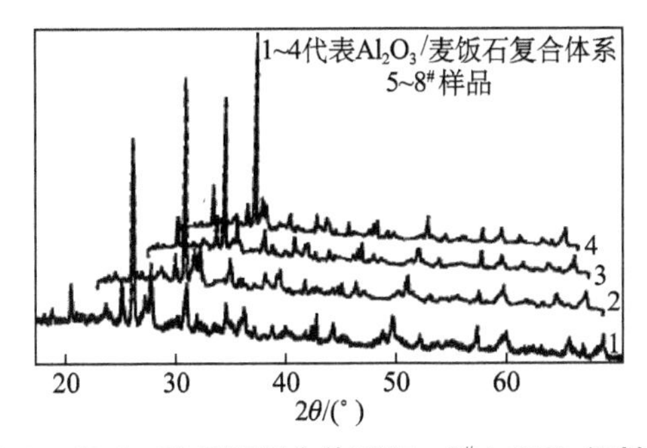

图 2.5　Al_2O_3/麦饭石复合体系(5～8#) XRD 衍射图谱

挑选 A7、MA7 样品进行红外辐射率检测，检测结果见表 2-19。所选样品的红外辐射率都能达到 80%以上，当加入麦饭石后 Al_2O_3体系的红外辐射率有所提高，其中在 9.5μm 波段，提高了 0.03，达到 86%。检测结果也与 A7、MA7 的 10min 的温升分别能够达 48.2℃、51.3℃ 的趋势相吻合。而加入麦饭石后，复合体系的红外辐射性能无大的降低。将制备的远红外基元材料加入到涂料中，含量为 5%，红外发射率为 85%。

表 2-19　代表样品的红外辐射性能

样品	50℃时法向比辐射率/%		
	全辐射	8～25μm	9.5μm
A7	80	81	83
MA7	83	85	86
涂料	82	85	85

2.8 远红外橡胶功能复合材料

与常用的远红外陶瓷制品相比，远红外橡胶复合材料以橡胶为基体，柔韧质轻、加工性能好，具有无机材料无法取代的特性，更容易广泛使用。刘洋等(2014)研制出一种能够改善汽油理化性质，提高汽油燃烧效率，降低有害气体排放的远红外橡胶功能复合材料。该复合材料具有优异的耐油、耐老化性能，当远红外粉为15%时，远红外辐射率达到92%。

橡胶复合材料的制备工艺(刘洋等，2004)：以丁腈胶80份、氯丁胶20份、氧化锌5份、硬脂酸1份、防老剂4010NA 1份、防老剂RD 1.5份、古马隆5份、邻苯二甲酸二辛酯10份、炭黑50份，远红外粉为变量，硫黄2份、促进剂M 2份、促进剂PZ 1份为配方制得一种试验用复合材料，远红外粉作为特殊添加剂加入胶料。

先将NBR、CR在开炼机上塑炼，包辊后依次加入硬脂酸、氧化锌、防老剂、软化剂、远红外粉和炭黑等，混炼均匀后加入硫黄和促进剂，薄通出片。8h后将混炼胶在平板硫化机上硫化，硫化温度120℃，硫化胶放置24h后进行性能测试表征。

制得的远红外橡胶复合材料具有优良的耐油和耐老化性能，100℃老化72h，拉伸强度保持率保持在90%以上，断裂伸长率保持在50%以上，常温下在IRM903标准油中浸泡72h，质量和体积变化率均在2%以下。

随着远红外材料添加比例的增加，复合材料在1～22μm波长范围内的远红外辐射率先增大后减小，在15份时达到最大，达到所添加远红外材料本身的辐射率(表2-20)。

表2-20 复合材料的远红外性能(1～22μm，常温)

远红外粉/份	0	5	10	15	20
远红外辐射率	86	90	91	92	84

制得的远红外橡胶复合材料可以改变汽油的理化性能，复合材料对汽油的蒸发性和表面张力等理化性能的变化，都有明显的作用。其改变汽油的理化性能机理是：当复合材料辐射的远红外线作用汽油后，汽油由多数分子的聚集态变为少数分子的聚集态或单分子；汽油中分子的振动和转动增强，总体表现为汽油分子的活性增强。

2.9　远红外辐射微晶玻璃材料

微晶玻璃(glass-ceramic)又称玻璃陶瓷，是将特定组成的基础玻璃，在加热过程中通过控制晶化而制得的一类含有大量微晶相及玻璃相的多晶固体材料。微晶玻璃的组成除了含有一定量的玻璃形成氧化物(如 SiO_2、B_2O_3、P_2O_5)，为了使玻璃易于分相、核化与晶化，还常引入离子半径小、场强大的离子(如 Li^+、Mg^{2+}、Zn^{2+}等)。此外，为了促进(诱导)玻璃的整体晶化，组成中还加入一定量的晶核剂如 ZrO_2、TiO_2 等。

微晶玻璃具有很多独特的优点：如热膨胀系可调、机械强度高、耐磨性能好、化学稳定性和热稳定性好、电绝缘性能优良、介电常数稳定等。微晶玻璃可以通过组分设计获得理想的电学、磁学、光学、热学和生物等功能，具有广泛的应用。一些微晶石种类还是高辐射率的红外辐射材料，在节能远红外加热等方面具有应用潜力。

2.9.1　$LiO_2-Al_2O_3-SiO_2$抗热冲击微晶玻璃

$LiO_2-Al_2O_3-SiO_2$抗热冲击微晶玻璃，含有β-锂辉石、金红石、β-石英固溶体等晶相，由于这些晶相的红外辐射带相互补充，这种复杂(多元)的晶体结构材料在 3～20μm 的红外波段上具有平直且宽广的高发射率，发射率基本在 90%以上，且该微晶玻璃具有低膨胀、高强度、电绝缘、物化性能稳定等特点，抗热冲击 $\Delta T>$ 500℃，是优良的红外取暖、红外干燥以及医疗保健产品中的红外辐射材料。

1)抗热冲击微晶玻璃的制备工艺

玻璃组分(wt%)：60～75 SiO_2、15～30 Al_2O_3、3～8 LiO_2、1～5TiO_2、0～3 ZrO_2，其他金属氧化物<10。

工艺流程：组分配合料经 1550～1600℃的高温熔制，可压制、吹制成各种形状的原始玻璃，然后通过 600～850℃ 晶化热处理，便可得到抗热冲击微晶玻璃。

2)片状材料红外辐射性能

抗热冲击微晶玻璃，细磨后切割成直径 20mm，厚 2mm 的圆片，在 P-E983 型红外分光光度计上测试其红外辐射光谱，测试温度 $T=500$℃，其最大单色发射率 $\varepsilon_{\lambda,T}=93.5\%$；分波段发射率：$\varepsilon_{n1}=88\%$(2.5～20μm)；$\varepsilon_{n2}=90\%$(4～20μm)；$\varepsilon_{n3}=90\%$(5～20μm)。

该微晶玻璃在 700℃的温度下，累计保温 100h，在上述仪器和条件下，测试其红外辐射光谱，其最大单色发射率 $\varepsilon_{\lambda,T}=94\%$；分波段发射率：$\varepsilon_{n1}=88\%$(2.5～20μm)；$\varepsilon_{n2}=90\%$(4～20μm)；$\varepsilon_{n3}=91\%$(5～20μm)。

3)粉状材料红外辐射性能

将已晶化微晶玻璃、未晶化微晶玻璃粉碎球磨后，过 250 目筛，，中位粒径分别为 9.69μm 和 12.87μm，在 IRE-1 型红外辐射测量仪上测试其红外发射率，测试条件相同，测试温度为 50℃，积分发射率数值如表 2-21 所示。

表 2-21　已晶化微晶玻璃与未晶化微晶玻璃粉末的红外发射率（单位：%）

波段	F1	F2	F3	F4	F5	F6	F7	F8
已晶化微晶玻璃	92	95	94	92	93	96	94	95
未晶化微晶玻璃	90	92	93	88	91	94	90	93

F1－全波长；F2－8μm；F3－8.55μm；F4－9.50μm；F5－10.06μm；F6－12μm；F7－13.50μm；F8－14μm。
注：引自卜东胜等，1994。

4) 抗热冲击微晶玻璃晶相

对 $LiO_2-Al_2O_3-SiO_2$ 系统抗热冲击微晶玻璃粉末的 X 射线衍射分析，可以得出其主要晶相为 β-锂辉石 $LiAl[Si_2O_6]$，还有部分 β-锂霞石和 β-石英固溶体，这些晶相的膨胀系数都较小，是决定该微晶玻璃性能的主要因素。此外，还有少量金红石。

普通的硅酸盐玻璃在 4μm 前、9μm 及 14μm 附近的红外发射率都呈明显下降趋势。抗热冲击微晶玻璃在这些波段上的发射率均接近或＞80%，它在 3～20μm 的红外波段上具有平直的高发射率。β-锂辉石在 2～4μm 区域具有极高的发射率，而 TiO_2 在 9μm 附近的发射率处于峰值。在抗热冲击微晶玻璃复杂(多元) 的晶体结构中，由于各自晶相的辐射带相互补充，它们连在一起，形成了平直而宽广的光谱曲线。

抗热冲击微晶玻璃的晶化热处理温度高于 750℃，在此温度以下，已析出的 β-锂辉石等晶相十分稳定。经 700℃、100 h 加热的微晶玻璃与初始微晶玻璃的红外辐射光谱只有极小的差别。未晶化的玻璃由 SiO_2、Al_2O_3、TiO_2、ZrO_2 等氧化物组成，因其不含 β-锂辉石、金红石等晶相，在 8 μm 前截止、9μm、14μm 波段的发射率明显比已晶化微晶玻璃低，其余波段的红外发射率与已晶化微晶玻璃差别不大。

2.9.2　红外矿渣微晶玻璃

矿渣微晶玻璃是以高炉矿渣为基础，掺加适量的硅砂和晶核剂后，熔融制成玻璃，再经热处理生成均匀微晶结构的玻璃结晶材料，具有比重小、强度高、耐热性和耐腐蚀性好、价格低廉等优点，是一种有发展潜力的红外发射材料。

1)红外矿渣微晶玻璃制备工艺

高炉矿渣成分主要为 SiO_2、Al_2O_3、Fe_2O_3、CaO、MgO，各组分所占质量百分比依次为 35.28%、12.95%、0.36%、37.52%、12.73%。单纯的高炉矿渣难以形成

稳定的玻璃，需添加 SiO_2 等玻璃网络。为了提高微晶玻璃性能还需加入助烧剂、晶核剂。如果加入适当的过渡金属和稀土金属氧化物，则可以提高红外辐射率。红外矿渣微晶玻璃基本组成比例如表 2-22 所示。

表 2-22　红外矿渣微晶玻璃基本组成比例

氧化物	SiO_2	Al_2O_3	CaO	MgO	MnO_2	Fe_2O_3	FeO
质量分数/%	47～55	10～18	13～20	9～12	2～3	2～6	2～4

注：引自潘儒宗等，1995。

红外矿渣微晶玻璃熔制过程如下：

将磨细的原料混合均匀，制成料快，装入经预热过的刚玉坩埚中，加热升温至 1350℃后保温 5 h，再将熔体倒在经预热的钢板上成型。然后将成型的玻璃进行热处理：在马弗炉中以每分钟 5～10℃的升温速率升温至 750℃，保温进行核化，随后送入 900℃的马弗炉中保温结晶，再经均匀冷却至室温。矿渣微晶玻璃的主结晶时间以 1.5 h 为宜，当延长结晶时间，未见有矿物组合的变化，反而易造成结构粗化，影响材料性能。

2）矿渣微晶玻璃性能

矿渣微晶玻璃密度小，比重瓶法测定试样平均比重为 2.9；抗折强度高，平均抗折强度为 $875kg/cm^2$；红外辐射率高，全辐射率（ε）达到 92%。

第3章　远红外加热元件

远红外辐射研究始于19世纪末，从20世纪50年代起这一领域的研究工作进展较快，20世纪70年代以后广泛应用于农业生产，自此以后，远红外辐射源、远红外辐射探测器、远红外光谱技术以及它们在等离子体诊断、天文研究、分子光谱研究、固体物理研究、军事与工业应用等方面取得了明显的进展。近些年来国内外对红外辐射加热的研究都比较重视，研究开发了多种红外辐射涂料，并广泛应用于工农业的加热、烘干、热处理等工艺中，取得了较好的效果。

远红外加热技术是一门新兴科学，近几年随着远红外产品种类和数量的不断增多，它的应用领域也不断扩大，远红外加热技术越来越受到人们的重视，因此研究远红外辐射材料及其应用有着广阔的前景。远红外加热技术兴起于20世纪70年代初，是重点推广的一项节能技术。所谓远红外加热技术，就是利用远红外辐射热能加热物品的工艺过程，其能量传递方式是热辐射，这种热能传递方式具有以下特点：辐射能在辐射源与被加热物体之间以光速进行传播，能量传递速度极快，为3×10^5km/s，介质损耗很小，远红外辐射能量被物质的分子吸收，不受物质表面层的阻滞作用，因而具有较高的加热速度；远红外辐射加热过程中，能保持物体中挥发物的扩散方向一致，从而保证加热质量；红外线和可见光一样，都作为横波在空间传递，都是按直线传播行进的。

发热体的辐射光谱与吸收体的吸收光谱曲线相匹配时，热效率最高，只有当被加热物的厚度为红外光谱测量厚度时，远红外的匹配吸收理论才正确。远红外辐射材料热辐射能量被加热物质的分子振动所吸收，而达到加热、干燥等目的，与传统的蒸汽、热风和电阻等加热方法相比，具有加热速度快、升温快、节能、加热无污染、新产品质量好、设备占地面积小、生产费用低和加热效率高等许多优点，用它代替电加热，其节电效果尤其显著，一般可节电30%左右，个别场合甚至可达60%～70%。例如，研制的远红外陶瓷辐射材料用在铝制品的涂层上，其节时率达40%以上，热利用率增量为35%左右，节能率在80%以上，是一种理想的高效节能材料。为此，这项技术已广泛应用于油漆、塑料、药品、木材、皮革、纺织品、茶叶、烟草、印染、机电、印刷、玻璃退火、食品加工、医疗保健、民用炊具、取暖设备等很多种制品或物料的加热熔化、干燥、整形、消费、固化等不同的加工过程中。一般认为，对木材、皮革、油漆等有机物质、高分子物质及含水物质的加热干燥，其效果最为显著。在一些场合，这项技术与硅酸铝耐火纤维保温材料同炉应用的效果甚佳。

远红外加热器的能源可用电能、煤气、蒸汽、沼气和烟道气等，其中以电能为主。远红外辐射元件加上定向辐射等装置称为远红外辐射器，辐射器是远红外加热工艺中最重要、最基本的元器件，它的作用是把热源的热能换成远红外辐射能量，用以高效地加热、干燥物品，一般由三部分组成：热源或发热体、基体和附件。热源和发热体的主要功能是把石油、电、煤气等其他能源的能量转换成热能。一般发热体指电阻丝、电阻带等电阻体，而热源一般指蒸汽或可燃物质的烟气等。基体一般由碳化硅、锆英砂等良好的远红外辐射材料或涂有远红外辐射涂层的金属材料制成。基体一方面是支撑发热体的材质，对发热体起支撑作用，另一方面其本身具有较强的远红外辐射能力，能把热源的热能有效地转换成远红外辐射能。附件是保证辐射器正常工作的附属零件，包括金属支架、固定螺丝、反射罩等。

随着供热方式与加热要求等的不同，远红外辐射器有多种形式结构，可按照规格、形状、材质、发热方式、工作温度、使用涂料的种类等来分类。按照耗能形式分类，远红外辐射器可分为电热式、燃气加热式等；按照工作温度分类，远红外辐射器可分为低温（400℃以下）、中温（400～600℃）和高温（600℃以上）三种类型；按基体材料分为金属远红外辐射器和陶瓷远红外辐射器；按外形分类可分为管式、灯式、板式、带式等；按涂层加热方式可分为直热式远红外辐射器和旁热式远红外辐射器；按炉丝的装入方式可分为开放式远红外辐射器和埋入式远红外辐射器；按涂料的材质可分为锆钛系、黑化锆系、铁系、氧化硅系、碳化硅系、氧化钴系、氟化镁系、稀土系、氧化铝系等。表 3-1 列出了部分电加热远红外辐射器的结构与规格，表 3-2 列出了几种以电与煤气为能源的红外辐射器的性能。

本章主要对常用的远红外涂料、管式远红外辐射器、灯式远红外辐射器以及板式远红外辐射器进行详细的介绍。

表 3-1　电加热远红外辐射器的结构与规格

项目	供热方式								
	直热式		旁热式						
结构形式	带状	棒状	板状	板状	板状	管状	管状	管状	灯状
元件基材	金属带	SiC 棒	金属板	陶瓷复合板	陶瓷复合板	金属管	金属管	SiC 管	陶瓷
辐射体形式	带状	棒状	单面搪瓷	单面	双面	管状	管状搪瓷	管状	梨形等
规格尺寸/mm	0.5×8～1.5×15	φ25×300	TR－1 315×340×40 TR－3 170×290×30	360×120×10 240×160×10	310×210×20 330×240×15	φ18×300 φ18×1000 φ18×500	φ18×500 φ18×1000 φ28×500	φ30×500 φ25×300	φ45×60
额定功率/kW	1～10	直径不同	1～2	0.8～2 自行配置	可自行配制 1～3	0.5～2	0.5～2	可自行调配 0.4～1.2	0.3～0.6
辐射体基材	镍铬合金	SiC	碳钢板	碳化硅 锆系陶瓷 普通陶瓷	碳化硅 复合陶瓷物	金属钢管	金属钢管	SiC 管	SiC 等陶瓷 复合物
远红外涂料	Fe_2O_3铁锰酸 稀土钙与 分子筛涂料等	SiC	Fe_2O_3 Cr_2O_3	SiC Fe_2O_3 ZrO_2 Cr_2O_3	SiC 金属 氧化物	TiO_2 Fe_2O_3 ZrO_2 Cr_2O_3	Fe_2O_3 ZrO_2 搪瓷	烧结 SiC 等	SiC 等烧 结成梨形

表 3-2　几种红外辐射器的性能

特性		电加热					煤气加热	
		红外灯	石英碘钨灯	镍铬合金丝石英辐射器	管状加热器	板状加热器	陶瓷穿孔板	反射型
工作温度/℃		1650～2200	1650～2200	760～980	400～600	200～590	760～920	760～1200
峰值能量波长/μm		1.5～1.15	1.5～1.15	2.8～2.6	4.3～3.3	6.0～3.2	2.8～2.5	2.8～2.2
最大功率密度/(W/cm³)		1	5～8	4～5	2～4	1～4	—	—
平均寿命		5000h	5000h	几年	几年	几年	几年	几年
工作温度时的颜色		白	白	樱桃红	淡红	暗色	深红	鲜红
抗冲击稳定性	机械冲击	差	中	中	优	不一	优	差
	热冲击	差	优	优	优	良	优	优
时间响应	加热	秒级	秒级	分级	分级	十分级	几分钟	几分钟
	冷却	秒级	秒级	分级	分级	十分级	几分钟	几分钟

3.1　远红外涂料

3.1.1　概述

随着工业和科学技术的高度发展，能源的需求矛盾日益加深。日本在1964年开始研制远红外辐射元件，20世纪70年代初已广泛应用于生产，从而使红外加热迅速发展成为一门新兴技术领域，由于其明显的节能效果，越来越多的国家重视这一技术的发展和应用，特别是最近二十年，该技术的发展十分迅速，应用范围也越来越广。红外辐射材料的应用已从过去的加热、干燥延伸到现在的医疗保健、催化活化等方面，亦即由高温的应用向中低温应用延伸，应用范围越来越广。美国、日本等国家在该领域的研究和应用已经产生了相当可观的经济效益。国内在该项技术领域中的研究工作也在迅速发展，并且取得了实际成果。国家"973"项目中有关于远红外辐射加热研究的专门课题。据有关报道，国内节能涂料最高发射率已经超过90%，但主要问题是成本偏高。

通常物体表面吸收率不高，在被加热时吸收辐射能的能力低，因而在热能传递中辐射能传递的比例较低，而红外辐射的基本原理就是提高被加热表面吸收率，增加辐射能传递比例。远红外加热技术不仅要根据被加热物的要求来选择合适的辐射元件，而且还应采用不同的选择性辐射涂层材料，并要改善加热体的表面状况，以期达到较好的效果。远红外涂料固化后可形成牢固的釉状涂层，该涂层具有较高的吸收率，并将吸收的热能转换成远红外电磁波的形式来辐射，使炉膛温度提高，极大地提高了炉窑的热效率，减小了热能损失，达到了节能的目的。因此，寻找和选用与被加热物质和温度相适应的远红外辐射材料和元器件是搞好远红外加热的关键。

一般涂层材料的选择要注意以下方面的问题：①遵循最佳匹配原则，即在一定温度下辐射的远红外波长必须与被干燥物的吸收波长相“匹配”；②远红外涂料要无毒、辐射率要高；③远红外涂料的热膨胀系数基本要与发热元件的热膨胀系数接近，且抗老化性能好，能保证稳定的附着性和使用寿命；④在 400～600℃温度范围内远红外涂料的发射率要高，同时在远红外区域的单色发射率要高；⑤远红外涂料的导热性、冷热稳定性要好；⑥远红外涂料的工艺简单，材料价格便宜，资源丰富。

远红外射线主要是由红外涂料产生的，物质对红外线（能量）的吸收特性与该物质本身的辐射特性是一致的。一般来讲，金属氧化物、碳化物、氮化物和硼化物都在远红外波段内有较好的辐射特性，在热辐射源具有高辐射系数，适合于作为远红外辐射涂料。常用的远红外涂料中各种元素及对应的化合物涂料列于表 3-3。虽然远红外辐射材料的种类很多，能辐射出远红外的物质也不少，但单一物质往往只能在某一较窄的主波长范围内有较大的辐射率，为了获得辐射能量较强的红外线，可采用两种或数种材料混合起来，才能获得在相当宽的波长范围内都有较大辐射率的涂层。混合材料的最大辐射率可能有所降低，但却具有较好的热转换率及较平直的辐射强度曲线。虽然远红外涂层只有浅薄的一层，但它可以使元件在消耗同样功率的条件下辐射出比无涂料时的能量强得多的红外线，所以更具有实用价值。

表 3-3　适合于作远红外涂料的材料

元素	碳化物	氮化物	硼化物	氧化物
B(硼)	B_4C	BN	—	B_2O_3
Be(铍)	Be_2C	Be_3N_2	—	BeO
Cr(铬)	Cr_3C_2	CrN	$CrB(Cr_3B_4)$	Cr_3O_3
Hf(铪)	HfC	HfN	HfB	HfO_3
Mo(钼)	$MoC(Mo_2C)$	—	Mo_3O_4	MoO
Nb(铌)	NbC	NbN	Nb_2B_2	NB_2O_5
Si(硅)	SiC	SiN	—	SiO_2
Ta(钽)	TaC	TaN	TaB_2	Ta_2O_5
Th(钍)	ThC_2	ThN	ThB_4	ThO_2
Ti(钛)	TiC	TiN	TiB_2	TiO_3
U(铀)	UC	UN	$UB_2(UB_4)$	UO_2
V(钒)	VC	VN	VB_2	V_2O_4
W(钨)	$WC(W_2C)$	—	WB	—
Zr 锆	ZrC	ZrN	ZrB_2	ZrO_2
Al(铝)	—	—	—	Al_2O_3

续表

元素	碳化物	氮化物	硼化物	氧化物
Ca(钙)	—	—	—	CaO
Fe(铁)	—	—	—	Fe_2O_3
Mn(锰)	—	—	—	MnO_2
Ni(镍)	—	—	—	NiO
Mg(镁)	—	—	—	MgO
Sr(锶)	—	—	—	SrO

常用的远红外涂料的涂覆工艺有涂刷法、等离子喷涂法、烧结法、喷涂法、铺撒法、火焰溶射法等。涂刷法、等离子喷涂法、烧结法是三种常见的涂覆方法，其优缺点比较列于表 3-4。

表 3-4　三种涂覆方法优缺点比较

工艺	辐射性能	传热导性	冷热循环性	物理冲击性	元件尺寸	工艺程序	加工速度
涂刷法	较差	一般	差	差	任意	简单	快
烧结法	一般	好	好	好	较小	较繁	慢
等离子喷涂法	好	好	好	好	任意	复杂	快

远红外涂料在使用过程中会出现涂层辐射性能的老化衰降，这不仅会导致涂层的辐射率、辐射强度降低，而且会导致辐射波谱变形，影响与被加热物吸收间的匹配关系。上海科技大学新型无机材料教研室和锦州石英玻璃厂针对 SiC 和电热管加涂层易脱落和老化问题研制了埋入式陶瓷远红外辐射元件(MTY)和乳白石英玻璃远红外辐射电加热器(SHQ)两种新型远红外辐射元件。MTY 将电热体直接埋烧在陶瓷体的内部，表面覆盖有特殊的远红外辐射釉层，可以根据需要将陶瓷元件烧制成各种不同的形状。SHQ 将电热元件置于乳白石英玻璃管中，利用特殊成分的玻陶釉和乳白石英红外窗口效应，使元件具有较高的红外辐射率，经试验取得了明显的节电效果，这两种元件很适合用于需要特别清洁的医院、食品行业中。中国科学院上海硅酸盐研究所对该所研制的 9 种远红外涂料形成的涂层进行了老化性能的试验研究，试验结果表明红外辐射涂料层有一定的老化寿命，其老化性能的优劣与涂层的化学组成以及其晶体结构中的缺陷情况有关，其中以氧化铁、碳化硅、镍铁尖晶石和经 1400℃煤气还原处理过的氧化钛等单一成分为主。氧化铬、氧化钛＋氧化铌、碳化硅＋氧化铬＋氧化镍或氧化铁＋氧化钛＋氧化铬组成的涂料抗老化性能较好，钛酸铁＋硅酸锆组成的涂层在低温(500℃)时，抗老化性能较差，在高温(1000℃)时抗老化性能较好。因此如何降低远红外涂料在使用过程中辐射性能的老化衰降也是远红外涂料亟待解决的问题之一。

3.1.2 远红外涂料分类

1. 按材料类型分类

目前用在热辐射的高辐射系数远红外辐射材料有：金属氧化物、碳化物、氮化物、硅化物和硼化物等（表 3-5）。由于元素的平均原子量和化学键的特性不同，不同材质的辐射涂料的结构类型与晶格振动的方式也不一样，这样导致其在不同波长位置上具有不同的辐射率，而且与其所具有的温度有关。表 3-6 为尖晶石、Al_2O_3、ZrO_2 等材料在 670℃和 835℃时的辐射率值。从许多辐射光谱特性可看出，各种远红外辐射材料的辐射率是随着波长而变化的，即在不同的波长范围里其辐射率是不等的，随波长分布的状况也不相同，这就是各种材料热辐射的实质差异。下面详细介绍各种不同材料的涂料。

表 3-5 高辐射系数的远红外辐射材料

材料类型	材料名称
氧化物	MgO、Al_2O_3、CaO、TiO_2、SiO_2、Cr_2O_3、Fe_2O_3、ZrO_2、MnO_2、BaO、堇青石、莫来石等
碳化物	B_4C、SiC、TiC、MoC、WC、ZrC、TaC
氮化物	B_4N、AlN、Si_3N_4、ZrN、TiN
硅化物	$TiSi_2$、$MoSi_2$、WSi_2
硼化物	TiB_2、ZrB_2、CrB_2

表 3-6 若干辐射材料在 670℃和 835℃的辐射率

辐射材料	辐射率/%	
	670℃	835℃
锆尖晶石	23	22
Al_2O_3 1.4%、SiO_2 5.3%、ZrO_2 91.5%、Na_2O 1.1%、TiO_2 0.7%	27	23
长石	32	27
CaO 24.6%、Sb_2O_5 40.6%、TiO_2 30%、CaF_2 4.8%	45	33
SiO_2	49	34
ZrO_2	40	34
Al_2O_3	42	35
CeO_3	35	37
$ZrSiO_4$	61	52
ZnO	51	60
MgO	57	63
$Ca(PO_3)_2$	42	65
$CaCO_3$	62	68
V_2O_5	74	68
$FeSi$、MnO_2、NiO、SiC 等	90 以上	90 以上

1)锆钛系涂料

锆钛系远红外辐射材料是由 97.5%的 ZrO_2、2%的 TiO_2 和 0.5%的辅助原料组成的一种新型高能辐射材料,如果 ZrO_2 和 TiO_2 的比例选择适当,其发射出的红外光谱就能和小麦等谷物的吸收光谱相一致,便能达到良好的光谱匹配,在谷物干燥过程中便具有低能耗、高效率同时又符合环保要求等众多优点。锆钛系涂料现今已在烘漆行业、纺织行业、印刷行业、塑料行业、建材行业、金属行业、橡胶行业、农业、食品加工业等领域得以应用,且能提高能量的转化率,达到节能的目的。

不同的远红外辐射陶瓷粉有着不同的红外光谱特性,这是由于它们的晶格振动不同。资料表明,在 8～25μm 范围内,没有一种单一金属或金属氧化物材料的全辐射率能稳定在 90%左右。而采用元素周期表中第Ⅲ或第Ⅴ周期的一种或几种氧化物混合而形成的远红外辐射陶瓷粉(如 $MgO-Al_2O_3-CaO$、$TiO_2-SiO_2-Cr_2O_3$、$Fe_2O_3-SiO_2-MnO_2-ZrO_2$ 等),在较低温度时具有较高的光谱发射率,是一种理想的辐射材料。研究表明,由两种或多种化合物的混合物构成的远红外陶瓷粉,有时比具有单一物质更加显著的辐射效果。在远红外陶瓷领域,使用最多的为金属氧化物和金属碳化物,有时也有金属氮化物,其中以氧化铝、氧化镁、氧化锆和碳化锆为好,有时也使用二氧化钛和二氧化硅等天然矿石,其辐射率达到 75%以上,应该注意的是某些金属氧化物因具有天然放射性而不适用。

氧化锆系红外辐射陶瓷涂料,多以锆英石(含 67% ZrO_2 和 31% SiO_2)或 ZrO_2 为主要原料,其他由 TiO_2、CaO、MgO、SiO_2 及黏土组成。表 3-7 列出了锆钛系涂料的组成。氧化钛、氧化锆的单体被加热后能发射 5～25μm 的远红外线,加入少量杂质后,可加宽辐射波段的范围并提高辐射强度,3#、4# 配方就是在 1# 配方的基础上加以改进的,应用效果较好。配方中的元素若只按机械方法涂刷,使用时辐射性能较差,比较好的方法是先将材料按比例混合,然后经高温烧结,再粉碎使用,这样效果较好,性能也趋于稳定。

表 3-7　锆钛系涂料的组成(按质量百分比)　　(单位:%)

编号＼成分	TiO_2	ZrO_2	Fe_2O_3	Cr_2O_3	Co_2O_3	MnO_2	No_2O_3	SiO_2	MgO
1	80	20	—	—	—	—	—	—	—
2	80	—	20	—	—	—	—	—	—
3	80	17	—	—	—	—	3	—	—
4	72	20	2	2	2	2	—	—	—
5	—	50	10	20	—	—	—	20	—
6	—	50	20	20	—	10	—	—	—
7	10	50	—	—	—	—	—	10	30
8	20	80	—	—	—	—	—	—	—

关于远红外材料的开发目前主要集中在远红外陶瓷粉体上，中低温红外辐射陶瓷(涂料)是指其使用的温度在600℃以下，普遍用于加热干燥等方面。所谓常温辐射陶瓷是指温度在50～150℃有较高辐射率的材料。典型的中低温、常温氧化锆系红外辐射陶瓷的配方见表3-8、表3-9。由于氧化锆在长波范围内辐射率较高，且表现出低温高辐射的特点，氧化锆的红外辐射特点与远红外谷物干燥的要求相符合，这是选择氧化锆作为辐射材料基料的主要原因。研究人员对氧化锆系红外辐射陶瓷的中低温及常温辐射性能作了大量的研究，并研制出了许多性能优良的远红外辐射涂料配方，取得了广泛的应用。红外辐射陶瓷在常温下的应用得到了迅速的开发，主要应用于医疗保健、催化活化、食品保鲜等日常生活中，这些材料一般在波长小于6μm时辐射率在40%，6～15μm时辐射率在80%以上。由于氧化锆在长波范围内辐射率较高，且表现出低温高辐射的特点，所以，应用氧化锆作为常温辐射材料，具有绝对的优势，现今，已开发出一系列适用于常温的氧化锆系红外辐射陶瓷配方(表3-9)。

表3-8 典型中低温氧化锆红外辐射陶瓷的配方 (单位：%)

编号＼成分	Zr_2O	黏土	Fe_2O_3	MnO_2	CaO	NiO	Cr_2O_3	烧结温度/℃
1	86	10	2.5	1.5	—	—	—	1380
2	76	20	2.0	2.0	—	—	—	1360
3	70	25	2.5	1.0	0.5	0.5	0.5	1350
4	68	20	2.0	10	—	—	—	1280
5	45	30	15	10	—	—	—	1200

表3-9 典型常温氧化锆红外辐射陶瓷的配方 (单位：%)

用途＼成分	Zr_2O	SiO_2	Cr_2O_3	石英	黏土	Al_2O_3	其他
皮肤病治疗仪	40～60	30～50	—	—	—	—	Fe_2O_3 Al_2O_3等
纤维制品(1)	50～60	—	20～30	—	—	—	Y_2O_3 CeO_2等
纤维制品(2)	4	—	—	66	20	10	—
食品包装塑料薄膜	50	20	20	5	15	—	—

二氧化钛也是一种常用的中低温远红外辐射材料，其全辐射率仅有47%，但

它在 8～12μm 波段具有较高的辐射率，且和氧化锆一样，表现出低温高辐射的特点，用二氧化钛作为辅助原料，不仅对材料的辐射率有所提高，还能使辐射波段向长波拓展。为了改善辐射材料的色度、辐射性及稳定性，根据复合辐射材料的配置经验，可在其中添加一种或几种氧化物。例如，可以添加 Fe_2O_3、MnO_2、CuO 为辅助原料。当复合辐射材料（主要指尖晶石结构）中的元素均为变价元素，且有多价态共存时，其红外辐射率较高。而铁、锰、铜都属于变价元素，其中铁离子以三价和二价共存；锰离子以三价和二价共存；铜离子以二价和一价共存。且铁、锰、铜三种元素可彼此以固溶体的形式存在，形成复杂的多组分铁氧体尖晶石。辅助原料烧结后以氧铁体尖晶石结构存在，以提高其辐射率，得到具有较高光谱辐射率的远红外辐射器。

常温远红外陶瓷粉体平均粒度处于微米级，其远红外辐射发射率偏低。由于纺织品的远红外触发温度在人体的皮肤温度范围内，属于常温远红外陶瓷粉体中的低温应用型，即需要在室温附近（20～50℃）能辐射出 3～15μm 波长的远红外线，由于此波段与人体红外吸收谱匹配完美，故称为“生命热线”或“生理热线”。因此并非具有远红外性能的陶瓷粉都能在纺织品上发挥功效，当前国内外适合纺织领域的远红外材料普遍使用金属氧化物和非金属氧化物以及稀土材料，存在着成本较高、制备工艺复杂以及发射率偏低等问题，且基础性研究不深入。如何使其能够在低温下于 7～14μm 波长范围内也具有较高的远红外发射率成为远红外材料研究的主要问题，而纳米技术的发展已经为这一问题提供了一条有效的解决途径。

纳米材料即该材料的基本单元至少有一维的尺寸是在 1～100nm 范围内。当某一材料的结构达到纳米尺度特征范围时，其某个或某些性能就会发生显著的变化。纳米材料的尺寸效应、表面效应、宏观隧道效应和量子效应等特异现象，会导致其电学、力学、热学、光学、磁学、化学等性质发生相应的显著变化，将具有远红外性能的无毒无色无味的 ZrO_2 和纳米技术结合起来开发具有低温远红外发射性能的纳米 ZrO_2 材料已成为人们研究的热点。

目前，制备纳米 ZrO_2 的方法主要有物理方法和化学方法。物理方法包括高温喷雾热解法、喷雾感应耦合等离子体热解法、冷冻干燥法等，这些方法得到的纳米 ZrO_2 粒子性能优良，但缺点是设备要求较高、价格昂贵、操作复杂、不适用于工业化生产。化学方法一般有固相法、气相法、液相法。苏州大学麻伍军等采用超声微乳液法合成纳米远红外 ZrO_2 粉体，即以超声波完成机械物理分散，以石蜡乳液完成胶体的液相阻隔，在煅烧过程中，蜡的乳液膜碳化可发挥其固相位组作用，转相之后在有氧的条件下，借助气相反应在较低的温度下除碳，从而实现纳米材料制备过程中团聚的全程控制，其制备的工艺流程如图 3.1 所示。采用该方法制备的纳米 ZrO_2 粉体有效提高了粒子的分散性和稳定性。用 SEM、XRD、TG－DTA 对粉体进行了表征，考查了表面活性剂用量、超声频率和时间对粒子粒径和分散性能的影响，发现当前驱体的煅烧温度达到 450℃时，粉体开始由无定形态转化为 t－ZrO_2，随着温度升高，结晶度增大，温度达到 650℃时 t－ZrO_2 开始向 m－ZrO_2 转变，达到 1000℃时完全转变为单斜相。当 PEG 的用量为 1.5%，超声功率为 30kHz，超声时间为 10 min 时所得粉体分散效果最好，粒径最小。

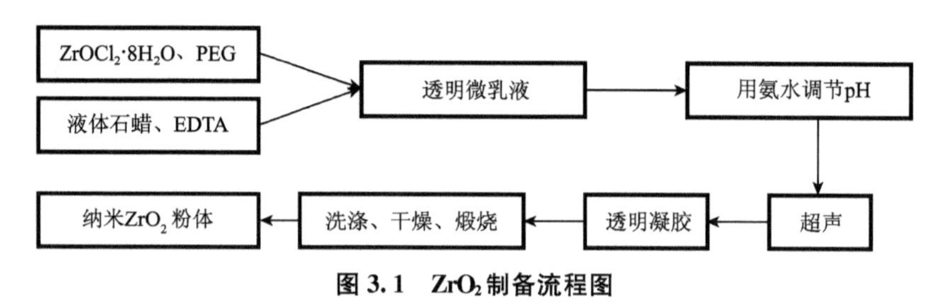

图 3.1　ZrO_2 制备流程图

2）铁系涂料

铁系涂料常以 Fe_2O_3 为主体，添加适量的辅助材料而构成新型涂料。Fe_2O_3 本身就是较好的远红外辐射涂料，在 450℃时其全发射率为 70%左右，在 2～9μm 波段有较强的红外辐射，因此常单独用氧化铁或氧化铁红作为远红外涂料，专门加热钢铁制品和某些钢铁制品上的涂料，如以 α－Fe_2O_3 和 γ－Fe_2O_3 为主体的辐射涂料。市场出售的氧化铁（已成铁红）可直接作为涂层材料使用。铁系涂料的最大特点是每千克价格仅为锆钛系涂料的 1/3。为改进铁系涂料的辐射特性，常以氧化铁为主体，添加适量的辅助材料而构成新型涂料，其组成如表 3-10 所示。

表 3-10　铁系涂料的组成（按质量百分比）　　（单位：%）

编号＼成分	Fe_2O_3	TiO_2	Cr_2O_3	SiO_2	SiC	稀土 FeSiRe	MoSi
1	90	—	—	—	—	10	—
2	75	—	—	—	—	—	25
3	55	—	10	20	15	—	—
4	50	50	—	—	—	—	—

3）碳化硅系涂料

碳化硅（SiC）俗称金刚砂，大多呈黑色，非常坚硬，能耐高温，工业上常用来制作砂轮和研磨材料。碳化硅用于加热的数是以 SiC60%以上和黏土 40%以下烧结成的碳化硅板，或以 SiC 为主，配以其他材料制成的涂料。碳化硅系涂料的特点是该系涂料的发射率在 85%以上;碳化硅不仅具有良好的导热性,而且绝缘性能也较高,因此,它不仅可以作为远红外辐射涂料使用,当与黏土(质量百分比 30%～40%)配合,还可制成远红外辐射器的基体;碳化硅作涂料使用时,应有尽量高的纯度,除了应保证高的机械强度,还应通过如下工艺,即经过 600℃的高温处理后再粉碎使用,以保证获得稳定的辐射性能。其组成如表 3-11 所示。

表 3-11　碳化硅系涂料的组成(按质量百分比)　(单位:%)

编号＼成分	SiC	Fe_2O_3	Cr_2O_3	ZrO_2
1	75	18	2	5
2	80	10	5	5
3	80	15	—	5
4	90	10	—	—

4)稀土系涂料

稀土系涂料 $ReCaMnFeO_x$ 成分中的 Re 为稀土元素,在我国藏量较丰富。稀土系涂料如铁锰酸稀土钙复合涂料,是将某些稀土材料烧结在碳化硅元件表层以提高其辐射率的涂料。该系涂料在油漆涂饰物的干燥工艺中表现出较好的节能效果。其组成见表 3-12。

表 3-12　稀土系涂料的组成(按质量百分比)　(单位:%)

编号＼成分	$ReCaMnFeO_x$	Fe_2O_3	Cr	$MoSi_2$
1	75	25	—	—
2	85	—	—	15
3	90	—	10	—
4	95	—	—	5

5)氧化钴系涂料

氧化钴系涂料是以 Co_2O_3 为主的涂料。将氧化钴加热到 450℃,能在 1～10μm 辐射出较强的红外线。若以氧化钴为主体,适量添加钛、锆、铁、镍等氧化物就构成氧化钴系涂料,其组成见表 3-13。

表 3-13　氧化钴系涂料的组成(按质量百分比)　(单位:%)

编号＼成分	Co_2O_3	TiO_2	ZrO_2	Fe_2O_3	NiO
1	50	20	20	—	10
2	85	—	5	10	—
3	85	2	8	—	5

6)黑化锆系涂料

黑化锆系涂料以天然锆英砂为主要成分,添加适量的黑化剂而成。锆英砂也称为锆石,化学名称是硅酸锆,分子式为 $ZrSiO_4$($ZrO_2 \cdot SiO_2$),它是黑化锆系涂料的主要成分,在山东、福建、广东等沿海省份均有出产,蕴藏量极丰富,天然锆英砂多呈淡黄色或褐红色,也有少量呈绿色,属于四方晶体系,结晶为特殊正方晶体。比重为 4.2～4.7g/cm^3,莫氏硬度为 7.5,略高于石英。锆英砂完全分解温度为1800℃,分解为 $ZrO_2 \cdot SiO_2$。熔点为 2430～2550℃。锆英砂在 25～1400℃的比热为 0.175,线膨胀率为 4.6%,400℃时的全辐射系数为 0.81。锆英砂既可以作为远红外涂层材料使用,也可在黑化锆系涂料中加入一定量的黏土或矾土等黏结剂后经 1200℃以上的高温直接烧制成瓷性远红外辐射器,目的是保证元件有足够的机械强度。黑化锆系涂料如单作涂层材料使用,可把成分中的黏土去掉;黑化锆系涂料在 400℃时,其发射率可达 96%;主辐射波段较窄,只在 3～7μm 处有较强的辐射。我国黑化锆涂料资源丰富,价格低廉。这种涂料的发射率高,是一种很有发展前途的涂层材料,其涂层见表 3-14。

表 3-14 黑化锆系涂料的组成(按质量百分比) (单位:%)

编号 \ 成分	$ZrSiO_4$	黏土	TiO_2	Fe_2O_3	MnO_2	Mn_2O_7	CoO	NiO	Cr_2O_3	烧结温度/℃
1	40	20	30	4	1	—	—	—	5	1200
2	45	30	—	15	—	10	—	—	—	1200
3	50	30	—	10	10	—	—	—	—	1240
4	52	40	—	3	2	—	—	—	3	1260
5	68	20	—	7	2.5	—	0.5	—	2	1280
6	70	25	—	2.5	0.5	0.5	0.6	0.5	0.5	1350
7	71	20	—	7	1.5	—	0.5	—	—	1320
8	86	10	—	2.5	1.5	—	—	—	—	1380

7)氧化硅系涂料

该涂料以氧化硅(SiO_2)为主体,配以适量的金属氧化物、碳化物、氮化物及硼化物,在远红外区都能有较强的辐射,尤其适用于对砂类、陶瓷制品及玻璃制品的加热处理,其组成见表 3-15。

表 3-15　氧化硅系涂料的组成(按质量百分比)　　　（单位：%）

编号 \ 成分	SiO_2	SiC	ZrO_2	MgO	CaO	Fe_2O_3	TiO_2	Cr_2O_3	TiC	BN	WC	Mo_3B_4	CN	V_2O_5	Li_2O	C	Al_2O_3
1	80	—	8	7	5	—	—	—	—	—	—	—	—	—	—	—	—
2	79.8	—	—	—	—	—	—	—	—	—	—	—	—	—	—	20.2	—
3	78	—	—	—	—	—	—	—	—	—	—	—	—	—	10	—	12
4	49.5	—	—	—	—	—	—	—	—	—	—	—	—	—	10.5	—	40
5	40	—	—	10	—	—	40	—	—	10	—	—	—	—	—	—	—
6	30	—	—	30	—	—	—	20	10	10	—	—	—	—	—	—	—
7	30	10	10	10	10	10	10	10	—	—	—	—	—	—	—	—	—
8	30	—	30	10	—	—	—	—	10	10	10	—	—	—	—	—	—
9	30	—	30	10	—	—	15	—	5	5	—	—	5	—	—	—	—
10	30	10	10	10	—	10	10	—	—	—	—	—	—	10	10	—	—

8)氧化钛系涂料

氧化钛系涂料在使用温度为450℃时,在1～10μm波段有较大的发射率。其组成见表3-16。

表3-16　氧化钛系涂料的组成(按质量百分比)　(单位:%)

编号＼成分	Co_2O_3	TiO_2	ZrO_2	Fe_2O_3	NiO
1	50	20	20	—	10
2	85	—	5	10	—
3	85	2	8	—	5

9)氟化镁系涂料

氟化镁(MgF_2)系涂料是以质量百分比在50%以上的氟化镁为主体,其余成分为辐射系数较高的钛、锆、镍、硅、铬等氧化物。该涂料的特点是氟化镁加热到450℃,可在2～25μm波长间辐射出较强的红外线。氟化镁系涂料对环氧树脂及环氧树脂漆类涂料有较好的加热效果,其组成见表3-17。

表3-17　氟化镁系涂料的组成(按质量百分比)　(单位:%)

编号＼成分	MgF_2	TiO_2	ZrO_2	NiO	SnO_2	MnO_2	Cr_2O_3	BN
1	50	2	8	—	—	—	—	40
2	50	5	20	5	3	—	—	17
3	70	12	15	1	—	2	—	—
4	80	4	8	1	2	4	1	—
5	90	2	7	1	—	—	—	—

10)铝系涂料

氧化铝(Al_2O_3)本身的辐射率不高,但以其为主体添加适量的ZrO_2、SiO_2、Fe_2O_3、Cr_2O_3等物质后,辐射性能有很大的改进,其组成见表3-18。

表3-18　铝系涂料的组成(按质量百分比)　(单位:%)

编号＼成分	Al_2O_3	Fe_2O_3	Co_2O_3	Cr_2O_3	SiO_2	TiO_2	MnO_2
1	60	15	—	1	2	20	2
2	72	1	—	—	2	25	—
3	85	7.5	5	2.5	—	—	—
4	90	5	3.3	1.7	—	—	—
5	98	0.95	0.7	0.35	—	—	—

11)氧化镁系涂料

氧化镁本身是一种远红外辐射材料,多用作管式加热元件的添加剂,同时也可作为涂料使用,适用于烘干粮食等农作物,有较理想的效果。氧化镁系涂料组成见表3-19。

表3-19 氧化镁系涂料的组成(按质量百分比) (单位:%)

编号\成分	MgO	TiO_2	ZrO_2	Fe_2O_3	SiO_2	NiO	Co_2O_3
1	50	30	20	—	—	—	—
2	50	15	20	10	5	—	—
3	60	10	10	13	2	2	3
4	80	5	5	10	—	—	—

2. 按材料应用温度分类

远红外材料按照其应用温度可分为中低温远红外辐射材料和中高温远红外辐射材料。一般来说,随着温度升高,原子、电子的热运动加剧,远红外辐射率将提高,即使对于常温远红外材料,远红外辐射率也随温度的提高而增大。

1)中低温远红外辐射涂料

中低温远红外涂料是指用在600℃以下辐射元件的远红外辐射涂料。为了能获得最大辐射率,选择辐射材料的原则就应使辐射元件的主辐射波匹配在被加热物的主吸收带区,但是由于被加热物往往有多个吸收带,所以必须对辐射元件及涂料的选择进行综合考虑。工业上远红外加热材料的辐射能量大部分集中于2.5～15μm以内波段(实效区),并且不同的材料,发射谱也有所差别。鉴于目前通用辐射元件的辐射能量大部分集中在15μm以内的波段(实效区),为此,将常用辐射材料按其主辐射能量的范围分为长波、近全波和短波三种类型。

A. 长波涂料

长波涂料是指5μm以内辐射较低,而6μm以外长波部分辐射率很高的涂料,如锆系、钛锆系和氧化铁系涂料。长波涂料的辐射光谱如图3.2所示,中高温涂料的辐射光谱如图3.3所示。如果金属加热要求高于600℃,则用某些长波涂料(纯SiC)会有较好效果;如果加热要求到1000℃,则用镍钴系和二硅化钼等涂料有较好效果,这些涂料既有很高的辐射率,又具有高温热稳定性。主吸收带在5μm以下的物质,如图3.4、图3.5所示,在表层吸收匹配时,长波吸收的物质选用长波辐射涂料。在内部吸收匹配时,则根据不同情况,如近全波吸收或短波吸收物质,可选用长波涂料。

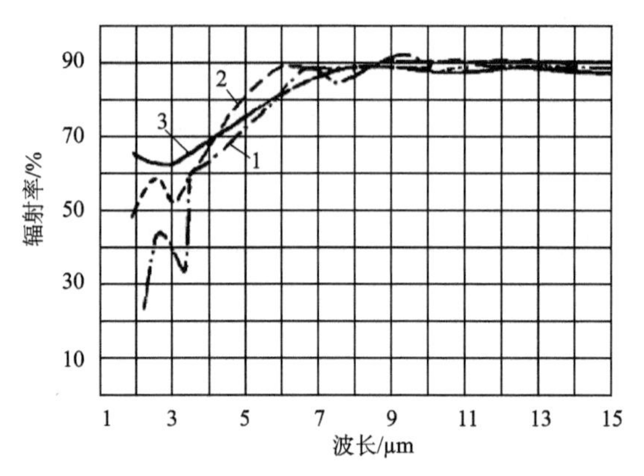

图 3.2　长波涂料的辐射光谱

1. Fe_2O_3 以有机硅粘结；2. 锆英砂为主以水玻璃粘结；3. 锆钛系

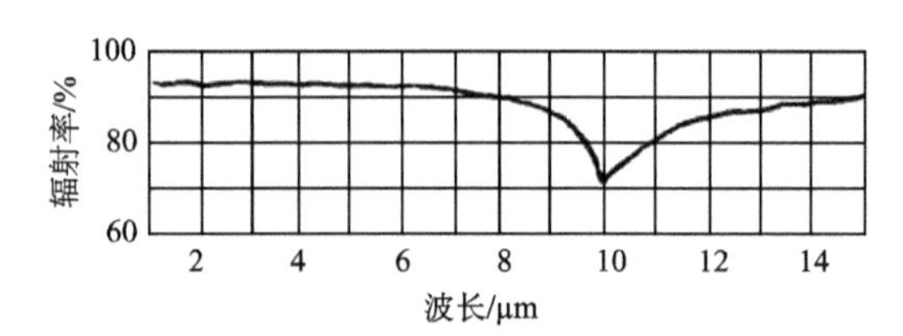

图 3.3　中高温涂料的辐射光谱

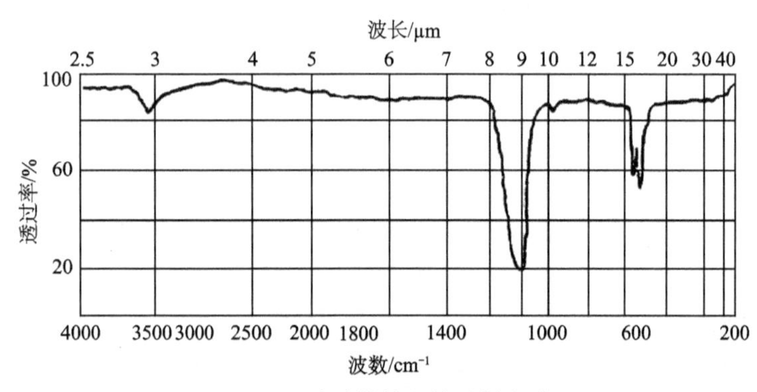

图 3.4　硫酸钠的红外透射光谱

B. 近全波涂料

近全波涂料也可称为全辐射涂料，是指在远红外实效区 2.5～15μm 全波段内辐射率均较高的材料。例如，碳化硅系和稀土系等涂料。图 3.6 是近全波涂料的辐射光谱。油酸、苯甲酸的红外透射光谱图如图 3.7、图 3.8 所示，主吸收峰带由多个分布在 3.2～15μm 范围的物质组成，根据吸收匹配原则，选择近全波涂料。

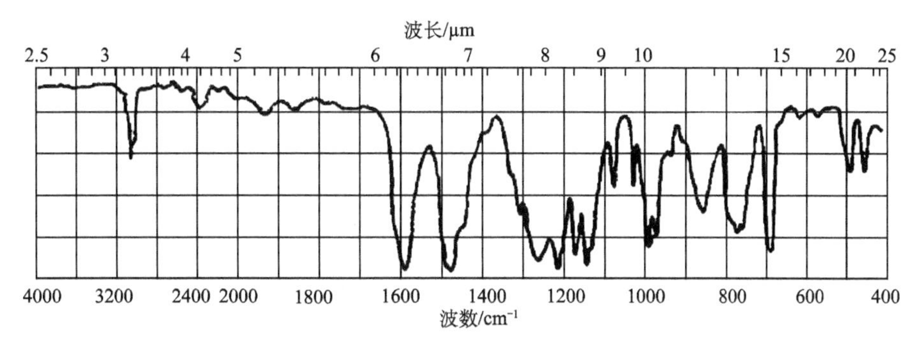

图 3.5　聚四苯三醚、聚五苯四醚的红外透射光谱

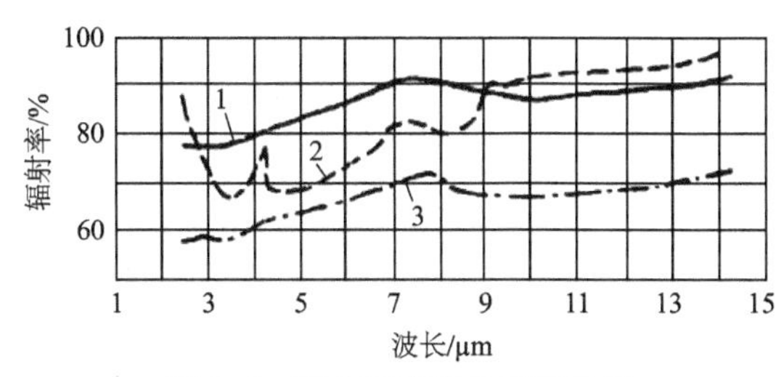

图 3.6　近全波涂料的辐射光谱

1. 铁锰酸稀土钙；2. α－Fe_2O_3；3. 碳化硅板粉，SiC60％，陶土 40％

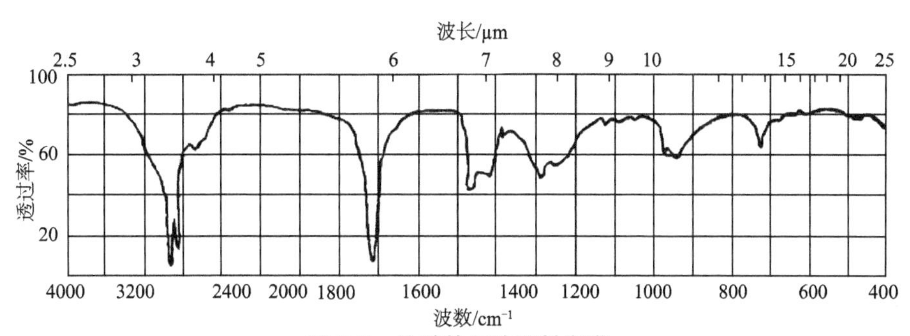

图 3.7　油酸的红外透射光谱

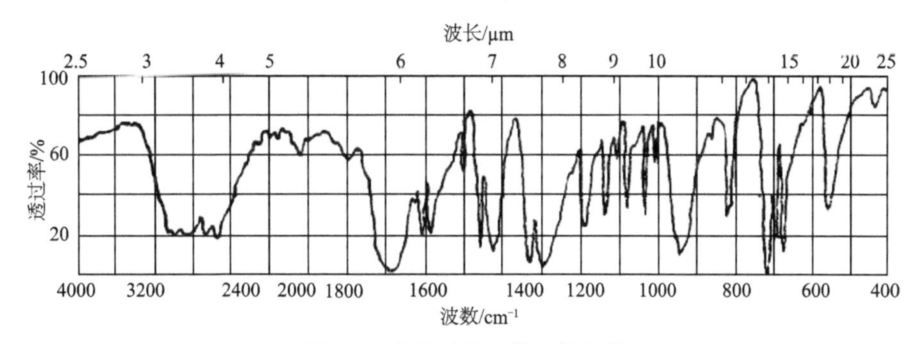

图 3.8　苯甲酸的红外透射光谱

C. 短波涂料

短波涂料是指 3.5μm 以内有很高辐射率的材料，如沸石分子筛系、高硅氧和半导体氧化钛（TiO_2）涂料等。短波涂料的辐射光谱图见图 3.9。短波物质包含主吸收峰在 2.5～3.2μm，次吸收带分布在 6～10μm 的物质。例如，含有 OH 基的多种物质，见图 3.10、图 3.11。根据表层吸收匹配原则，短波吸收的物质选用短波辐射涂料。多种金属具有短波连续吸收的光谱特性。例如，铁的吸收波越靠近短波的红外区，其吸收率就越大，见图 3.12。因而，一般对用于中低温区辐射加热干燥涂料的选择，可根据吸收匹配（表层吸收匹配与内部吸收匹配）的原则，从已知辐射材料的辐射光谱特性来选择。

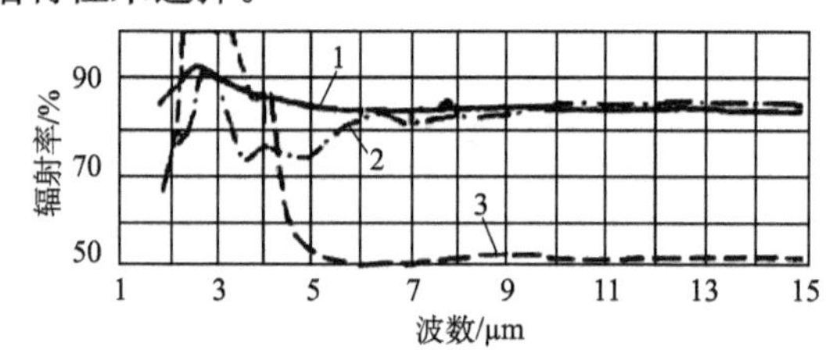

图 3.9　短波涂料的辐射光谱

1. TiO_2 80%；2. 沸石分子筛 DB－12；3. 高硅氧灯

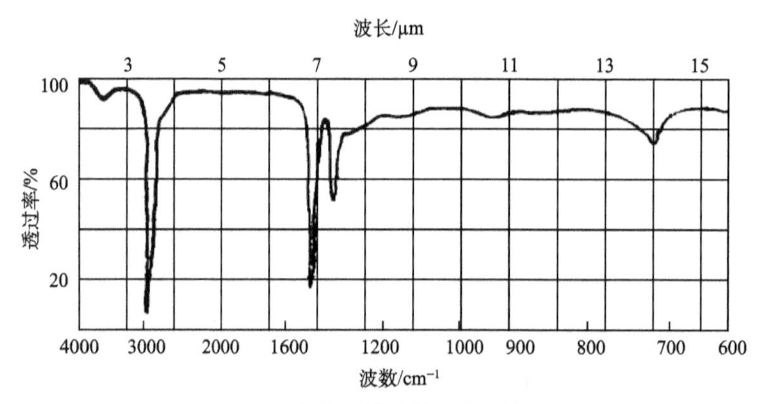

图 3.10　液状石蜡油的红外透射光谱

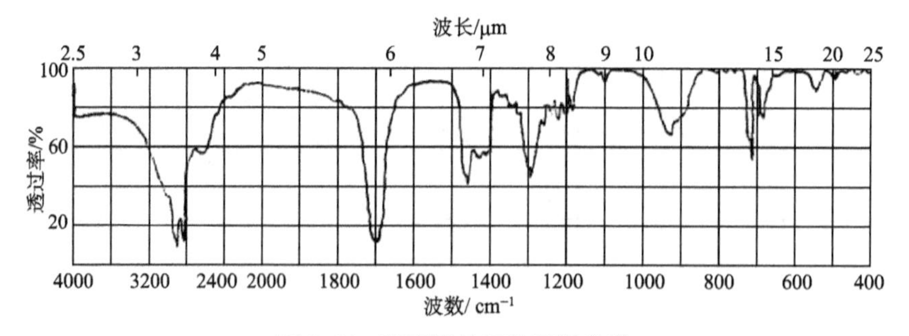

图 3.11　硬脂酸的红外透射光谱

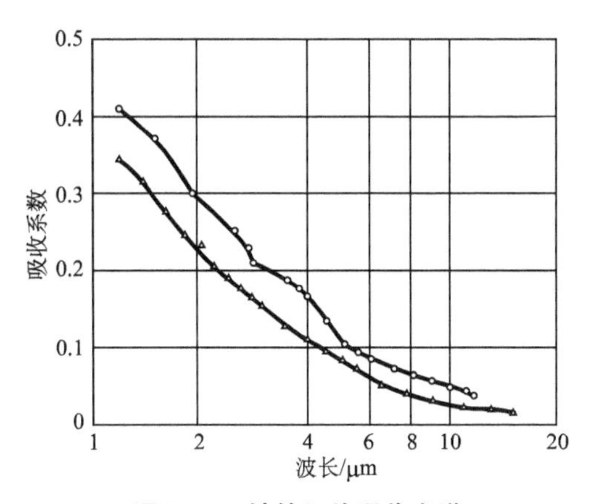

图 3.12　铁的红外吸收光谱

2)中高温远红外辐射涂料

中高温远红外辐射涂料是指加热温度在 600℃以上用于金属热处理的辐射材料。中高温远红外辐射材料和远红外材料类似,也是一种重要的节能材料,是继远红外材料辐射开发成功之后发展起来的。它们是指一类在高温下具有高的全辐射率的陶瓷涂层材料,常用于工业窑炉的内表面,旨在利用它们的高温高辐射特性,改善炉内传热强度,提高炉温并均匀化、速热物件和提高炉子效率。镍、钴、二硅化钼的氧化物涂料及某些金属合金材料,在中高温远红外辐射炉中的应用已受到重视。铁镍为主的高温合金材料的光谱辐射率随波长变化的特性如图 3.13 所示;用于中高温热处理炉中的一些发热元件如钨、镍、铬等高温材料的全辐射率随温度变化的特性如图 3.14～3.16 所示;以镍铬为主的合金材料的辐射率随温度变化的特性见图 3.17;铁含石墨的辐射率随温度变化的特性见图 3.18。中高温远红外辐射涂料除要求固有辐射特性外,还要求涂层高温不脱落,高温高辐射、高温防氧化(保护),并具有化学稳定性、热稳定性和低成本。

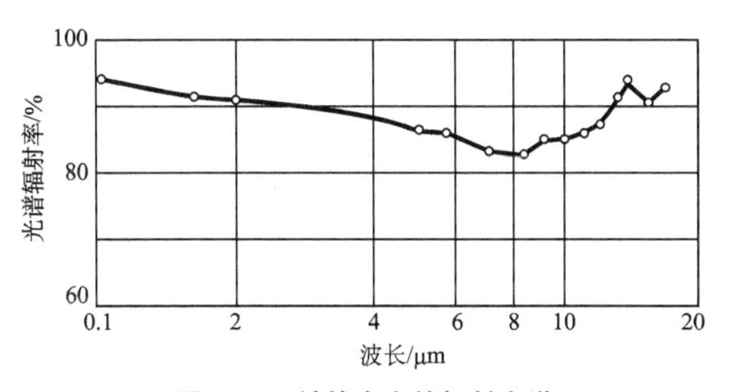

图 3.13　铁镍合金的辐射光谱

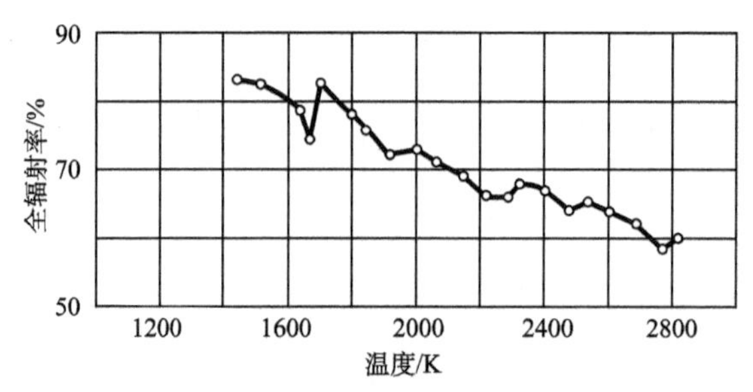

图 3.14　钨的辐射特性

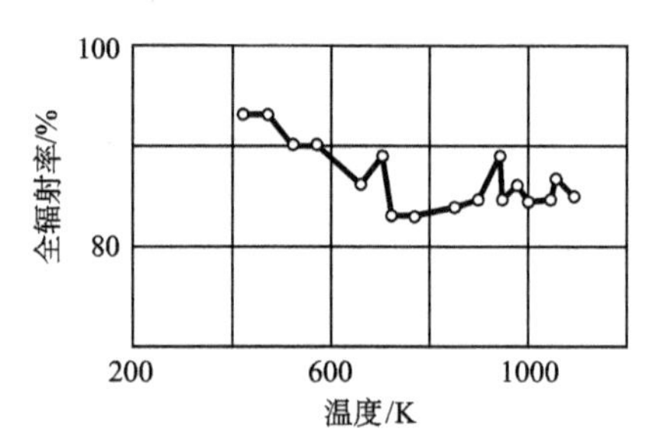

图 3.15　镍的辐射特性

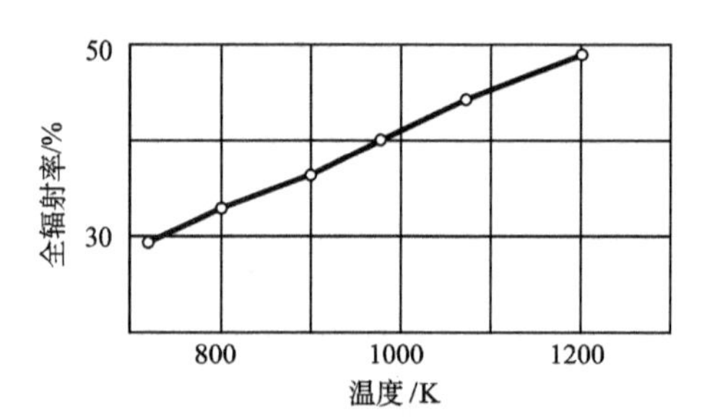

图 3.16　铬的辐射特性

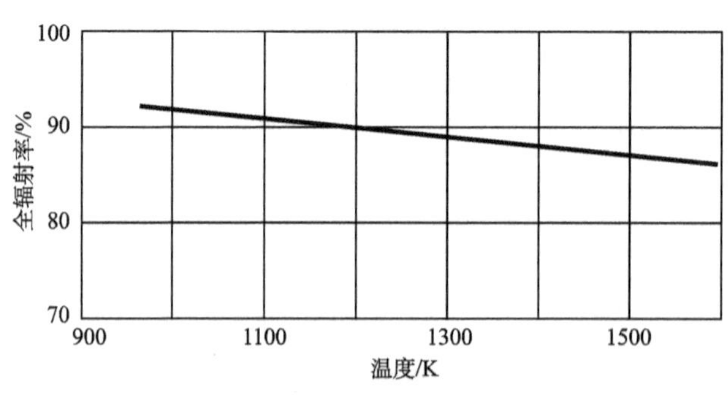

图 3.17　镍铬合金的辐射特性

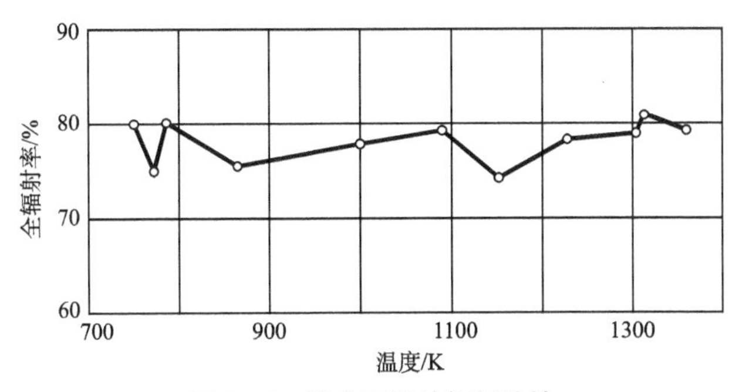

图 3.18　铁含石墨的辐射特性

无论是金属还是合金，其单色辐射率既随辐射波长改变，其全辐射率又随本身所持有的温度而变化。因此，对于中高温热处理炉中涂料的选择可参考有关文献，或按辐射、吸收光谱匹配的原则选取，或以试验比较的方法选择。一种简易的试比装置如图 3.19 所示。

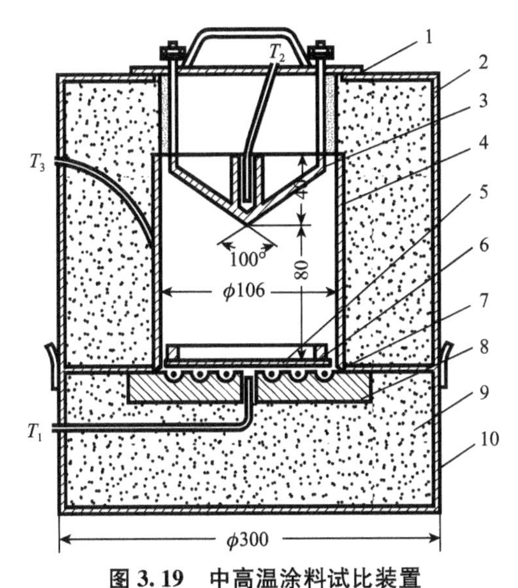

图 3.19　中高温涂料试比装置

1. 炉盖；2. 上箱；3. 试件 45#钢；4. 炉壁(不锈钢)；5. 辐射板；6. 压圈；
7. 电热丝；8. 炉盘；9. 硅酸铝毡；10. 下箱

测试前将三支热电偶(T_1、T_2、T_3)分别固定在辐射板、试件和炉壁上测定各点温度，将 500℃和 100℃的水银温度计分别固定在保温层和炉壳上。测试时以无涂料的 $1Gr_{18}Ni_9Ti$ 不锈钢辐射板为基准(最好用实际辐射元件的材质，如 $OCr_{25}A1_5$ 板)，严格控制初始条件，应使各测定点温度恒定一致，并用调压器控制稳定电压，力求每次重复测试的电压与瞬时电流值一致，即保证输入功率及功率变化一致。以后每 5min 读取一次数据。待通电到 35min 使辐射板的表面温度达到约

1000℃，然后断电冷却至初始状态(约 90min)。每一次测试，所有条件均要求相同，只换一种涂料均匀地筛撒在辐射板上再测试。每测 10 次要对无涂料的基准板复测一次，以考察重复性误差。采用这种方法测试不同辐射涂料对 45＃钢工件的升温对比结果见表 3-20，在相同功率条件下不同涂料的红外辐射，对 45＃钢升温到 850℃左右的效果有较明显的差别。由于用作比较基准的不锈钢($1Cr_{18}Ni_9Ti$)其全辐射率特别是 1～4μm 的区间辐射率高于铁锰酸稀土钙、三氧化二铁、碳化硅等涂料，而低于氧化镍、二硅化钼等涂料，故出现了如表所列的试比结果。由此可见，将常用于 600℃以下的远红外辐射长波或近全波涂料应用到 1000℃左右加热金属，在原烘炉毫无改动的情况下是不会有效果的。若用于对钢铁工件的低温加热，在工件已经发生一定程度氧化或油污的情况下有一定效果。在中高温加热金属的炉中，将红外短波段具有很高辐射率的涂料烧结在电阻带辐射元件的正面，将短波段辐射率极低的材料(如 $\alpha-Al_2O_3$)烧结在辐射元件的反面，则将收到明显的效果。

表 3-20　不同辐射涂料对 45＃钢工件的升温对比(测到 1000℃)

涂料名称	温度/℃											
	升温时间 5min			升温时间 15min			升温时间 30min			升温时间 35min		
	辐射板表面	工件	炉壁	辐射板表面	工件	炉壁	辐射板表面	工件	炉壁	辐射板表面	工件	炉壁
Ni_2O_3	64	35	56	744	338	417	956	760	782	1006	865	855
NiO	61	37	53	758	346	423	972	751	775	1020	856	850
$MoSi_2$	69	44	69	773	346	422	972	751	774	1015	853	846
Co_2O_3	66	36	58	756	344	420	952	752	775	1006	852	845
无涂料	56	35	54	732	340	414	931	745	774	979	845	840
$1Cr_{18}Ni_9Ti$	—	—	—	—	—	—	—	—	—	—	—	—
铁锰酸稀土钙	63	36	60	745	337	409	949	743	779	1000	843	840
Fe_2O_3	62	36	55	789	324	396	974	745	767	1015	842	837
MnO_2	63	35	56	765	331	403	955	743	761	1000	837	830
SiC	62	37	50	783	326	400	936	738	755	980	819	818
高硅氧粉	55	38	60	815	323	409	1020	735	760	—	—	—
$\alpha-Al_2O_3$	71	36	61	826	328	399	1032	740	753	—	—	—

高温材料是指高温下在全波范围内有较高辐射率的材料，其辐射能谱与黑体材料接近。这类材料除了有高辐射率，还有高温热稳定性。高温红外辐射涂料的温度可达 1850℃，高温红外辐射涂料的配比见表 3-21，该红外辐射涂料具有发射和反射红外线电磁波、穿透力强、辐射传热快等特点，能提高燃烧室温度，快速加热受热面，使燃质得到充分燃烧，因此能有效节约能源。在应用上，可直接将其涂

在原有设备或灶具上，不需要特殊打磨或化学清洗，其制作和施工都相当方便，且应用广泛，价格较低。

表 3-21　高温远红外涂料配比

原料	配比(质量份)
固体组分	—
Al_2O_3	22
碳酸钙	2
Cr_2O_3	14
Fe_2O_3	4
磷酸钠	5
电除尘细灰	13
液体组分	—
中性水玻璃	20
自来水	20

近些年来，将高新技术与远红外加热结合起来开发新型的远红外加热技术。可有效防止涂层剥落。例如，表 3-22 中列举了一种纳米级高温远红外涂料的制备，该高温远红外涂料的各组分质量份配比范围为：氧化锆 1～200 份，Cr_2O_3 10～150 份，耐火黏土 5～200 份，膨润土 1～50 份，钛白粉 0～20 份，Al_2O_3 100～500 份，氧化铁 0～50 份，碳化硅 50～500 份，PA80 胶或水玻璃 150～500 份，羧甲基纤维素 0～50 份。以上各固体组分粒度至少为 320 目。将上述各组分按配比称重混合，制成黏稠状悬浮流体，即可得到高温远红外涂料产品，将该产品采用纳米超细化处理，使粒度达到25～780nm，得到纳米级的高温远红外涂料产品。本涂料与基体具有相接近的膨胀系数，可增强涂料的附着强度和抗热振性，防止冷热交变过程中涂层的脱落。本涂料高温下结构稳定，保持较高的发射率，发射率可达 93%。涂料使用时涂层厚度仅需 20～300μm，极大降低了单位面积涂料的使用量。涂料长期存放时形成凝胶状，具有良好的触变性，使用时稍加搅拌即可。

表 3-22　纳米级高温远红外涂料原料配比

原料	配比(质量份)		
	1#	2#	3#
氧化锆	100	200	50
Cr_2O_3	110	150	20
耐火黏土	120	200	40
膨润土	90	—	10
钛白粉	—	200	20
Al_2O_3	200	500	100
碳化硅	270	500	160

续表

原料	配比(质量份)		
	1#	2#	3#
PA80 胶	200	—	—
水玻璃	—	450	150
羧甲基纤维素	10	50	—

3. 按材料远红外性能分类

根据材料的远红外性能,即远红外发射率和远红外发射率随光谱的分布情况,把远红外辐射材料分成高效远红外辐射材料、选择性红外辐射材料和低发射率材料三大类。

1)高效远红外辐射材料

所谓高效远红外辐射材料就是材料的远红外发射率接近于黑体的发射率,并且在远红外全波长范围的辐射率值均接近于 1,这种材料特别适用于各种加热、烘干、烤箱和较高温度的红外医疗等。

2)选择性红外辐射材料

选择性红外辐射材料是指材料的红外发射率随波长而改变,并且在 8μm 以后具有较高辐射率值的材料,这种材料特别适合在常温下使用。例如,用于纺织衣物保健的红外材料,用于饮用水的活化处理等。

3)低发射率材料

低发射率材料是指材料的红外发射率低于 50%的材料,这类材料适合用于军事红外伪装和太阳能工业等。

4. 其他分类

1)选择性涂料

选择性涂料是指该涂料的发射率随辐射波长而变化的涂料。假如一种辐射涂料的辐射特性曲线和被加热物质的吸收曲线完全一致,那么在被加热物质有强烈吸收的波段,涂料也有较强的辐射能量发出;在被加热物质不能吸收的波段,涂料亦无辐射能量发射出来,这样就可以使辐射器发挥高的热能利用效率。任何物质的吸收特性均与自身的分子结构有关,只有同种物质才能达到辐射特性与吸收特性完全一致,而实际工作中一般不可能用同种物质作辐射体来加热同种物质,况且有的物质本身辐射能力极低,不适合做远红外辐射材料,如金属、有机物等,因此,在选用选择性涂料的时候,只要辐射体的辐射特性曲线和被加热物体的吸收曲线基本一致,或在其主要吸收峰附近相接近,就可达到较理想的效果。

2)非选择性涂料

非选择性涂料是相对选择性涂料而言,它是指某种涂料在较宽的波段范围内都有较强的辐射能力,能将被加热物体的吸收曲线完全覆盖住,具有这样辐射特性的涂料称为非选择性涂料,也称为覆盖性涂料。从红外吸收光谱可知,绝大多数物质的强吸收带都是间断的,而且变化较大,使用非选择性涂料时,凡是在被加热物质有强烈吸收的波段,红外辐射能都可被很好地吸收,而在其他波段,尽管也有较强的辐射能量,却因为不匹配而不能被吸收或吸收甚少,因而这部分辐射能就被浪费掉了,因此,在使用过程中其热能利用率比选择性涂料要差。非选择性涂料有较广泛的适应性,适合于被加热物经常在交换的加热炉使用。

3.1.3 黏结剂

1. 涂料黏结剂的选择及种类

黏结剂是一种能把粉末状的远红外辐射涂料牢固地粘结在金属或陶瓷辐射器表面以增强附着力的物质。黏结剂是远红外辐射涂料与辐射器基体牢固结合的媒介,应具备足够的结合力、耐高温、不影响涂料的辐射性能、价格低廉、使用方便等特点,不同类型的辐射器或不同工艺加工的辐射器使用的黏结剂不尽相同。例如,搪瓷元件的黏结剂为搪瓷釉料,高温辐射器则采用双氢磷酸铝或高温釉料作黏结剂;氧化镁管则常用水玻璃和硅溶液作黏结剂;黑化锆系陶瓷辐射元件的黏结剂为矾土、黏土等,碳化硅元件用黏土,而涂层黏结多用水玻璃。

1)黏结剂的选择

黏结剂应具有密着性、稳定性、简易性等特点。黏结剂应使涂料与辐射基体附着牢固,又覆盖密实,以防止气体、液体侵入金属基体而致氧化、脱碳、渗碳和腐蚀。黏结剂能经受冷热剧变的冲击,能在长期热态下工作,不发生物理性能的明显破坏并具有化学稳定性,即在高温下不发生激烈的化学作用,也不发生辐射性能的明显衰退。黏结剂的制作工艺要容易,工序要简单,价格要便宜。

2)黏结剂的种类

远红外辐射涂料中使用的黏结剂随着辐射体基材(金属或陶瓷)与器件类型的不同而不同。表3-23为常用黏结剂的一种配方。目前用于远红外辐射涂料的黏结剂有水玻璃、有机硅酸盐、氟化镁、磷酸铝和多种釉质瓷料。所使用的黏结剂和黏结方法是随辐射器件及其基材的不同而进行选择的。表3-24列出了部分黏结剂使用的范围及其工艺特征。

表 3-23　常用远红外黏结剂的配方

原料名称	基材种类(按质量比)	
	陶瓷复合物基材	金属
中性水玻璃	1	—
有机硅酸盐	—	1
填料	1	1
水	适量	适量

表 3-24　用于某些金属辐射器件的涂料黏结剂工艺特征

黏结剂名称	金属类型	辐射器件工作温度	使用环境	黏结温度	操作状况	成本
水玻璃	不锈钢	500℃以下	低潮湿环境下烘干	常温冷涂	简易	低
磷酸铝	不锈钢铁	600℃以下	高潮湿环境烘干	常温冷涂	稍繁	较高
搪瓷底釉	铁硅钢片	700℃以下	非酸性的恶劣环境下加热烘干	860℃烧结	较繁	低
耐酸底釉	不锈钢	800℃以下	恶劣的酸性环境下加热烘干	960℃烧结	较繁	较高
TR-789	镍铬 镍铁铝	950℃	850℃以下金属加热及熔化	1040℃烧结	甚繁	高
424	镍铬 镍铁铝	1150℃	1050℃以下金属加热及熔化	1240℃烧结	甚繁	高

2. 常用黏结剂

1)水玻璃黏结剂

水玻璃又称硅酸钠或泡花碱,是目前应用较广泛的一种黏结剂。水玻璃是用磨细的石英砂或石英岩粉与碳酸钠或硫酸钠按照一定比例配合后在熔炉中加热到 1300～1400℃,熔体冷却后生成块状固体硅酸钠,再让固体块状硅酸钠在蒸汽环境中溶化成液体硅酸钠。当水玻璃作为辐射涂层的黏结剂时,可先加适量的水将它稀释,一般水玻璃与水的体积比为 1∶2,黏结剂与远红外辐射涂料的质量比为 1～1.5∶1。配制涂料时将稀释好的黏结剂逐渐注入配好的粉料中,同时进行机械方法搅拌,须持续 2～3h,直至使料浆达到普通油漆的状态即可,最好是现拌现用。水玻璃能抵抗大多数无机酸和有机酸的侵蚀,但不能抵抗氢氟酸的作用,也不能经受水的长期浸泡。水玻璃易吸湿潮解,如涂在铁板上长时间不用,铁板就会受潮生锈,涂料容易剥落。如要避免剥落,则要严格重视黏结工艺,并在较干燥环境下使用。

一种被命名为“沈锟一号”的远红外辐射涂料,较好地解决了涂层易剥落的问题。其制备工艺分为材料制备、料浆制备、金属辐射元器件表面处理、冷涂、烘干、黏结牢度检查几个步骤。沈锟一号辐射涂料包含碳化硅 60%、三氧化二铁 25%、二氧化硅 10%、氧化镍(或三氧化二镍)3%、二氧化锰 2%,将上述材料放入球磨中干研磨混匀到 320 目,每次配 1~10kg。沈锟一号辐射涂料中各材料的特性如下:碳化硅呈绿灰色,为全波涂料,全辐射率为 82%~84%;三氧化二铁呈酱红色,价格低廉黏结性好,5μm 以上辐射率高;二氧化硅呈白色,粉质越细越易被高模数水玻璃所浸润,能提高黏度和密着性,6~10μm 辐射率高;氧化镍呈浅绿色,三氧化二镍呈黑色,均 5μm 以下辐射率高;二氧化锰呈黑色,可增加黑度,并使料浆悬浮均匀,易于涂刷。黏结剂采用高模数水玻璃(模数3~33,pH11~12,比重 1.57),1kg 黏结剂除杂、沉淀后加水 2L 搅匀。1kg 沈锟一号料粉中放入 1.2kg 黏结剂,入球磨机中湿磨 2h 以上,取出测定 pH,以 7~8.5 为宜,如果太高对金属有侵蚀作用,可加盐酸中和。1kg 粉料配成料浆可涂刷 $12m^2$,例如,涂刷管道的管径为 φ18mm,则约可刷 210m 长。涂刷前要对金属辐射元器件表面进行粗化、净化、活化等处理。粗化即经喷砂使金属辐射器元件表面呈银灰色金属光泽,并形成坑凸粗面以增大附着面积和黏接包角。净化即对已锈蚀的金属在喷砂后用放大镜检查,如毛细微孔中的锈痕尚未除净,则需经酸洗净,以溶解微孔中的锈斑,使其增强吸附作用,提高黏结牢度。酸洗时应将硫酸稀释,金属器件在温度 50℃浸酸 3~5min,然后用清水冲去余酸。活化即酸洗后还需涂一层薄的活化剂,使金属表层分子激活,以增进与涂料的亲和力,经活化处理后可提高耐热冲击性 50~100℃。对要求不高的场合可免去活化工序。

沈锟一号远红外辐射涂料的涂布工艺采用冷涂法,其过程如下:金属辐射器元件经净化、活化之后立即进行喷涂,一般应控制厚度,掌握温度与稀度,以使涂层薄而均匀,如果过厚,涂层的导热性将比金属差,涂层越厚则内外的温度梯度越大,将使表面辐射温度降低;当急热急冷时,涂层越厚,则里外胀缩差越大,就容易产生裂纹而剥落,涂料消耗也多。喷涂时应保持室温在 20℃以上,辐射元器件最好先经微热,可使涂层薄而匀,压缩空气必须经过滤并除去油污。第一次喷涂厚度为 0.1mm,晾干后第二次喷涂厚度为 0.1mm,使总厚度为 0.2mm,不应超过 0.3mm。若手工涂刷,则一次宜刷厚 0.1~0.3mm。喷涂后进行烘干处理,自然晾干 12h,使其缓慢蒸发,120℃烘 2h,除尽自然水;300℃烘 2h,除去结晶水;450℃烘 2h,定性。之后对涂料黏结牢度进行检查,取 1mm×50mm×100mm 同质试件若干片按上述方法制成试样,作机械牢度与热牢度鉴定。机械牢度检查方法如下:①折弯法。在 φ10mm 元钢上弯曲,使涂层受拉,当涂层开始出现裂纹时,测量弯折角的大小。②撞击法。用 φ10mm 钢球从不同高度下落到试件上,当涂层有裂纹时,测高度。③刀刻法。用刀片在涂层上由大到小划方格,一直划到涂层剥落,测量最小方格边长。热牢度检查方法分为干法和湿法。干法是将试样置于干燥的电炉中加热至500℃取出即淬水，反复三次涂层应不脱落(好的涂层反复试验八次以上应不脱落)；然后升温到600～700℃，取出在室温冷却，并测定剥落临界温度。湿法是将试件置于潮湿空气的炉中加热至500℃，分别保温1～8h，取出淬水和空气冷却，再检查剥落状况。上述工艺处理的金属辐射器件表面温度不超过500℃，在干燥环境下使用可确保一年半以上涂层不脱落，不锈钢辐射器件可确保两年以上涂层不脱落。考虑到涂料辐射性能、效率的自然衰减和由于污物覆盖而造成的衰减，在连续使用1～2年后宜重新喷涂一次。

2)磷酸铝黏结剂

将磷酸铝溶液涂在钢板表层，由于磷酸根的作用及铝离子对铁离子的置换作用，会使钢板表面镀上一薄层铝膜，从而提高抗氧化能力，并增强辐射基体与涂料微粒之间的黏结力。由于磷酸铝不吸潮，故在潮湿环境中优于水玻璃。涂料制备和辐射元器件表面处理方法同前面水玻璃。活化剂使用后能促进铝离子对铁离子的置换，提高铝膜的质量。

磷酸铝配制材料有磷酸、氢氧化铝。称取磷酸100g，加热至80℃，磷酸含量应在85%以上，如用工业磷酸其纯含量较低，应按比例增加。氢氧化铝粉剂13.5g，加水18g拌为浆体，分数次加入磷酸中搅拌，经发热反应渐成透明甘油状液体，比重应达1.645～1.675。用磷酸铝代替水玻璃按比例加入涂料粉湿磨，如过分黏稠可适量加水稀释。为了便于喷刷，喷涂时涂料要求稍稠些，刷涂时涂料则宜稍稀些。磷酸铝黏结剂的涂层厚度为0.1～0.2mm，不宜超过0.25mm。磷酸铝黏结剂粘结涂层成败的关键是烘干工序。在烘干过程中应分段缓慢升温，升温越慢，保温越长，其效果越好。通常其升温、保温的过程一般如下：由室温升到60℃，再由60℃升到110℃、150℃，逐级升温各2h、保温4h；由150℃升到315℃ 4h、保温4h；由315℃升到500℃ 4h、保温2h。以上升温、保温共需32h，然后随炉体缓慢冷却10h后出炉，可视辐射元器件大小的不同，通过试验制订最佳的烘干工序。

3)搪瓷底釉黏结剂

搪瓷烧结通常是先烧底釉，后烧面釉。底釉与铁板膨胀系数相近，烧结过程中互相渗近，附着牢固，釉膜覆盖层密实能起保护作用，寿命长。这是以上两种黏结剂的冷涂法所不能具有的优点。在底釉的基础上再烧结远红外辐射涂料，就成为搪瓷辐射器。这种搪釉方法特别适合于直热式电阻元件。

取底釉1公斤加入远红外涂料粉0.5公斤湿磨混匀，并加水稀释到一定稠度，制备涂料釉。之后进行喷涂、烧结工艺。经喷砂处理后的电阻片可采用喷、刷、蘸等方法涂上厚0.1～0.2mm薄层底釉，用低温烘干，再投入860～880℃炉内2～3min进行一次烧结，取出后在室温下冷却即呈黑色瓷釉。将混匀好的涂料釉喷刷0.1～0.2mm，投入840～860℃炉里烧1～2min出炉，进行二次烧结。烧结时间不可太长，因混入涂料后，熔点与膨胀系数均有一定变化，有可能影响底釉与基体的黏结牢度。当辐射元器件尺寸较大时，也可采取分段烧结。按上述混合方法烧结的远红外辐射涂料，由于有釉膜覆盖了远红外涂层，其辐射率会有所下降，这可采用撒布法或喷布法加以克服。

当用氧化镁管烧结时，应注意入炉前需烘干排潮，以防氧化镁粉中的气体在加热时急剧膨胀爆射，引出杆也应予以保护，以防止烧坏；炉温和时间也要相应调整，如以高频感应表面加热则为最适宜。表 3-25 列出了一些中高温黏结剂的化学组成配方供参考。

表 3-25　中高温黏结剂的化学组成配方(按质量百分比)　(单位：%)

材料名称	搪瓷底釉	耐酸底釉	TR-789	釉质涂料
SiO_2	34.45	17.76	40	38
Al_2O_3	3.61	28.26	—	—
BaO	8.75	—	42.3	44
BaO_3	—	28.96	6	6.5
Na_2O	12.6	10.42	—	—
K_2O	—	5.77	—	—
CaF_2	5.14	5.98	—	—
ZnO	—	—	4.7	5
CaO	—	—	4	4
BeO	—	—	—	2.5
TiO_2	—	—	3	—
$BaMoO_3$	1.4	—	—	—
Co_2O_3	—	2.13	—	—
MnO_2	0.98	0.72	—	—

注：搪瓷底釉中含有 Fe_2O_3、Sb_2O_3 等氧化物。

3.1.4　远红外涂料的涂覆工艺

1. 涂刷法

先将粉料与黏结剂混合配制成油漆状的料浆，然后用毛刷均匀地涂刷在基体的表面，涂层要尽量薄，一般不要超过 0.4mm，否则附着能力会降低，也浪费涂料。涂刷后要自然冷干一昼夜，然后放在烘炉内烘烤，先在 120℃温度下烘 3h，再把温度缓慢升到 300℃烘 2h，最后升温到 450℃再烘 2h，然后让炉温自然冷却下来，即可使用。此法工艺简单，造价低廉，适用于小型炉体或旧炉改造。元件烘干后如涂层成片脱落，多数是黏结剂(一般是水玻璃)量少所导致的，可适当增加黏结剂的比例；如发现涂层起泡，则是黏结剂量过大、烘干速度太快或杂质过多所致。

2. 铺撒法

先在基体表面均匀地涂覆上一层黏结剂，然后将粉料均匀地撒在黏结剂上，待黏结剂固化后粉层就被牢固地粘结在基体表面形成一辐射涂层，铺撒法的烘干过程也与前两种方法相同。铺撒法的工艺如图 3.20 所示。由于铺撒法中的黏结剂只存在于涂料与基体之间，起黏结作用，不会在涂料表面形成围膜，能较好地保持涂料的粒度和色皮，因此具有较好的辐射性能。铺撒法制成的涂层如图 3.21 所示。

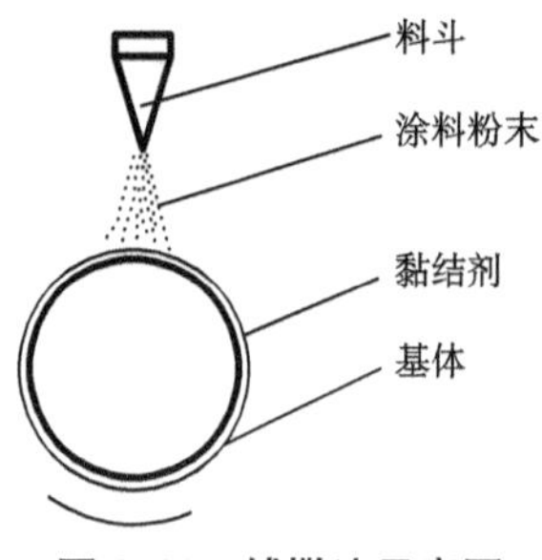

图 3.20　铺撒法示意图

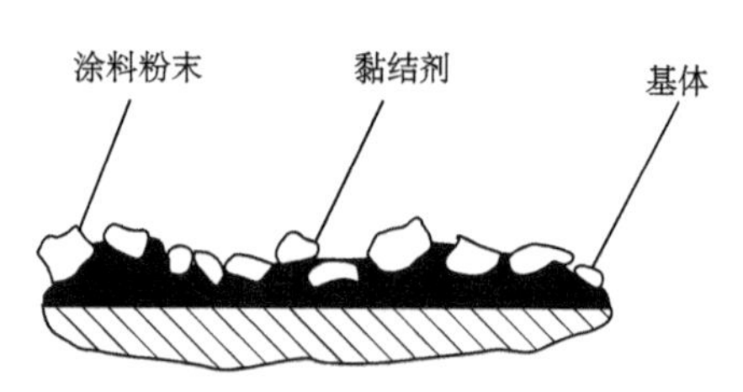

图 3.21　铺撒法制成的涂层的局部放大图

3. 喷涂法

把配制好的料浆用油漆喷枪像喷漆一样均匀地喷涂在基体表面，其烘干过程和涂刷法相同。电弧等离子体射流喷涂工艺是 20 世纪 50 年代后期发展起来的一种新技术，它比电弧喷涂或氧-乙炔火焰喷涂要好。由分子本身的特性可知，用化学方法得到的火焰最高温度为 3000℃，而只有当温度超过 5000℃时，物质的原子本身才能被电离。等离子喷涂法的工作原理是把直流电压加在两个特制的电极之间，如图 3.22 所示，在两电极间通入一般惰性气体（如氮气、氢气、氖气、氮气或它们的混合气体），然后以高频电流或用短路法在两电极间引燃一个稳定的直流电弧，使连续通过弧区的惰性气体吸收能量而形成等离子火焰，其温度可达 10000℃以上，气流速度可达每秒几百米甚至上千米。被喷涂的远红外辐射粉料由载流气体通过电极上的小孔送入火焰中，立即被等离子火焰加热至熔化状态，同时被高速的气流推出撞击在需涂覆的辐射器件表面而在其表面形成一个粗糙、坚实、牢固、稳定而且发射率大的辐射层。这种等离子喷涂方法可以用来喷涂各种金属、陶瓷、玻璃等基材，同时由于其温度高，气流可控制，涂层薄匀，工艺简便，还能喷涂各种金属、金属氧化物、碳化物、硅化物、硼化物等材料。用等离子法喷涂的辐射层具有附着力强，辐射性能好等优点，但需要用专用设备喷涂而且设备比较昂贵。

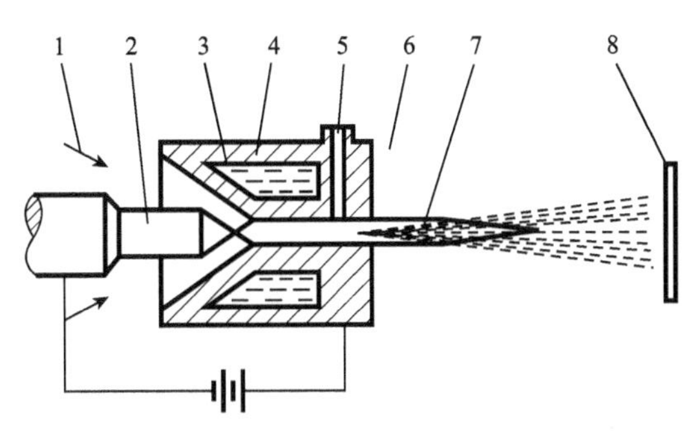

图 3.22　电弧等离子喷涂装置

1. 气体；2. 铈-钨阴极；3. 紫铜喷嘴；4. 冷却水；
5. 送粉孔；6. 等离子火焰；7. 热粒子流；8. 被喷涂器件

等离子喷涂工艺及技术参数如下：

1)等离子喷涂料的制备

原料的选取一般采用氧化钛、氧化锆、镍包铝、氧化铌等。氧化钛取市售纯度为 99.5%的氧化钛粉末材料在煤气炉中以 1400℃煅烧 30min，经淬冷还原后呈蓝色，干燥后粉碎过 75 目筛。氧化锆：颗粒度为 200～400 目，含量为氧化锆 95.3%，氧化钙 4.7%。镍包铝：颗粒度为 200～400 目，含量为镍 79.8%，铝 19.9%。氧化铌可用工业五氧化二铌。

红-1 配方：按质量百分比以氧化钛 80%与氧化锆 20%混合而成。

红-2 配方：工业纯度为 99%的氧化锆 20%和市售的氧化钛 77%、氧化铌 3%与水 1∶1 混匀，经球磨 48h 后再在煤气炉中以 1400℃焙烧 30min，再经淬冷、干燥、粉碎过 75 目筛，制品呈深蓝黑色。

2)等离子喷涂工艺

对金属辐射器表面线进行喷砂预处理，然后用汽油和丙酮清洗除油，在碳化硅陶瓷体表面喷射；对于清洁的基材可以不需要预处理，如有污物用水洗即可。对于金属基材，一般先在表面喷一层厚约 0.1mm 的镍包铝涂层作为中间层，然后喷涂 0.2～0.3mm 厚的远红外辐射涂层；而碳化硅板不需要中间涂层，仅喷上一层 0.2～0.3mm 的远红外辐射涂层即可。等离子喷涂技术参数如表 3-26 所示。

表 3-26　等离子喷涂技术参数

技术参数	镍包铝	红-1、红-2
喷涂电流/A	300	350
喷枪电压/V	80～90	80～90
射流功率/kW	24～27	27～32
射流发生氮气流量/(L/min)	45	45

续表

技术参数	镍包铝	红-1、红-2
射流发生氢气流量/(L/min)	5	5
粉末产生气体流量/(L/min)	7~8	7~8
喷涂距离/mm	100~200	100~200

3)等离子喷涂层的性能

按标准测定的等离子喷涂层的气孔率等参数列于表3-27。从表中可见红-1、红-2的体积密度与碳化硅相近,又由于红-1、红-2喷涂层在高温中熔化凝结,因此能使喷涂层牢固地粘结,不易脱落。

表3-27　等离子喷涂层的物理性能

涂层材料	气孔率/%	体积密度/(g/cm³)	假比重/(g/cm³)
红-1	5.3	4.2	4.44
红-2	4.9	4.03	4.14
镍包铝	5.7	6.42	6.81

在同等条件下对不同碳化硅板进行辐射能量测定(图3.23),结果表明用红-1配方采用等离子喷涂的碳化硅板在2.5~6μm的辐射能量,比以碳化硅为涂料的碳化硅板的辐射能量要大得多,而在6μm以外又低于碳化硅。这是因为前者主辐射材料的成分为TiO_2(处理后为$TiO_{1.9}$),其在2.5~6μm的区间辐射率特别高,因此,这种涂料用于主吸收带在2.5~6μm的OH基醇酸类油漆或者近似主吸收峰的其他物品上效果较好。

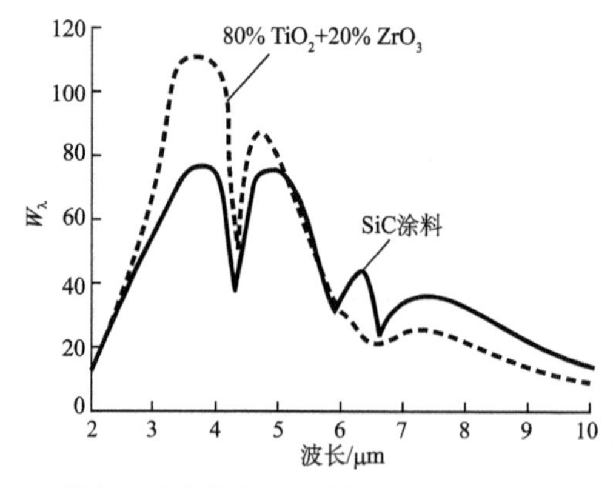

图3.23　等离子喷涂的涂层与碳化硅涂层辐射光谱特性比较

4. 火焰熔射法

用火焰熔射喷涂设备将配好的原料加热到熔融状或半熔融状,然后喷射到基体表面,待冷却后即形成凹凸不平的涂层,有较好的辐射性能,但需要专用设备。

5. 釉料烧结法

该法是以釉料为黏结剂，将涂料混合于釉料中涂覆于基体上，再进行高温熔烧，此法通常用于金属和非金属，对低温远红外辐射器可用普通搪瓷制品的釉料，在 900～940℃温度下烧结而成。

现将涂刷法、烧结法、等离子法三种涂覆方法的优缺点比较列于表 3-28。

表 3-28　涂刷法、烧结法、等离子法三种涂覆方法优缺点比较

工艺	辐射性能	传热导性	冷热循环性	物理冲击性	元件尺寸	工艺程序	加工速度
涂刷法	较差	一般	差	差	任意	简单	快
烧结法	一般	好	好	好	较小	较繁	慢
等离子法	好	好	好	好	任意	复杂	快

6. 复合烧结法

复合烧结法多用于碳化硅元件的涂层处理。当碳化硅基体成型后尚未阴干时，把涂料料浆用冷涂法均匀地涂覆在基体上，待全部阴干后放入窑内，在大约1400℃的温度下高温熔烧，使元件基体和辐射层一次烧结成型，烧结后的涂层表面呈陶瓷状，涂层与基体混为一体不会脱落。

远红外辐射涂层应牢固地与基体附着在一起，这个附着能力的大小处理除了与涂覆工艺、黏结剂的种类及组成有关，还与基体表面的清洁程度、底层处理的好坏有关。使用过的热源大部分积有灰尘、油污等杂质，金属管道式电阻片外层还有氧化层，只有对它们进行认真的清洁处理，才能保证辐射涂层的附着能力。不管是旧炉改造还是旧辐射器的涂层更新都必须对辐射器表面进行认真的清理。一般采用喷砂处理，其可使基体底层处理的最迅速和最彻底，可使用 4～6kg/cm^2 压力的压缩空气将石英砂喷向待清理的基体表面，清洁过的基体表面应见到基体材料的新碴。被喷打的基体表面应呈现小的凹凸不平的面，这样才有利于涂层的附着。喷砂后再用压缩空气进行清洁处理或用汽油、丙酮等除去杂质即可。如无喷砂条件或基体拆卸比较麻烦，也可用砂布、钢丝刷等进行手工清理，同样需见到基体材料的新碴才算达到要求。刷试完同样需要用汽油或丙酮去掉杂物。除了用黑化锆系陶瓷类原料为基体的辐射器，用其他材料制作的远红外辐射器的基体表面一般都需涂覆一层远红外辐射涂层，以提高辐射能力。

3.1.5　远红外涂料的应用

1. 在烤烟中的应用

远红外涂料由在远红外波长范围内（6.0～1000μm）发射率大于 0.90 的金属

氧化物材料组成。远红外涂料通过将部分热能转换成红外及远红外辐射能来提高加热空间中的热辐射能量，以达到节能的目的。目前在烤烟调制中，主要以燃煤为原料，通过空气的热交换来完成烟叶的温度传递。远红外涂料的使用使烤房里的温度传递方式发生了变化，从以热对流为主的热传导方式转变为辐射和对流相结合的方式。这种方式除了可以节省能源，烘烤的烟叶质量也有所提高。用无毒、无放射性金属氧化物组成的新型远红外涂料来烤烟，可将涂料涂刷在烟叶烤房内的任何基体的火笼上，涂料受热后即可发射远红外线对烟叶进行辐射、传热和烘干。由于远红外线的传热速度相当于光速，热量损失小，采用远红外辐射技术能在短时间内消除烤房内出现的上、下层温差，烟叶在变黄期、干筋期时的上下层温度一致，在定色期时易于掌握，可有效地杜绝青烟的产生。同时远红外线具有一定的穿透性，能使烤烟叶里外一起受热，缩短干筋时间。有涂料远红外烤房的烤烟各阶段温度比未涂涂料烤房的烤烟相应各阶段温度分别低 2～5℃，因此，烤出的烟叶油分、香气保存的好，芳香味相应增加，颜色也普遍由未涂涂料烤出的淡黄、黄色加深呈枯黄色，使烟叶的质量、等级均得到提高。谢已书研究表明采用远红外涂料烤烟技术后，节能 20%～25%，平均每烤 1kg 烟节煤 0.6kg。一个容量约为 250 竿烟的小烤房，烤一季烟可节煤 0.5～0.6t，折合人民币 60～80 元。中、上等烟产量提高 10%～15%，均价提高 0.6 元，每亩[①]烟烤后可增值 120～150 元。采用远红外涂料成本低、使用方法简单、易于掌握。每个烤房只要 40 元涂料费就可连续使用一个烤季。每烤一房烟可节省时间 8～10h，提高了生产率。

黄飞等对昆明市晋宁县 5 个乡 10 组农户的烘焙试验进行研究表明，远红外涂料具有热稳定性，在初烤条件下（涂料在低于 600℃高温时）稳定且无毒害物质释放，烤房使用涂料后，整个烤季燃煤平均节省 19.94%，能达到节能减排的目的；烤房使用红外涂料后，初烤后云 87 烟叶和红花大金元烟叶常规化学成分无异样变化，使用远红外涂料调制烟叶效果良好。

王健良等将远红外涂料用于农村烤烟炉上，可缩短烟叶烘烤时间、提高烤烟质量等级、节省燃料和劳力，使烟农增加收入，国家增加税收，收益显著。

昆明物理研究所高级工程师张杏娣根据云南农村火垄式烟叶烤房的特点，研制出了适合烘烤烟叶、茶叶、粮食、皮革等的 DKP－92 远红外辐射涂料。将此涂料刷在烤房的火垄上，通过烧煤或者柴火使火管的红外涂层成为辐射源。因该涂料的红外光谱与被烘烤的烟叶吸收光谱相匹配，具有一定的穿透性，使被加热物在一定深度范围内里外受热，干燥均匀，有利于主筋、粗大烟叶的烘烤，促使烟叶内部产生化学反应，加速叶绿素分解，促进烟叶变黄，提高烤烟等级质量，并节省燃料和劳动力，使烟农增加收入，国家增加税收。1992 年，仅宜良县一个县就推广了远红外烤烟炉

---

① 1 亩≈666.67 平方米。

4314 座，占全县烤炉总数的 1/4，共节约烤烟用煤 1100 余吨，节约烘烤费 32 万余元，因烟叶等级质量提高，烟农增加收入 405 万多元，税收增加 154 万元。

王健良等在宜良县烤炉上刷上远红外涂料，火垄上涂上红外涂料后烤炉烘烤时间能节约 39～46h，燃料能节约 24.1%～33.07%。用红外涂料的烤烟叶比未用涂料的烤烟叶总糖减少 0.5%，烟碱提高 0.7%，总氮提高 0.64%，碱氮比基本上达到 1∶1，蛋白质比提高 3.21%，施木克值适中，糖碱比协调，说明采用远红外涂料所烤烟叶的总氮、烟碱明显高于旧式烤炉的烟叶样品，内在成分更为协调。

2. 在食品工业中的应用

1)焙烤食品

基于远红外线的特性，国内外食品专家正在大力研究这一技术在食品工业中的应用，如干燥烘烤、防腐杀菌等。关于远红外线辐射材料的选择，在食品工业中是非常关键的问题。经过多次试验，选用配方 90%氧化钛和 10%氧化铁作为远红外线辐射材料，在管状金属电热元件表面上喷涂 0.2mm 左右的涂层。通过对比测试结果，证明其性能良好、无毒、经济，是今后远红外线加热新技术在食品工业中被广泛应用的新材料。管状金属电热元件，在喷涂远红外线涂层前，对其表面进行喷砂预备处理，主要是除掉表面的旧粉漆层及锈蚀、氧化膜等。由于选择了合理的等离子喷涂工艺参数，在氧化镁管喷涂远红外线涂层前，可以不必另加镍包铝底层。经过测试表明，黏结强度良好，从而简化了工艺，节约了资金。

根据对焙烤食品主要原料的红外吸收波长的测试，在波长 3μm 处为水分的吸收峰，在 3.5μm 处为油脂的吸收峰，其他原料在 7～11μm 有比较集中的吸收峰。因此，将远红外加热技术应用于焙烤食品生产中越来越受到食品加工业广大工程技术人员的重视。远红外线具有表面加热均匀的性能，因此可用于烘烤食品。远红外烘烤食品的优点在于不会产生类似膨化造成的内外表面的水分分布不均匀、口感较差的现象，能使食物的内外表面水分一致，口感好。因此研发人员研制了各种远红外食品烤炉来取代过去的燃煤、柴、油等食品烤炉，取得了明显的经济效益和社会效益。目前我国使用的远红外食品烤炉的主要加热方式为电加热，即在电加热元件表面使用与加热物体吸收波长相匹配的辐射强度高的涂料，制成远红外辐射元件，结构上主要为箱式和隧道式两种。箱式适用于小型作坊及家庭使用，隧道式适合在大、中型食品厂应用。

面包、蛋糕、桃酥、饼干等食品的主要成分是面粉、鸡蛋、油、糖、水等物质，它们对波长在 3～6μm 内的远红外线都具有很高的吸收率。因此，任用昆选择三氧化二铁系远红外涂料，直接涂覆在金属电热管表面，设计了一种小型隧道式远红外食品烤炉。这种远红外发热元件的技术参数如下：直径 19mm，有效发热段长度 580mm，有效辐射面积 $346cm^2$，功率 0.5kW，表面功率负荷 $1.45W/cm^2$，表面工作温度 450℃，远红外辐射峰值波长 4μm。远红外涂料的配方如下(质量比)：三氧化二铁 100，氟硅酸钠 50，水玻璃 150，水 45～50。远红外涂层用手工涂刷，涂层厚度为 0.2mm 左右，涂覆工艺如图 3.24 所示。

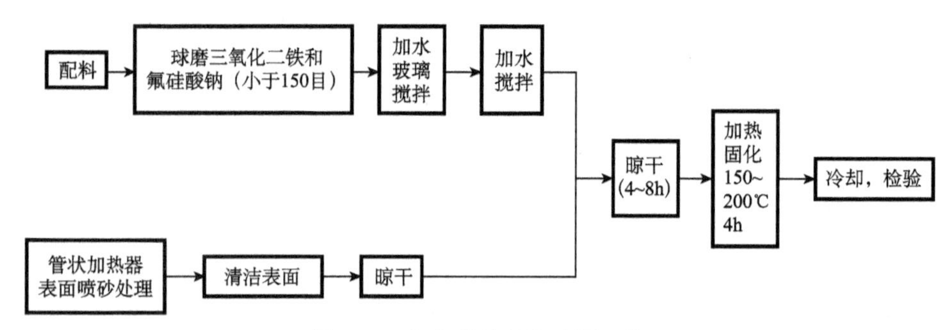

图 3.24 远红外涂层的涂覆工艺

该远红外加热技术在其他因素保持不变的条件下测量了发热元件有涂料和没有涂料时炉子空炉升温到 300℃的时间(表 3-29)以及烘烤面包、桃酥时的耗电量，分析了它的节电效果(表 3-30)。结果表明，该烤炉在空炉升温阶段可节电 36%～46%，在烘烤食品时，可节电 30%左右。说明该远红外加热技术的应用比较成功，炉子设计的结构是合理的。但该技术还存在以下缺点：在水蒸气、油烟的作用下，以及反复升温、降温的影响，在使用一定时间后，发热元件表面的远红外涂层易部分脱落，有待于进一步提高涂层的附着能力。在使用一段时间后，炉内的铝反射板表面被油烟熏黑，进而变得十分粗糙，不但完全失去了对远红外线的反射能力，而且提高了炉壁对远红外线的吸收能力，在这种情况下应取消反射板装置，否则会降低辐射加热效率，浪费铝板，增加炉子成本。

表 3-29 空炉升温到 300℃的时间

测温点	有无涂料	升温时间/min	节电效果/%
上层	有	21	46
	无	39	—
下层	有	25	36
	无	39	—

表 3-30 烘烤面包、桃酥的耗电量及节能效果对比

食品种类	面粉质量/kg	烘烤时间/min	全部烤完时间/min	耗电量/(kW·h)	耗电量(kW·h/50kg 面粉)	是否涂远红外涂料	节电率/%
面包(50g)	23.2	6	33	8.4	18.1	是	30.4
面包(100g)	25	10	40	13	26	否	—
桃酥	50	10	180	50	50	是	28.8
	14.3	15	123	20	70.2	否	—

北京义利食品厂在烘烤饼干的隧道式电炉上喷涂远红外线辐射涂料后，电路的辐射热能有显著的提高。试验过程中电炉的电热元件排列的方式、数量多少、输入输出电、功率及电源电压等保持不变(也未附加抛物面型反射罩)，主要考察远红外线涂层对电炉内辐射热效能的影响。生产实践表明喷涂远红外线辐射涂料后，提高了电炉内辐射热效能比，迫使电炉传动链速度加快，从而提高了饼干产量。该厂生产的动物饼干由平均日产 1000kg 增加到平均日产 1150kg，提高产量 15%，平均每百千克产量节电 1.4kW·h。从质量分析来看，产品的水分指标稳定，表里一致，这是由于远红外线激发产品中水分蒸发干，刚出炉的饼干内部无“生心”的黏层，并且产品经北京市卫生防疫站鉴定，应用远红外线烘烤过的饼干，对人体无害。

2)面食干燥

面食的干燥也是食品干燥的一个重要组成部分。采用远红外干燥的挂面表面不形成粗糙现象，干燥时间大大缩短，并且含菌率只有热风干燥的 3/1000～1/10000，使产品的保存期延长。例如，采用河南省星光高能设备有限公司与河南东方集团公司郑州机械制造总公司联合研制的远红外挂面快速干燥机干燥挂面取得了明显的经济效益，同时还具有占地面积小、没有环境污染问题，简化了挂面生产工艺过程，提高劳动生产率等显著特点。在糕点生产中，烘道内原采用氧化镁管作电热元件，用电为 237kW，然后在氧化镁管的表面手工涂覆一层 0.1mm 的氧化钛、氧化铁的远红外涂料，可取得增产节电的显著效果。

3)谷物干燥

我国人口众多，粮食产量是关系国计民生的大事。虽然我国的粮食产量逐年增加，但粮食收获季节性强，若遇阴雨天气，会使粮食腐烂，造成丰产不丰收的结果，谷物的干燥势在必行。但在粮食干燥过程中，机械化程度低，干燥质量差，造成了粮食的很大浪费。例如，用烟道气加热时，烟气中含有一定量的硫化物、磷化物等有害物质，一部分有害物质附着在谷物表面，造成对粮食的严重污染。在谷物干燥时，如果干燥速度过快，内部水分来不及向外部扩散，容易产生爆腰，降低粮食品质。采用远红外技术来干燥谷物，不仅干燥质量好，而且干燥效率高。红外干燥在工业上的应用已经很普遍，由于它有众多的优点，在谷物干燥上的应用也越来越受到重视。在国际上，一些发达国家已经把红外辐射技术应用于谷物干燥的生产实践中。但在国内，红外辐射技术在谷物干燥上的应用还不成熟，这方面的研究需要加强。

适合谷物干燥的红外辐射材料应该满足以下两个条件：①辐射材料在 4～10μm 的远红外区域具有较高的辐射率。②辐射材料应该具有低温(600℃以下)高辐射的辐射特性，为保证谷物的成分和养分不被破坏，物料的温度应该在 60℃以下。不同谷物含水率不同，粮粒大小不同，物性也有差别，干燥要求的红外辐射频段也不同。应根据"匹配与非匹配原理"确定不同谷物的最佳红外辐射吸收频段。对于小麦和稻谷，有利于红外加热的谱区为：2500～1800 cm^{-1} 和 1600～1000cm^{-1}，也即 4～5.7μm 和 6.25～10μm 的红外谱区。作为被干燥对象的谷物，因其生物学特性，表面有许多毛细管，在干燥过程中能起到排出水分的作用。谷物这类颗粒状堆积物料的红外干燥，属于内部扩散控制的干燥过程，应采用"偏匹配"吸收理论，结合谷物的表皮和内部不同的红外吸收特性选择相应波段的红外光源。根据偏匹配吸收理论，入射的红外辐射应包括谷物分子强振动吸收之外的全部吸收，在红外光谱上，表现为吸收峰之间的全部区域，即 2500～1800cm^{-1} 区间，这样可以使谷物内部物质的分子处于振动激发态，亦可通过各振动模间的耦合实现能量转移，从而达到水分子间断键和脱附的目的。谷物干燥过程中如果谷物表面的温度过高，会使谷粒表面硬化，造成毛细管的堵塞，阻碍水分的转移，不利于干燥的进行，同时，还可能造成谷粒爆腰。在热风干燥中，热量先传给谷物表面，易造成上述情况。而红外线具有一定的穿透性，理论上能避免这种情况。但是红外辐射的穿透深度有限，所以粮层深度不能太大，否则外层谷物干燥效果不佳。另外，根据谷物表皮和内部组织的红外吸收特性，在 1600～1000cm^{-1}谱区，小麦和稻谷的谷皮对红外辐射的吸收度低于内部组织，此时，红外辐射能够较好地穿透表层到达内部胚乳，实现内部加热。

红外线干燥谷物时，一般应有气流配合干燥。如果仅用红外干燥，那么蒸发出的水分会在谷物表面形成水蒸气层，不利于干燥的进一步进行。20 世纪 90 年代，成功研制出远红外定向强辐射器后，红外辐射的加热方式由密闭保温型发展到了开放型。辐射器的外形，由最初的灯式发展到板式、管式、异型式。美国 CDT 公司研制了触媒远红外发生器，该装置干燥谷物有高效、节能、环保等优点。图 3.25是触媒远红外发生器的结构示意图。

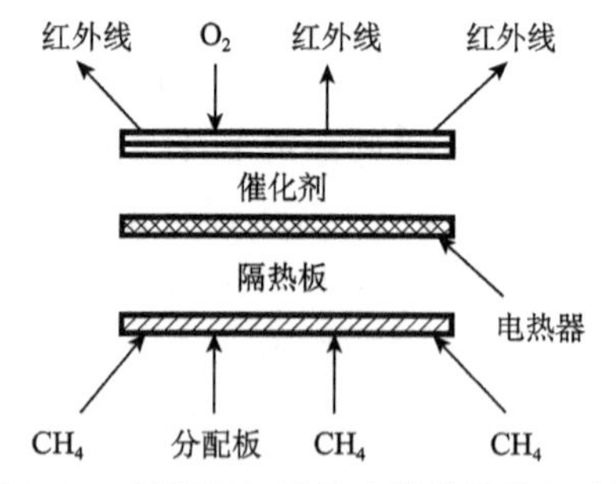

图 3.25 触媒远红外发生器的结构示意图

工作时，由电热器将温度升到 107℃时（此时电热器不再继续工作），煤气、天然气、空气同时进入发生器内，在催化剂（触媒）的作用下产生远红外线（其波长在 3～7μm）。在 2001 年的收获季节里，美国 CDT 公司用自己研制的这种设备对

907.2kg 水稻,分 4 组进行了干燥对比试验。试验结果表明:稻谷籽粒完整率高,含水均匀一致,品质好,能耗仅是热风干燥的 30%左右。

锆钛系远红外辐射材料是由 ZrO_2、TiO_2 及辅助原料组成的一种新型高能辐射材料,通过适当调节 ZrO_2、TiO_2 的混合比例,使其发射出的远红外光谱与小麦等谷物的吸收光谱一致,便能达到良好的光谱匹配,达到低能耗、高效率,同时又符合环保要求的目的。李红涛等研制的远红外干燥装置结构如图 3.26、图 3.27 所示。

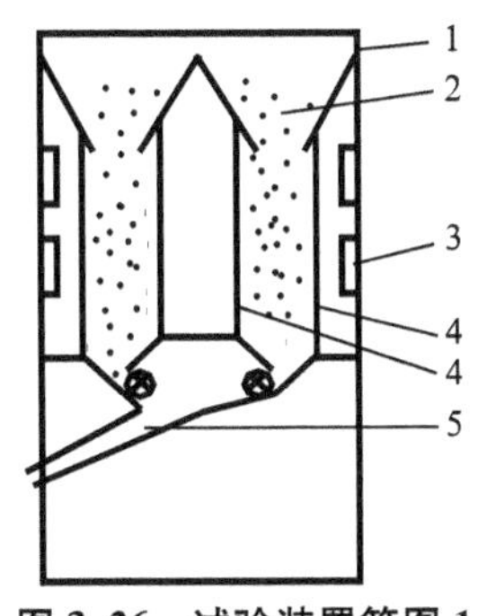

图 3.26　试验装置简图 1

1. 干燥箱;2. 物料室;3. 辐射器;4. 网筛;5. 漏料斗

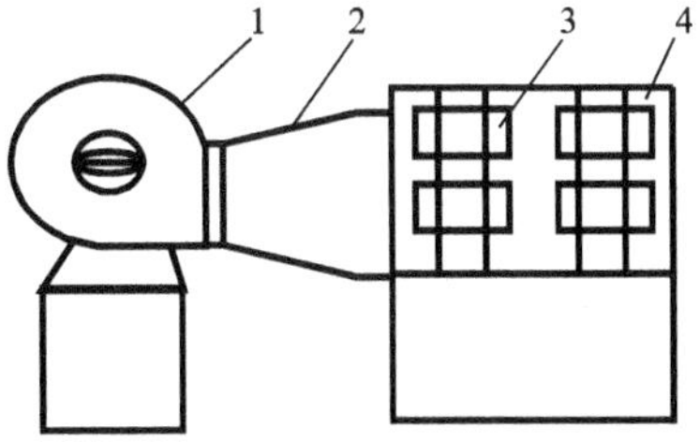

图 3.27　试验装置简图 2

1. 风机;2. 排风管;3. 辐射器;4. 干燥室

该试验装置由风机、风机支架、进气管道、远红外辐射板、箱体、箱体支架等组成,干燥室是试验台的主体。整台干燥设备就可以看成一个由风机、进风管、干燥室组成的密闭气流的管路系统。风速的大小由风机进风口处的调节活门进行调节;物料室由两块筛板间的空间形成,其厚度通过螺柱上的螺母进行调节。

4)水果和蔬菜干燥

水果和蔬菜是人们日常消费的大众食品,是人体所需维生素、无机物、碳水化合物等营养成分的重要来源。新鲜水果、蔬菜的含水量一般都很大,在储藏、运输、销售过程中处理不当便会腐烂。为了延长储藏期,将水果、蔬菜干制是常用的方法之一。果蔬的含水量降至足够低后,便可阻止微生物的增长,推迟和减少以水为媒介的腐烂变质。果蔬的干燥,要尽可能地保证产品不被污染,营养成分不损失。传统的靠日晒干燥水果、蔬菜的方法虽然比较经济,但是干燥时间比较长,产品容易被污染,遇到阴雨天气时产品易腐烂。现在生产中最常用的方法是用热空气进行干燥,此方法与日晒法相比有很大进步,但是干制过程中产品的营养成分易损失,而且能耗很大。红外脱水干燥具有加热速度快、加热方式均匀、传热效应高等优点,其在水果、蔬菜干燥方面得到了越来越多的应用。

特征远红外干燥是将微波与远红外技术有机地结合起来进行加热干燥的方法。该技术具有脱水时间短、光穿透力强、物料复水性能好、操作简便、能耗低、无污染、投资少等优点。根据蔬菜的不同种类和状态采取不同的措施，在短时间内将蔬菜烘干，这样不仅减少了蔬菜营养成分的流失，而且蔬菜的外形变化不大，用冷水或温水浸泡后，蔬菜能很快地恢复原状。中国农业大学吴继红等采用清华大学高科技开发公司研制的新型“特征远红外”设备，进行大葱、菠菜、胡萝卜、苹果、梨等果蔬的干制研究，原料的营养及色香味均得到了良好的保存且复水性能好，是快餐食品极好的配料。特征远红外小型脱水干燥机结构如图 3.28 所示。

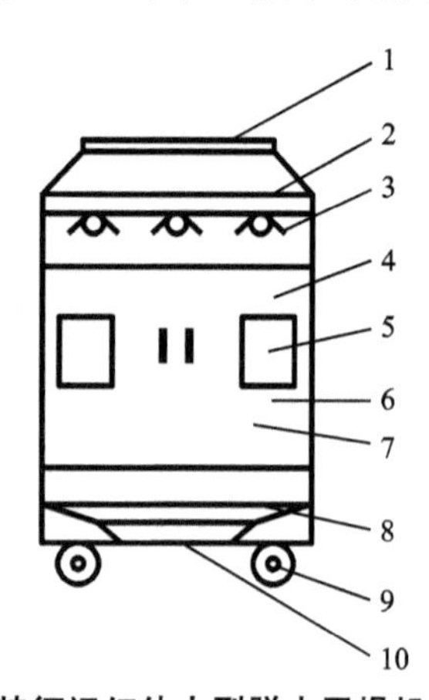

图 3.28　特征远红外小型脱水干燥机结构示意图

1. 新风口；2. 灯架；3. 灯管、反射罩；4. 网状物料盘；5. 观察窗；
6. 机门；7. 网状物料盘；8. 集风罩；9. 轮子；10. 下风口

干燥时，可通过调节灯管和物料盘的距离来调整照射强度，利用上下排风装置来排出室内湿气。由于该设备的使用环境温度为 50℃以下，原料的营养及色、香、味能得到很好的保存。实验对象选取大葱、菠菜、苹果等 9 种果蔬。原料经干制后，从外观看叶绿素(绿叶菜类)、花青素(草莓)、胡萝卜素保存完好；经切片的苹果、梨干制品无任何焦煳或发黄现象，亦无烘烤味或蒸煮味。

5)魔芋干燥

目前魔芋 Amorphallus B 系列加工产品备受青睐，市场前景广阔，但在初加工魔芋的干燥中，传统干燥方法难以解决“黑心”“黑角”的生产难题，从而影响后加工产品的质量。采用远红外技术应用于魔芋干燥，取得了较好的效果。红外线是一种不可见的射线，它在电磁谱中介于可见光与微波之间，其波长范围是 0.76～1000μm。工业上通常把 2.5～1000μm 波长的红外线称为远红外线。它的热传递有对流、传导和辐射 3 种方式。唐晓峰根据被干燥物鲜魔芋的吸收光谱的波长范围选择了氧化钴、氧化铬、氧化硅、氧化铁等 7 种金属氧化物，以不同比例配制，再测定配方物料的波长，与鲜魔芋吸收光谱的波长进行比较，选择其波长范围比较相近的为试验配方，将所选金属氧化物进行研磨、分筛，直至能通过 140 目筛后，加黏合剂调和，刷涂在烘箱或烘房的直热金属板或其他直热部位，阴干后即可使用。在干燥车间同一类型的烘房中进行对比试验，在烘房的结构、加热和排湿条件完全相同的情况下重复多次进行对比。干燥温度在70～75℃，整进整出、有远红外涂料的魔芋角干燥时间比无涂料的干燥时间缩短了25%～35%，节能25%～35%，省工省时1/4，据连续15天生产统计，在单位时间内平均提高产量17.4%。生产性应用远红外辐射干燥魔芋，缩短干燥时间，节能省时都在25%～35%，而产量仅提高17.4%，其原因：一是传统烘房传热面凹凸较大，远红外涂料涂刷面积不足70%；二是传统烘房是架式重叠堆放，层距密度，魔芋角吸收辐射能受空间影响很大，部分魔芋角仍是直热和辐射热的混合干燥，三是传统烘房的热利用率较低，排湿系统不完善。

6)其他

远红外用于照射食品可以起到防腐杀菌的作用。细菌、霉菌和酵母菌都可能引起食物的变质，其中细菌是引起食物变质的主要微生物。微生物细胞内蛋白质受热凝固而失去新陈代谢能力，这是导致微生物死亡的原因。红外辐射杀菌的机理主要是靠其热效应：受到红外辐射照射的食品，温度上升，同时附在食品上的微生物也发生自身热效应，它们的热量通过热传导共同作用于微生物，使其快速升温导致菌体蛋白质变性，活体死亡，或受到严重干扰，无法繁殖。例如，用远红外照射钢材及高水分的新鲜柑橘、橘子、苹果等，能降低其水分含量，减少储存过程中因水分过大而造成的腐烂现象。美国的CDT公司在用触媒远红外干燥谷物时，发现红外线可使米糠中的酶活性大大降低，能防止酸败，从而提高了米糠的出油率和质量。日本的山野藤吾曾将细菌、酵母和霉菌悬浮液装入塑料袋中进行杀菌试验。结果表明：用远红外线照射后，能使不耐热细菌全部杀死，使耐热细菌数量降低。对于霉菌，采用8kW以上的照射功率照射10min就可将活菌全部杀死。因此远红外的杀菌技术可广泛地用于奶制品、豆制品等食品加工业和保鲜技术当中。

远红外技术也可检验食品的营养。利用远红外线分析食品营养成分，是远红外在食品工业中的又一新应用。美国科学家利用红外光谱法实现了测定麦类制品的面粉及烘烤食品质量常规检验程序的自动化。这种红外线检测仪的大小和影碟机类似，具有携带方便、分析速度快等特点，测定全过程仅2～3min。

3. 在纺织品工业中的应用

近些年来，远红外纺织品备受人们青睐，各种远红外产品层出不穷。远红外纺织品能够利用其热效应作用于人体，可以改善血液循环，促进新陈代谢，提高免疫力，具有消炎镇痛、减弱肌肉张力的作用，它是采用后整理的方法涂覆或在纤维生产过程中加入某些具有良好远红外辐射特性的物质，从而使得纺织品具有很好的远红外吸收和发射功能。因此，远红外纺织品除了具有保暖、保健作用，它也可应用于医疗临床的研究与应用中。人体既是远红外的辐射源，又能吸收远红外辐射，人体机能所特有和表现出的活动波长与人体机能中某些化学官能团的波长大部分都集中在 3～6μm 波段。当远红外陶瓷粉中无机物质的振动频率与人体机能中的某些化学官能团的振动频率相同时，可以激起人体内某些化学官能团的再次振动，最终引发一连串的共振效应。远红外线能够渗透到人体的皮肤下，然后通过递质传导和血液循环使热量深入到细胞组织深处。波长在 4～14μm 范围内的远红外线具有一定的渗透力，可以透过表层皮肤渗透到皮肤的深层组织，引起人体组织中的偶极子和自由电荷在电磁场的作用下发生排序振动，从而使得分子、原子的无规则运动加剧，产生热反应，使皮下组织升温，进而改善微循环，加强了细胞的再生能力，提高了免疫细胞的吞噬功能，从而促进生物体的代谢及生长发育，全面改善人体机能。

远红外产品的研发始于日本，其最早应用于陶瓷领域。后来日本陶瓷家将远红外陶瓷和纺织品结合起来制得远红外纺织材料，从而迈出了远红外纺织材料创新的一步。到了 20 世纪 80 年代中期以来，远红外织物相关专利在日本大量涌现，形成一股开发热潮，诸如钟纺、帝人、东丽、可乐丽、东洋纺、旭化成、龙尼奇卡、三菱人造丝等大型纺织化纤公司和安眠工业、大日精化工等染整公司相继加入这一行列。随后俄罗斯、韩国、德国等也在 20 世纪 80 年代后期开始了远红外织物的开发研究，并且实现了传统纺织技术与新型技术之间的融合，使远红外纺织品具有很好的保暖保健功能。此外，纺织品还可制成各类保健、理疗服饰品。同时，将转光物质应用到其中，具有将太阳光转换为热能的性能，提高保温和保健的功能，此产品适合冬季外衣纺织品的开发。

远红外纺织品的制造加工方法大致有两种：一种是远红外纤维混纺成布法，就是采用远红外纤维直接进行纺织加工，织制成织物。具体方法是将远红外陶瓷粉末在纺丝过程中添加到聚合物中经纺丝制造加工成纤维，从而制成远红外纤维，然后利用该纤维做成远红外絮片，在织物的一些关键部位添加这种絮片或在织物中添加一定比例的此种远红外纤维，也有人采取在普通纤维外面覆上远红外涂层的做法。另一种方法是远红外整理法，是采用后加工整理的方法，将远红外陶瓷微粉、黏合剂和助剂按一定比例配置成后整理剂，然后对被整理的纺织品进行浸轧、涂层、喷雾等处理从而将远红外陶瓷粉末均匀地涂覆在纤维或织物上，经干燥、热处理，使远红外陶瓷微粉附着于织物的纱线之间以及纱线的纤维之间，最后制成远红外纺织品，也可以将远红外陶瓷粉末分散于染液或印花浆中制成远红外纺织品。可通过寻找高效远红外辐射物质、不同纳米远红外粉体的匹配来获得高效远红外辐射率，从而得到具有高效的远红外线辐射性能的产品。

日本钟纺有限公司研发的“玛索尼克”远红外纤维材料，是将远红外碳化锆粉体添加到尼龙或聚丙烯腈中，然后通过纺丝的方式形成纤维材料；或者通过涂覆在纤维表面上，再通过后整理纺成纱线，该服装制品能使保温效果提高2～4℃。日本旭化成公司开发出新型远红外保暖织物，该材料为双层结构，内层为混合远红外陶瓷材料以降低人体热量散发引起的热量损失，外层为阳光蓄热材料以提高体感升温效果，主要用于滑雪衫。日本东丽公司与国外某公司合作共同研发出变色织物。该变色功能主要是织物的涂层部分具有热敏效能，其可以吸收太阳中的远红外线辐射的能量，使织物涂层表面温度升高，达到改变颜色的效果。日本东洋纺公司推出的远红外聚酯织物是将远红外粉体添加到聚酯纤维中，该织物具有良好的物理性能和外观美感。

日本远红外纺织品开发技术于20世纪90年代初渗透入我国，相比国外而言，由于我国引进远红外纺织品开发技术时间不长，在远红外纺织材料的研究和开发方面起步较晚，技术不成熟，与日本等国相比有一定的差距，因此还需要进行更多、更深入的研究工作。随着人们对远红外线保健功能认识的逐步发展，远红外材料以其优良的保暖保健性能而得到国内众多科研学者的青睐，我国也有许多科研机构及企业开发出了此类纺织品。主要介绍如下：

华东理工大学和上海第十化学纤维厂合作开发的1.67dtex×38mm远红外涤纶纤维，其纺织和加工方式多样。天津工业大学功能纤维研究所齐鲁等研制的远红外磁性纤维，同时具有发射远红外线和磁性能等功能，该种纤维织造的织物可开发为护膝、护腰等医疗保健品，具有良好的物理和力学性能。益鑫泰服装公司研发出远红外保暖麻衬衫，该产品由麻纤维、远红外保暖纤维、羊毛3种纤维精纺而成。东华大学和上海金山石化腈纶厂合作研制了远红外丙纶织物，并对其保温性能和透气吸湿性能做了全面的研究与分析。无锡轻工大学和常熟被单厂合作研发了远红外全棉保暖床单，通过后整理技术将远红外粉体材料及其他材料整理到全面床单上，研发的全棉床单其发射率高达87%。北京维尼纶厂在维尼纶丝束脱水干燥的烘道上，应用远红外加热技术，在第四系列的右侧热处理机的钢板上，采用等离子喷涂工艺，喷上一层锆钛系复合烧结远红外涂料，从而提高了热辐射强度，升温时间从原来的30min缩短到13min，实测每天节电240kW·h，节电9%。同时，还提高了丝束的烘干质量。上海织袜三厂在自行设计制造的高速弹力丝假拈机上采用远红外加热技术，在热定型器铅棒丝槽表面，用手工涂刷一层金属氧化物作为远红外辐射层，使弹力丝加热定型，同时实现温度自控，用电从原来的200W降到100W，单槽加热改为双槽加热，可节电87.5%，每台假拈机一年可节电达6000kW·h。

陕西科技大学潘美丽等采用超声分散和表面活性剂分散相结合的方法解决远红外粉体的团聚问题，得到的最佳分散条件为：远红外粉体浓度4%，分散剂六偏磷酸钠浓度0.75%，超声时间16min，超声功率900W，pH为8.5。采用硅烷偶联剂分别对远红外粉体和鞋里布进行表面处理，发现硅烷偶联剂浓度为 1.5%、浸泡时间为 1.5h、浸泡温度为 40℃时，棉布的物理性能变化最小，性能较为优越。采用不同的工艺处理条件导致整理后鞋里布的保暖性能存在较大差异，先用偶联剂对鞋里布进行表面处理，再将远红外分散液涂覆到鞋里布上，该试样的保暖性能最佳。

陕西科技大学汤运启等采用添加分散剂和剪切乳化相结合的方法对纳米远红外复合粉体进行分散，通过温升法评价了远红外鞋里材料的温升性能；将 5%纳米远红外复合粉体、0.2%分散剂、10%黏合剂制备成远红外整理液，将鞋里布通过浸润远红外整理液、轧干烘干、焙烘等工序制备成远红外鞋里材料，试验结果发现添加纳米远红外复合粉体试样的温升性比未添加纳米远红外复合粉体试样的温升性提高 3.6℃左右，说明添加纳米远红外复合粉体能显著提高鞋里布的保暖性，此外该远红外鞋里材料具有较好的耐用性能，能满足穿用的要求。

陕西科技大学王改芝将远红外粉体 ZrO_2 和 TiO_2 复合添加在皮革中，提高皮革的保暖性，结果表明复合粉体的比例不同，配制的水基悬浮液的最佳分散条件不同，保暖性能也不同，ZrO_2 和 TiO_2 的比例为 2∶1 时，皮革的保暖性能最好；在皮革复鞣前、复鞣过程、复鞣后中和前、中和后、加油过程五个工序添加复合粉体（ZrO_2∶TiO_2＝2∶1）悬浮液，均能提高皮革的保暖性，且保暖性的顺序为：复鞣后中和前＞加油过程＞复鞣过程＞复鞣前＞中和后，这与蓝湿革吸收远红外粉体的量的顺序一致，这说明了蓝湿革吸收远红外粉体越多，其保暖性能就越好。

复合金属氧化物（MMO）具有比表面高、吸附能力强等优点，特别是 LDHs 中二价和三价金属离子可选范围大，可通过调控 LDHs 及 MMO 的成分来获得优异的红外发射能力和较宽的红外发射谱带的远红外陶瓷粉末。东华大学的宗源将不同组分 MMO 与氧化锆、氧化锌和氧化硅等进行复配，可扩宽粉体的红外辐射波段，经过不同硅烷偶联剂的有机改性处理，得到了高分散性的远红外纳米粉体，经过复配能有效地提高远红外纳米粉体的红外辐射性能。不同配方的远红外粉体、PA－6 切片按一定比例混合后经双螺杆挤出机熔融挤出制备远红外 PA－6 树脂，远红外粉体能够较均匀地分散在 PA－6 基体中，平均粒径＜500nm。远红外 PA－6树脂于 60℃保温处理后，其表面温度要比纯 PA－6 树脂提高 1.0～3.0℃，远红外粉体的加入能有效提高 PA－6 树脂的红外辐射性能。将不同配方的远红外PA－6纤维织造成远红外 PA－6 织物，复合金属氧化物（MMO）添加到 PA－6 纤维和织物中显著提高了织物的红外辐射性能，添加了远红外粉体的 PA－6 织物要比空白 PA－6 织物的表面温度高；其中，加入远红外纳米粉体 ZrO_2/Mg－Al MMO 的远红外 PA－6 织物的温度最高，比空白 PA－6 织物的温度高 3.0℃，说明远红外 PA－6 织物具有较好的红外辐射性能。

远红外纺织物具有以下特性：温度效应、促进血液循环和新陈代谢、抑菌除臭性。远红外织物中由于添加了全发射率较高的红外吸收剂，它具有易吸收外界能量并辐射远红外线的特征，人有体温上升的感觉。远红外线能促进人体微循环、加快人体毒素的排出，对于促进血液循环和新陈代谢具有显著功效。远红外线作用于皮肤，被皮肤吸收后转化为热能，引起温度升高，刺激皮肤内热感受器，通过丘脑反射使血管平滑肌松弛，血管扩张，血液循环特别是微循环加速，增加了组织营养，改善了供氧状态，加强了细胞再生能力，加速了有害物质的排泄，减轻了神经末梢的化学刺激和机械刺激。远红外材料可用于生产远红外纺织品，制作成保暖用腰带、护膝、护腿、护裆、防寒背心、床单、垫子、绒毯、地毯、装饰织物等，此类产品目前占日本纺织品销量的20%。远红外纺织品的保健功能迄今为止已经积累了一系列研究数据。大量的研究证明远红外纺织品具有促进血液循环的功能。日本东京慈惠会医科大学选用远红外护身带和普通护身带进行保温对比试验和血液对比实验。选6名健康成人，分别穿上这两种不同护身带，并对每个被试者注射含有放射性133Xe的注射液0.22cc，然后测试被试者仰卧时的右腕部血液中放射性的变化，然后换算成血流量随时间的变化。测定结果是，最初5min内没有变化，5min后，穿普通护身带者血流量为(3.1±0.82)ml/min·100g。穿远红外陶瓷护身带一方血流量为(4.5±0.43)ml/min·100g。显然穿远红外护身带会增加血流量。中国医学科学院血液学研究所进行了远红外丙纶护膝与棉护膝的性能对比实验，将护膝套在外周血管疾病患者的小腿上，观察其血流动力学变化情况。30例统计结果表明远红外丙纶护腿套在腿上20min后，小腿血流量增加了42%，微循环增加了114.2%，而同结构和厚度的棉护腿，血流量仅增加4.88%，微循环仅增加1.32%。该研究所还进行了大量临床观察，发现对以下病症均有不同程度的疗效：硬皮病、大动脉炎、血栓闭塞症、动脉硬化、雷诺氏病、颈椎病、胃病、胃寒、腰痛、风湿、类风湿、糖尿病、肩周炎、血栓后遗症。

远红外织物对金黄色葡萄球菌、白色念珠菌、大肠杆菌等多种致病菌有明显的抑制作用。我国开发的远红外涤纶的抑菌率为：白色念珠菌99.98%；金黄葡萄球菌99.85%；大肠杆菌77.27%。适合制作卫生用品，如医院病房用床单、医疗用衣、纱布以及食品和包装行业用品等。沈国先等以大肠杆菌8099、金黄色葡萄球菌ATCC6538、白色念珠菌ATCC10231为试验菌株，参照美国ATCC－90标准对远红外涤纶纤维的抑菌性进行了研究，试验结果表明远红外涤纶纤维作用6h后，对各菌种均有明显的抑制作用，抑制效果见表3-31。沈国先等以大肠杆菌8099为试验菌株，考察了远红外纤维无纺织物的抑菌性，结果表明远红外涤纶无纺织物对大肠杆菌的抑菌率随着时间的增加而提高，作用20h达到85.90%。该远红外纺织品的抑菌作用主要是由于远红外涤纶所含的陶瓷微粉中含有铁、锰、锆、铝等金属氧化物及其盐类，使其能阻止细菌等微生物的生长和新陈代谢而产生抑菌性，尤其是二氧化钛等过渡元素氧化物具有杀菌和自清洁功能。

表 3-31　远红外涤纶纤维的抑菌性

菌种	抑菌率/%
大肠杆菌 8099	98.63
金黄色葡萄球菌 ATCC6538	97.73
白色念珠菌 ATCC10231	84.28

现在，人们对于远红外纺织品的要求已经从单一的保暖功能发展到功能复合化，为适应不同的消费需求，在丝液或后整理剂中同时掺加远红外粉和其他的功能制剂可以有效地提高远红外纺织品的功能性及适用性。例如，将纳米远红外粉体和阻燃剂、抗菌剂、消臭剂、防虫剂等各种功能制剂复合附着于织物上，使得产品具有更广泛的保健功能性。由此可见，远红外纺织品正在逐渐向功能高效化、功能新型化、功能复合化的方向发展。

4. 在制药工业上的应用

国内外大量的研究和实验表明，远红外辐射涂料在医药、陶瓷、冶金等行业领域有广泛应用。一种好的远红外辐射涂料，能否在中高温下保持高的发射率，选择适当的材料组分及配比是制备高效率辐射材料的关键。山东淄博新材料研究所研究生产的 ZGW、ZYT 等系列红外辐射涂料是一种新型陶瓷质无机材料，是选用优质远红外粉料和具有良好耐温性能的胶黏剂调和而成的。由于固化形成的远红外涂料层具有较高的硬度和耐磨性，能提高加热设备内壁的抗冲击性、抗热震动性，不脱落，改善炉内热交换可节能 15%～30%。产品经淄博市理化测试中心、中国科学院上海技术物理研究所和国家红外产品质量监督检验中心等单位测试，符合国家规定的红外辐射技术条件，其法向全比辐射率达 88%以上。用该涂料做成的远红外辐射发热器件，用于山东新华制药厂布洛芬药品的中低温加热消毒干燥设备中，比原来的真空干燥法节电 62%，干燥能力提高 22.5 倍，成本降低 89%。说明该红外涂料具有耐高温、黏结性好、高温辐射率高、低波段辐射性能高，原材料资源丰富、价格低廉等特点，具有较高的经济效益和社会效益，发展前景可观，值得大力推广使用。

5. 在工业炉上的应用

在工业上，远红外辐射涂料主要应用于加热炉或干燥器的内壁，通过增加炉窑内壁黑度，改变炉内热辐射的波谱分布，不仅提高了热效率，而且使炉温趋向均匀，提高了加热质量。将高温红外涂料与黏结剂混合，调成糊状后，涂刷在加热炉的内壁或电阻带上，待自然干燥后即可使用，具有明显的节能效果。另外，生产机械一般都是处在高温高压状态下，其金属加工的热处理工序对整机有很大影响。

新型高温远红外节能涂料在新技术应用、材料配方、黏结技术、生产与施工工艺等方面均取得了重大突破。实践证明，经过远红外技术处理过的锅炉出口水温平均提高 3℃，热效率平均提高 5.2%，炉渣含碳量平均降低 3.6%，综合计算节煤率为 15%。新型高温远红外节能涂料应用于工业窑炉，技术先进，工艺成熟，安全可靠，具有明显的节能环保效果，是理想的投资少、见效快、回报率高的技术改造措施。

冶炼厂是国家大型铅锌冶炼企业，冶金炉窑设备繁多，工艺复杂，炉窑能耗高、散热损失大，浪费了大量能源，同时也恶化了操作环境。如何减少炉窑热能损失，减少炉窑能耗，节约能源已成为冶炼厂亟待解决的问题。高温远红外涂料是国家重点推广的一种节能材料，它主要由具有红外或远红外辐射特性的物质组成，用这种红外辐射材料与发热体配合，可以设计、制造出红外辐射加热装置。用红外辐射涂料涂覆于各种加热设备的内壁耐火砖上，便成为具有红外辐射特性的加热设备，它具有明显的节能效果。首先，由于涂料在炉衬固化后形成釉状涂层，其黑度较高的材料可提高炉衬对红外辐射的吸收率及发射率，从而提高了炉温，缩短了加热时间并使辐射场及温度均匀，不仅能促进燃料的完全燃烧，而且能使劣质燃煤得到充分燃烧，降低炉渣含碳量，减少烟尘排放量，节约燃料。其次，根据物质的原子在不同温度时的活跃性能，采用原子理论的学说，选取优良的远红外发射材料组合，保证了发射率的稳定性。此外，还可采用纳米工艺技术对材料粉体进行超细化处理，提高其综合性能，并改善红外加热波谱，提高了炉衬在 1～5μm 波段的发射率，提高锅炉的热效率。新型高温远红外节能涂料适用于工作温度为 600～1810℃的常压加热锅炉、工业锅炉、均热炉、轧钢加热炉、冶金热风炉、焦化炉、陶瓷窑炉等各种工业窑炉以及民用锅炉。国家能源监测部门选择了多家锅炉利用率较高的企业，对其所使用的锅炉进行喷涂试验和检测，其中对一家锅炉利用率最高的中央直属企业——中海沥青股份有限公司的四台工业锅炉进行了研究性喷涂试验、检测和对比，检测情况如表 3-32所示：4＃加热炉内衬喷涂后，排烟温度下降了 16℃，热损失减少了 7.19%，热效率提高了 6.12%，单耗降低了 8.65%，节能效果十分明显，且该锅炉运行一年后仍保持在喷涂初期的良好水平。

表 3-32　中海沥青股份有限公司 4＃常压加热锅炉喷涂前后主要指标

时间	排烟温度/℃	排烟热损失/%	炉体外表面温度/℃	加热炉效率/%	可比单耗 K 标煤/t
2005.06.16 涂前	235	22.77	75	75.33	14.1
2005.12.14 涂后	219	15.58	31	81.45	12.88
2006.09.08 一年后	225	15.65	—	81.40	—

高温远红外涂料刷在炉壁表面，烧结后形成坚固的陶瓷化硬膜，可将传递到炉壁的大量热能反射（辐射）回来，而反射回来的热量又是一种具有选择性的辐射热。其辐射曲线的波段范围较宽，可以与很多被加热物体及炉气的吸收频率相匹配，从而提高加热效果，减少热损失，达到节能的目的。刷过高温远红外涂料的炉子的加热能力有所提高，升温时间明显缩短，节能率可达 15%～30%，炉子使用寿命可延长 1～3 倍。占甲林研究发现，采用湖南新化三化工厂生产的 Gu - HA - OA 型高温远红外涂料，使用效果良好，具体表现在：采用涂料后，涂料经烧结后形成坚硬的陶瓷化硬壳，能抵抗高温、高速气流的侵蚀及机械冲刷，炉子连续作业一年时间，除局部炉顶、炉墙沿砌筑间隙产生裂纹外，整个炉顶、炉墙完好无损，远红外涂料延长了炉子使用寿命；使用远红外涂料后，炉体向外散失的热量明显减少，降低了炉体散热损失；炉子喷高温远红外涂料后提高了炉壁的辐射强度，增强了对钢锭的辐射传热能力，从而缩短了升温时间。

DH - HB 型高温远红外涂料的特点为：当加热炉体工作温度在 700℃时，热传递以辐射为主，占总传递热的 90%以上，炉体涂上高温远红外涂料时，其黑度由 0.4～0.45 上升到 0.98，将使炉内表面吸收的热量大量增加，该涂料本身在高温下辐射率高达 97%，从而使加热炉体温度显著提高，达到节能的目的。由于该涂料含有强辐射氧化锆等材料，高温下能辐射出穿透力极强的远红外波，被加热物体分子吸收远红外波产生能跃迁，放出能量，并均匀受热，减少加热时间，节约能源。高温远红外涂料本身导热系数低（仅为耐火砖的 1/10），因此，在相同的炉膛温度下，虽然涂层表面因吸热温度剧增，但通过涂层传递给耐火砖的温度却明显比不刷涂料低，因而通过该炉体的散热损失减少，节约能源。涂层在高温后呈灰褐色，形成坚硬牢固似釉层，由于黑度的改变以及涂层的气密作用，可减少热损失；由于涂层对炉窑的保护作用，可隔绝腐蚀气体对炉体的侵蚀，有利于延长炉龄。涂料使用渐变，不需专用设备，只将炉窑工作室清洁除尘后即可喷涂或刷涂，经自然干燥或烘干后即可运行使用。王湘平等将湖南省湘潭新型节能材料厂的 DH - HB 型高温远红外涂料用于冶金炉窑的节能试验研究，取得了较显著的节能效果，研究结果表明：高温远红外涂料具有良好的节能性能，节能率可达 5%～7%，铅精炼分厂有融铅、电铅锅 9 台，每年耗煤气 $5.4393\times10^7 m^3$，按节能率 6%计算，全年可节约煤气 $3.26\times10^6 m^3$，节能效果显著。

涂料的涂覆方法对节电效果影响较大，以带状发热元件加热远红外涂层后节电效果为最好。例如，上海电炉厂研究两台相同的 BKW，以电阻带为热元件，一台电阻带上加涂层，一台不加涂层，炉内置 45＃钢工件 44kg，升温至 700℃，电阻带上加涂层炉较无涂层炉节电 17.5%。河北省新技术推广站利用 RTX - 30 - 9

箱式电路在加上陶瓷纤维毡作炉膛内衬之后，利用同一条电阻带元件，在元件上加涂层，作空炉升温至950℃试验，与不加涂层相同试验相比较，节电17.8%。在螺旋状圆炉丝中间穿的碳化硅棒上加涂层，节电7.5%，但是，在耐火砖炉膛内喷(刷)涂层后与刷前相比，无论空炉和负载试验都无节电效果。这是由于采用电加热带加涂层方式，充分发挥了远红外辐射加热的优势，但在炉膛内刷涂层后，由于涂料发射率高，从而提高了炉墙对辐射热的吸收率，致使空炉升温过程耗电有所增加，同时由于炉墙吸热增多，相对提高了炉墙温度，从而提高了炉墙与炉壳间的温差，故保温效率增加。

远红外加热用于中温加热，由于使用涂料和应用方式的差异，实际效果则不同，节电最高值在17%左右，大多数在7%～8%。在高温范围即1100℃以上国内还没有进行应用试验，在这种情况下，有人认为远红外加热用于中温时与低温相比效果相差较大，费用较高。目前应用意义不大；有的同志则认为，低温远红外加热节电效果往往是设备的综合效果，即通过改变加热元件的布置方式和元件结构再加上其他措施而得的，并不是在原来加热元件上仅加涂层得来的，而中温远红外加热技术用于改造中温热处理电炉其综合效果也都在50%以上，其所需改造费用一般经三个月到半年即可收回，因此目前可以推广使用。

新型高温远红外节能涂料采用自主研制的高品质黏结剂保证了涂料的黏结性能，解决了涂层与基体之间附着力差的难题，使节能技术在锅炉等热工设备长期使用成为现实，并对炉衬和炉管起保护作用，延长使用寿命一倍以上。涂层随炉温升高而烧结成釉状后，不破坏炉内任何设备，不改变炉膛结构和操作工艺，其性能参数见表3-33。

表3-33 高温远红外节能涂料的性能参数

项目	指标	项目	指标	项目	指标
耐火度	>1810℃	导热系数	0.36W/m·K	容重	(1.6～2)×10³kg/m³
线膨胀系数	7.8×10⁻⁶℃	黏度	>20s <50s	抗热振性	急冷急热12次
发射率	93%	附着力	优良级	粒度	纳米级、微米级

6. 在油田中的应用

远红外辐射涂料的应用可增大热辐射率，强化传热，达到节能的目的；从红外辐射的机理以及红外辐射传热的特点可看出，应用远红外节能涂料可大幅度节约能源，不仅理论有依据，而且已经为实践应用所证实；通过锅炉内传热模型的建立，论述了强化热辐射传热可节能的论点；结合远红外涂料的应用实际，远红外辐射节能涂料在锅炉、加热炉、电路等各种工业炉窑上的应用前景广阔。目前报道的在油田中应用的远红外节能涂料主要有 FHC 远红外节能涂料和 FRS－DQ 远红外节能涂料，这两种节能涂料在大庆油田、辽河油田都有一定的应用，性能比较接近。

FHC 远红外辐射节能涂料是一种在高温区具有较高辐射率的新型水性无机涂料。其组成主要由高温辐射材料、高温黏结剂以及悬浮剂、稀释剂等组成，它可以涂在各种高温加热炉（受热表面温度低于 1450℃）、退火炉的炉膛内壁表面，强化辐射传热，达到节能的目的。FHC 远红外辐射节能涂料的高辐射性物质由多种过渡族金属氧化物、碳化物等组成，黏结剂为无机磷酸盐溶液。使用前，需要清理炉膛内壁，除去灰尘及附着物，然后将配制好的涂料均匀刷涂在炉壁表面，厚度一般在 0.1～0.3mm，1kg 涂料可以刷涂 $1m^2$ 左右的面积，经实际应用表明，涂层具有较好的理化性能，使用寿命在 1 年以上。节能涂料的使用，具有施工简便、成本低廉、用量少、对设备无害、排烟成分不变、无任何负效应的特点。

在新疆克拉玛依油田"重整加氢"炉（使用温度 1200℃）内壁涂上 ZGW、ZYT 等系列红外辐射涂料后，节能 20%以上，炉外壳温度降低 20℃，并且涂层具有较好的抗热气流、抗冲刷作用，对纤维衬有很好的保护作用，延长炉衬使用寿命 1.5 倍。

7. 在油漆、绝缘漆干燥中的应用

广东省第二汽车制配厂的汽车漆膜烘房，主要是烘干环氧树脂电泳底漆，炉温为 160℃，炉内原装有 50 块 1kW 的氧化镁电热板和 12 支 1kW 的红外线碘钨灯，共 62kW，保温时只用 21kW。在电热板上涂刷氧化铁涂料后，升温时间从原来的 98min 缩短到 78min，干燥时间从 1h 缩短到 30min，节电 25%。

天津市汽车灯厂在烘烤汽车灯壳喷漆时，原用电热管烘干，耗电量大，生产效率低。后来将氧化铬等远红外涂料涂在管状加热器的表面，经使用，对氨基漆的干燥效果显著。例如，工件在原箱式炉内漆膜的干燥时间为 90min，改为远红外烘道后干燥时间只需 10min。另外，在磷化生产线上采用远红外技术，把原设备容量从 90kW 减少到 45kW，加热炉有效长度从 10m 减少到 5m，有效干燥时间从 20min 减少到 10min，节电 50%。该炉的远红外辐射层采用的是简单易行的冷涂法，牢固程度稍差，使用一段时间后发现，因涂层剥落而使效果减退。在改造烘烤氨基醇酸漆炉道时，改用耐高温毛糙搪瓷涂层，使设备容量从 62kW 减少到 39kW，有效加热区长度从 12m 减少到 6m，炉膛温度从 150～170℃降为 130～140℃，平均单件耗电量从 0.2221 千瓦时/件降为 0.14 千瓦时/件。

武汉电焊机厂在 60kW 的烘房内，将原覆盖电阻丝的铁板涂上远红外辐射

涂料,每炉烘干时间由3h减到1h20min,节约电力60%。过去浸漆烘干的电焊机,冷态绝缘电阻一般都在2MΩ左右,有些电焊机还低于0.5MΩ,勉强达到标准。改为远红外干燥后,对100台Bx 330交流电焊机进行检验,冷态绝缘电阻初级对地200MΩ以上,初级对次级在200MΩ以上,次级对地最低也在14MΩ以上。

8. 其他方面的应用

随着远红外材料的不断开发和远红外技术的逐渐成熟与完善,远红外材料的应用也日趋广泛。环保方面的应用:利用远红外陶瓷材料对燃油进行红外辐射,可以使燃油的黏度和表面张力降低,利于雾化和充分燃烧。远红外陶瓷材料可制成蜂窝状、网状或管状元件,用于燃油汽车、船舶、炉灶,节能效果可达5%以上,对削减燃油污染有一定意义。远红外陶瓷涂料(含纳米TiO_2涂料)具有催化氧化功能,在太阳光(尤其是紫外线)照射下,生成—OH,能有效去除室内的苯、甲醛、硫化物、氨和臭味物质,并具有杀菌功能。各类远红外陶瓷涂料在居室、公共建筑物、交通工具上推广应用,将会改善人们的生活环境。

在建筑材料中的应用:住宅建设日益发展,空调机的日益普及,将消耗很多能源(在许多发达国家冬季供暖和夏季空调所用的能量,占全年总能量消耗的20%以上)。因此探索研究新的方法降低空调能耗,已成为一个新的研究课题。常用的建筑材料如混凝土、砂浆、砖石、屋面防水保温材料,在整个太阳能波谱范围中的平均吸收率高达85%~95%,是接近于黑体的灰体。它们对可见光、红外线的反射能力很低,吸收太阳能中的热量比它们发射到外面空间的能量多,从而导致热量不断地累积传递到内部,且由于温差问题,材料产生热胀冷缩,寿命降低。红外辐射建筑节能材料既能反射日光、红外线,保护建筑物,又能节约能源。建筑保温隔热使用红外辐射陶瓷涂料后,冷气费用大大降低。目前欧美等国家和地区在许多高层建筑楼顶都是用红外辐射材料。另外,使用了红外辐射涂料后,其他建筑材料的使用寿命延长,建筑维修、置换费用降低。

3.2 金属管式远红外辐射器

3.2.1 概述

管式远红外辐射器分为非金属管式和金属管式两种。非金属管式辐射器制作工艺简单、价格低廉,但其机械强度低、耐冲击性差、尺寸和形状都受材料限制,因此非金属管式辐射器的应用相对较少。金属管式辐射器是远红外辐射器常见的种类之一，其结构包括电极、金属管壳、电阻丝和绝缘顶板(图 3.29)，它是靠电阻丝通电加热后，金属壳管也随着发热，并发射出红外辐射，与非金属管式辐射器相比，金属管式辐射器的应用较多。

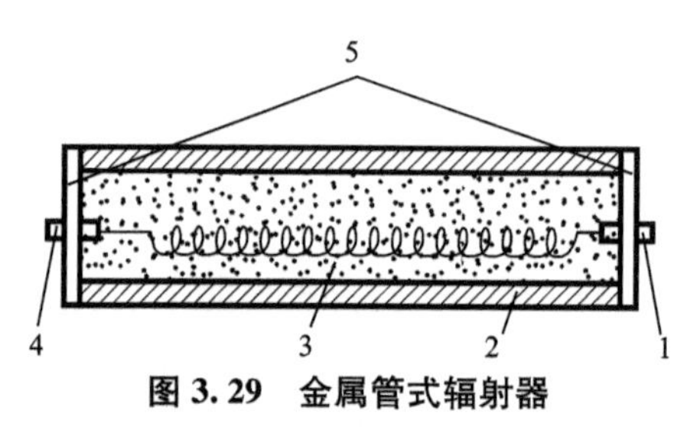

图 3.29　金属管式辐射器

1. 电极；2. 金属管壳；3. 电阻丝；4. 电极；5. 绝缘顶板

金属管式辐射器的最大缺点是其能量比较低，而金属氧化物、氮化物、硼化物、硫化物、碳化物等物质中含有加热后能够辐射出长波长红外线的元素，远红外线辐射器件就是利用这种特性，从其中选择混合制成的能够辐射出与被处理物(金属、高分子物质、有机物、水等)的红外线吸收特性相匹配的波长带的物质。如果在金属管状发热器也就是在金属管的表面涂上一层金属氧化物，比如氧化铁、氧化锆、氧化钛等，将会大大提高红外辐射能量。

管式远红外辐射器所放射出的红外线波长在 3～50μm 以上。图 3.30 是远红外辐射器的管面温度分布，图 3.31 是不同照射距离下的温度分布，图 3.32 是降低电压时所出现的温度分布状况，图 3.33 是管面温度上升所需时间。管式辐射器的温度分布见图 3.34。由图 3.34 看出，管式辐射器在辐射面内横竖两个方向上的能量分布是相当不均匀的，因此管式辐射器适用于加热中小型工件。

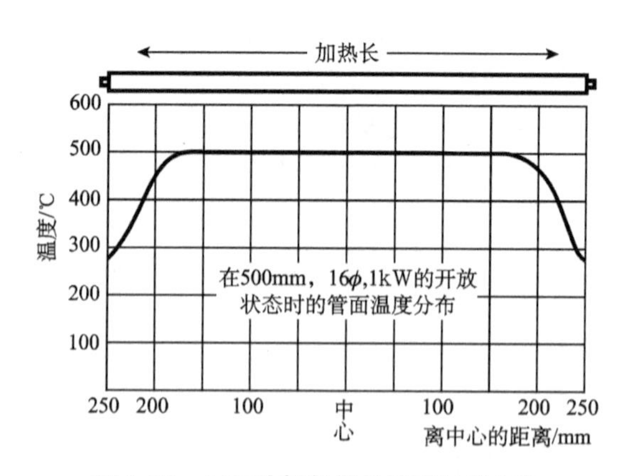

图 3.30　远红外辐射器的管面温度分布

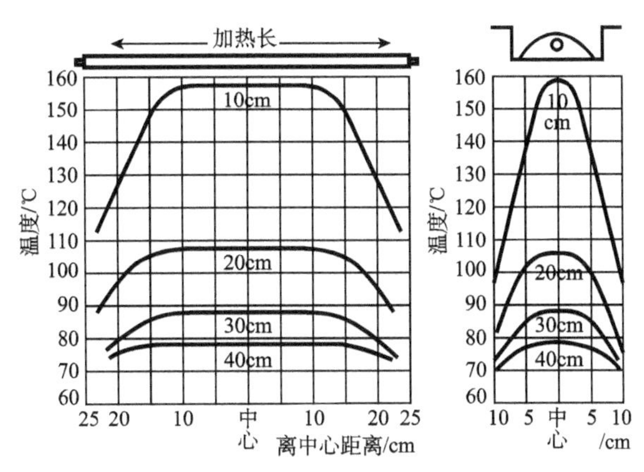

图 3.31　在不同照射距离下的温度分布(长 500mm,直径 16mm,1kW 状态时的各照射距离)

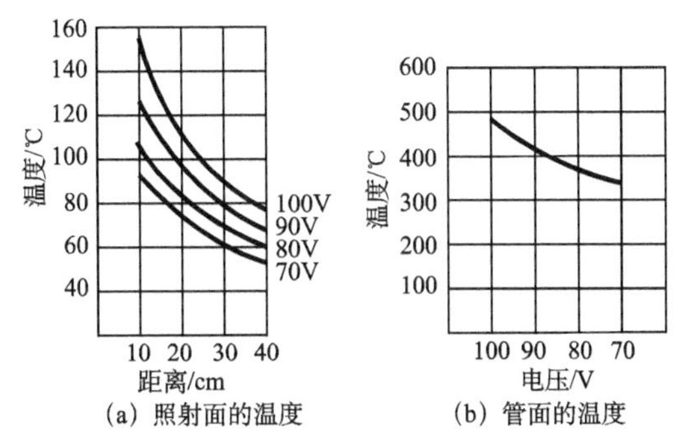

图 3.32　降低电压时所出现的温度分布

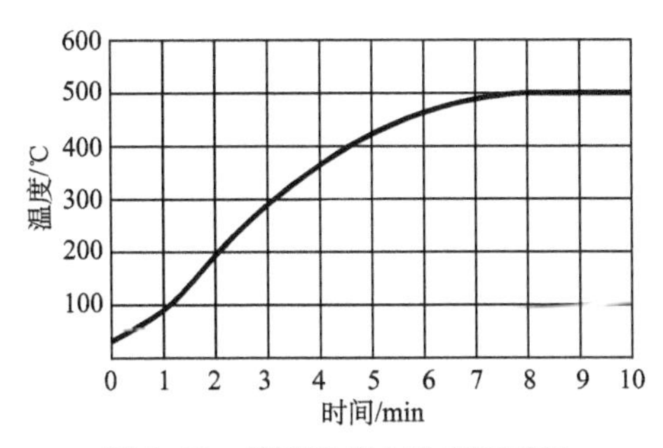

图 3.33　管面温度上升所需时间

管式远红外辐射器主要选配横断面为抛物线形的长反射器,也有选用横断面为半圆形的,这样辐射器前方的辐射线是由元件本身直接辐射出去的扩散光束以及通过反射器反射出去的平行光束组成的复合光束。由于复合光束中除反射光

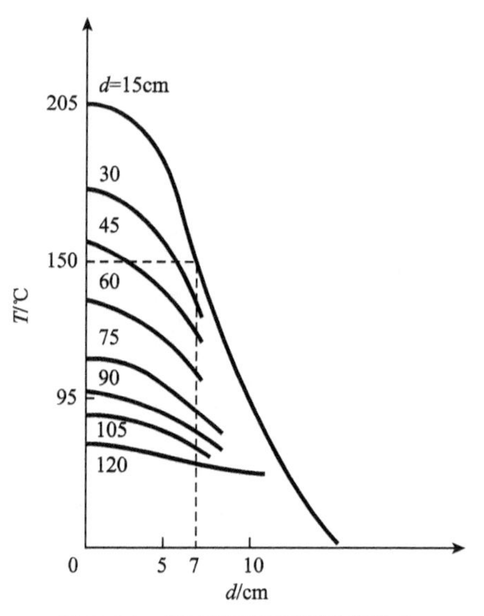

图 3.34 管式辐射器的温度分布

为平行光线外，大部分是扩散光线，所以在照射距离上辐射能量的衰减比灯式辐射器要快。

3.2.2 管式远红外辐射器的分类

管式远红外辐射器有金属管式远红外辐射器、黑化锆系陶瓷管式远红外辐射器、碳化硅管式远红外辐射器、SHQ 乳白石英管式远红外辐射器、管式半导体远红外辐射辐射器等。

1. 金属管式远红外辐射器

金属氧化镁管是一种最常用的金属管式远红外辐射器，它通常以金属管为基体，在金属管内装入电阻丝，在金属管和电阻丝之间填充金属氧化镁粉作为导热和绝缘体，在金属管的外壁涂覆远红外辐射涂料，两端用紧固件连接。当电阻丝通电加热后，金属管壁发热，被加热的涂层就向外辐射远红外射线。它在远红外区的辐射率要比无涂料的金属电热管高得多，其辐射特性见图 3.35。由于氧化镁管辐射器结构简单、体积小、机械强度高、绝缘性能好、轻便耐用、安装维修方便、使用寿命长，因而被广泛用于各种烘箱和炉道内。氧化镁管式辐射器还可根据工作需要制成粗细、长短不同的多种规格，弯成各种形状。表 3-34 列出了几种常用的管式辐射器的规格型号。

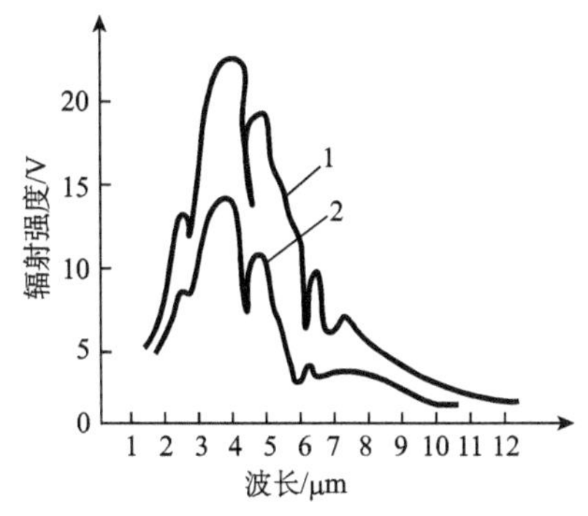

图 3.35　金属管式远红外辐射器辐射特性

1. 有涂料的金属电热管；2. 无涂料的金属电热管

表 3-34　几种常用的管式远红外辐射器的规格型号

序号	辐射器代号	管长/mm	管径/mm	电功率/kW	反射罩/mm
1	B1001	300	14	0.4	260
2	B1002	500	14	0.8	460
3	B1003	500	16	1.0	460
4	B1004	800	14	1.0	760
5	B1005	800	16	1.3	760
6	B1006	1000	14	1.5	960
7	B1007	1000	16	1.7	960
8	B1008	1200	14	1.7	1160
9	B1009	1200	16	2.0	1160
10	B1010	1500	16	2.5	1460
11	B1011	2000	16	3.5	1960

金属氧化镁管式远红外辐射器的结构主要由电热丝、绝缘层、钢管和远红外涂层等组成。根据工作要求，可将金属制成各种形状和规格，基体材料可用普通碳钢制造。金属氧化镁管式远红外辐射元件结构如图 3.36～图 3.38 所示。电热丝置于金属管内部，在金属管的中心部分放入金属电阻发热体，它与管体之间填充了氧化镁（MgO）等绝缘物质，具有良好的导热性和绝缘性，管的两端有绝缘瓷件与接线装置。电阻发热体（镍镉合金线或考塔尔合金线）通电后，产生的热经过氧化镁传给金属管壁，使金属表面的红外线辐射物质加热，致使辐射出长波长红外线，将会极大地提高远红外辐射器的性能。图 3.39 是氧化镁的热传导率图，金属氧化镁辐射器表面温度和内部温度之差根据填充镁粉的质量及其填充密度来决定，在辐射器制造过程中，可使用油压机来提高所充填的镁的密度。

几种常见的管式辐射器的外形结构如图 3.40 所示，其中最常用的是氧化镁管式远红外辐射器（图 3.40 (a)），图 3.40(b)、(c)、(d)、(e)、(f)中是另外几种类型

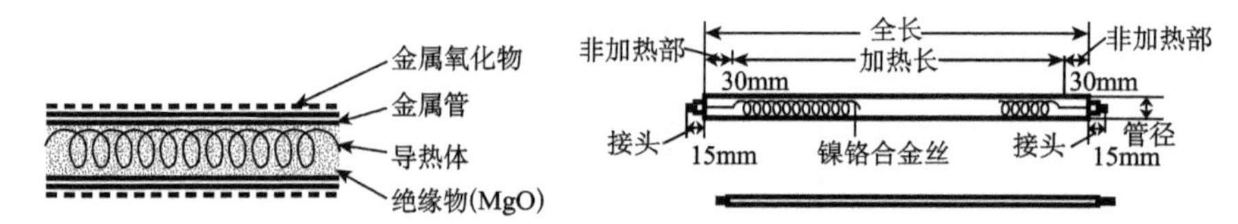

图 3.36　远红外辐射器的结构

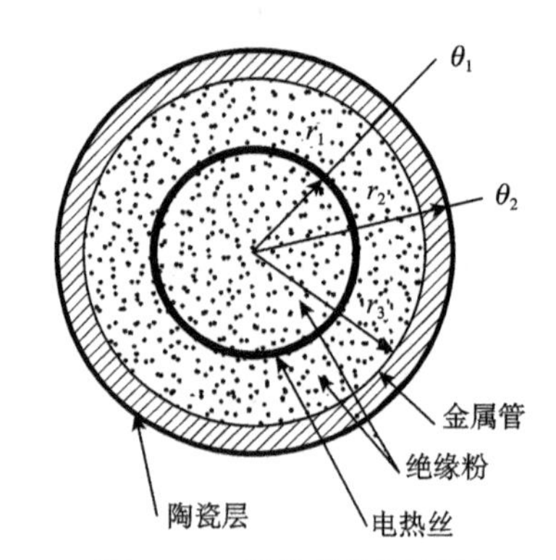

图 3.37　管状发热器断面

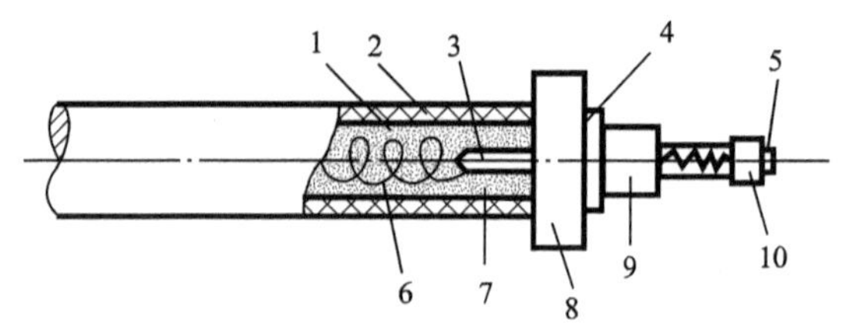

图 3.38　金属管式远红外辐射器

1. 金属管基体;2. 远红外辐射涂层;3. 电极;4. 垫圈;5. 接头螺栓;
6. 电热丝;7. 氧化镁粉;8. 绝缘瓷圈;9. 并紧螺帽;10. 接线螺帽

的管式辐射器。图 3.40(b)是在碳化硅烧制的管内装入电阻丝,管外壁有远红外涂层。图 3.40(c)是电阻丝及涂层都在碳化硅的外壁。图 3.40(d)为集成碳化硅棒,它是将电阻丝压制在碳化硅棒的坯料中,外涂远红外涂料,然后在电阻丝中高温烧结而成。这样电阻丝压在密实的碳化硅材料中,既不容易氧化或受炉内气氛的侵蚀,又改进了电阻丝的散热性能,提高了热效率。图 3.40(e)是集成式,它是在碳化硅管的基体上用化学方法先沉积上一层金属氧化物作为电阻层,然后在外面再涂一层远红外涂料而成。

一般管式远红外辐射器在使用时,通常需要配反射罩以提高辐射效率,反射罩截面有半圆形、双曲线形或抛物线形的,其中以抛物线形反射器应用最为普遍,也有选用横断面为半圆形的,管式远红外辐射器要装在反射罩的焦线上,以保证

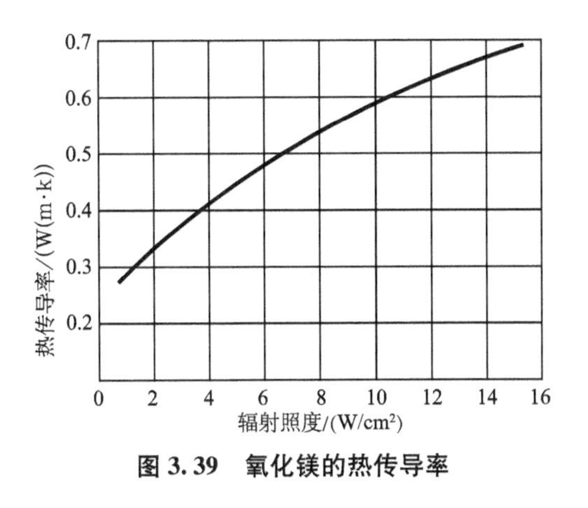

图 3.39　氧化镁的热传导率

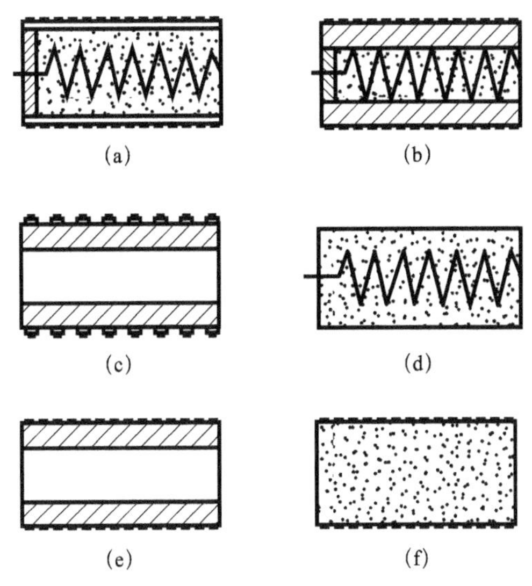

图 3.40　常见的管式辐射器的外形结构

辐射均匀。但是管式辐射器在辐射面内纵横两个方向上的能量分布极不均匀，因此管式辐射器适用于加热中小型工件或形状不复杂的平面型工件。

金属氧化镁管在基体与电热丝之间填充的氧化镁粉末可防止氧气进入使得电阻丝氧化，提高了加热装置的使用寿命。金属氧化镁管的表面负荷与表面温度有关，在辐射涂料已选定的情况下，其最大辐射通量的峰值波长随表面的温度升高而向短波方向移动，而当元件表面温度高于 600℃时，则发出可见光，因此使远红外部分占辐射强度的比例有所下降。另外，由于它的辐射面积小，若是长期使用，远红外涂层容易脱落。当金属管式辐射器长度较长时，长期水平放置会因为自身重量产生弧垂。例如，2m 长的氧化镁管水平使用半年后，最大弧垂可达

8cm，这必然影响加热质量和效率，甚至可能造成机械故障引发事故。解决的方法是定期检查，发现弧垂时把金属管旋转 180°后再使用，还可以在辐射器中部采取支撑或吊挂装置。

金属氧化镁管式远红外辐射器的特点：

(1)辐射基材为金属，以氧化镁做填料，机械强度高，寿命长，更换维修方便；

(2)采用金属基体，容易制造出各种形状；

(3)结构简单、体积小、绝缘性好、安全可靠、轻便耐用；

(4)加热速度快，密封性较好；

(5)可应用于各种不同的场合，尤其是硝石、油、水、酸、碱等工业生产的加热系统。

金属氧化镁管式远红外辐射器的生产工艺主要为金属电热管的制作与远红外辐射涂层处理，其流程如图 3.41 所示。选取适宜直径、长度的金属管，重要用途选用 1Cr18Ni9Tiφ18mm 不锈钢管。根据辐射器的额定功率绕电热丝，拉到适合的松密度与长度，两端的螺距比中部稍密些，然后装到金属管内并填充氧化镁粉，使之充满、密实，再经缩管机将管径挤小，两管头用树脂胶密封，最后对金属管表面进行喷砂与喷涂远红外辐射涂层处理。黏结剂可采用一般含 $SiO_2$25%～30%的硅溶胶。涂料可根据使用对象选取，如采用以三氧化二铬和三氧化二镍为主体的配方，则可采用工业三氧化二铬加 1%铬粉和 34%硅溶胶混合干燥，以 1700℃高温煅烧 2h 后磨细。涂料的具体配比为硅溶胶 250mL，三氧化二铬 250g，三氧化二镍 850g，水 100mL。将上述涂料混合球磨成浆状，用喷枪喷射到经硼砂处理过的金属管表面。涂层厚度不超过 0.2～0.3mm，在 150℃温度下干燥 2h，再在上面喷涂一层明胶作为防护层。

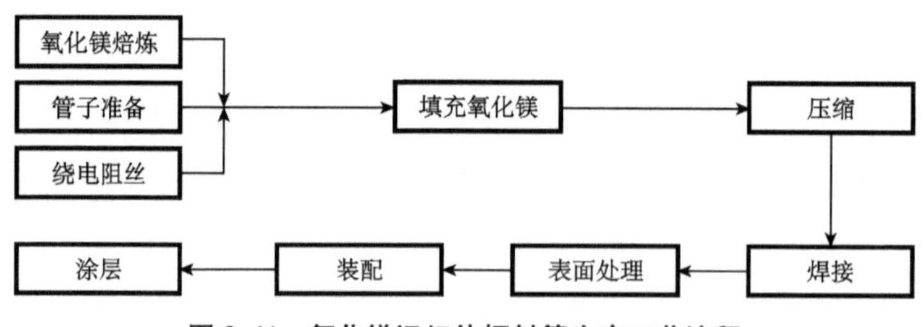

图 3.41　氧化镁远红外辐射管生产工艺流程

2. 黑化锆系陶瓷管式远红外辐射器

黑化锆系陶瓷管式远红外辐射器的结构如图 3.42 所示，主要包括黑化锆系陶瓷管、电极、电热丝、绝缘层等。辐射元件的主要原料是锆英砂(即硅酸锆)，呈淡黄色或褐红色。所谓黑化就是加入铁、锰、锆、镍、钴、铬等金属氧化物作为黑色添加物，再加入部分黏土，通过配料、球磨、干燥等工序，经 1200℃以上的瓷化温度烧结而成。

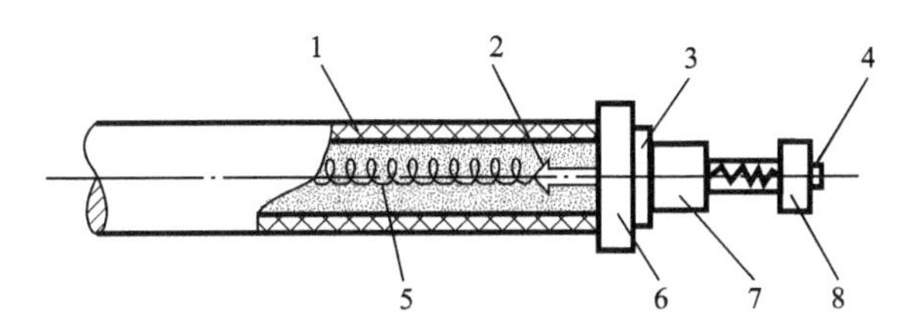

图 3.42　黑化锆系陶瓷管式远红外辐射器的结构

1. 黑化锆系陶瓷管；2. 电极；3. 垫圈；4. 接头螺栓；5. 电热丝；6. 绝缘瓷圈；7. 并紧螺栓；8. 接线螺帽

黑化锆系陶瓷管式远红外辐射器的特点如下：

(1)辐射远红外线的波长范围宽，可达 5～40μm 以上；

(2)颜色呈黑色，辐射率高，可达 96%；

(3)高温下长期使用不易产生分解、氧化、变形而导致性能衰退；

(4)结构简单、制造方便，只需将电热丝固定在管中即可；

(5)不存在涂层剥落现象，辐射材料与基体烧结在一起，不需要在表面再加涂层；

(6)成本低；

(7)电热丝的使用寿命不如金属管式辐射器的使用寿命长；

(8)若按需要设计各种形状则较为困难。

3. 碳化硅管式远红外辐射器

碳化硅管式远红外辐射器基体是碳化硅，其中含碳化硅 65%，黏土 35%，混合、成型、烧结而成。热源是电阻丝，碳化硅管外面涂覆了远红外涂料。因碳化硅不导电，具有绝缘性，因此不需充填绝缘介质。碳化硅管式远红外辐射器结构如图 3.43 所示。经光谱辐射能量测定表明，碳化硅是一种良好的远红外辐射材料。图 3.44 是碳化硅辐射光谱特性曲线。从图中曲线可知，在远红外波段及中红外波段，碳化硅具有很高的辐射率。实验测得的碳化硅单色辐射率见表 3-35。碳化硅管式远红外辐射器的结构和特点与黑化锆系陶瓷管式类同，不同之处是，在高温下长期使用易分解和氧化，有性能衰退现象，价格也较贵。另外，为了提高辐射效果，有时也在其表面喷涂辐射涂层。

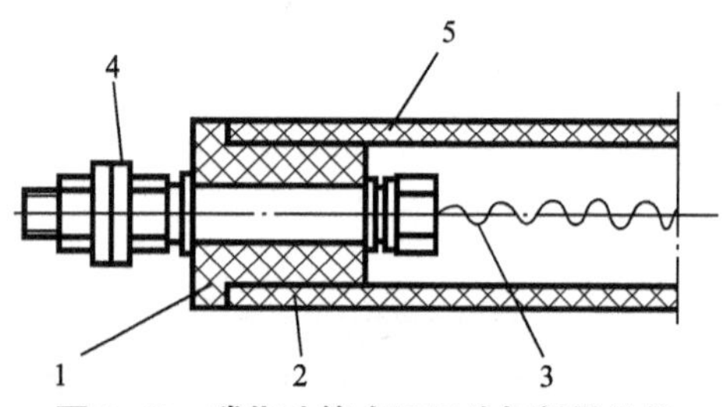

图 3.43　碳化硅管式远红外辐射器结构

1. 普通陶瓷管；2. 碳化硅管；3. 电阻丝；4. 接线装置；5. 辐射涂层

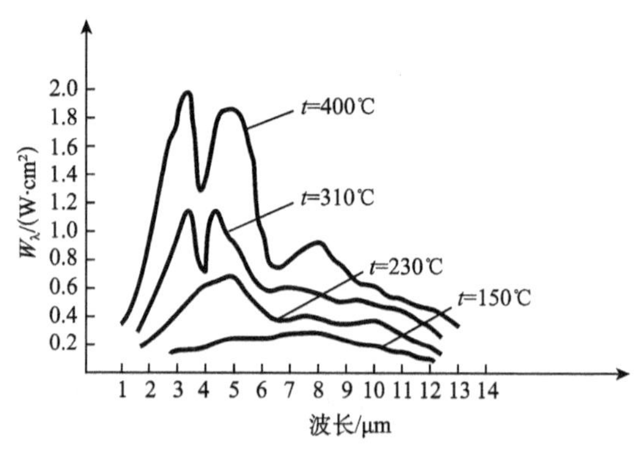

图 3.44　碳化硅辐射光谱特性曲线

表 3-35　碳化硅单色辐射率

发热温度/℃	辐射波长 λ/μm	光谱辐射率(ελ)
600	9.88	0.97
600	1.92～13.90	0.604～0.971
600	2.93～10	0.923～0.971

碳化硅管式远红外辐射器的特点如下：

(1)碳化硅在远红外区辐射率较高，与食品吸收光谱匹配，可达到较好的匹配效果，节能较明显；

(2)制造工艺简单、成本低、涂层不易脱落；

(3)抗机械振动性能差、易断裂；

(4)隧道炉更换较困难、箱式炉用得较多；

(5)热惯性较大、升温时间较长。

4. SHQ 乳白石英管式远红外辐射器

SHQ 乳白石英管式远红外辐射器是一种具有选择性的远红外加热元件。它由电热丝供电，由石英管作为热辐射发射介质，其特性是由乳白石英管材的远红外辐射特点所决定的。乳白石英是以天然水晶为原料，在以石墨电极为坩埚发热体的真空电阻炉中熔融(1740℃)拉制而成的。在熔融过程中，使气体在石英熔体中形成大量的小气泡。乳白石英是在透明石英玻璃中充入0.03～0.08mm的微小气泡而成，乳白程度的好坏取决于石英材质中微小气泡的多少，气泡越多，乳白程度越好，小气泡的平均数量为2000～8000个/cm^2，但气泡过多时管材表面光滑度不好、材质强度下降、气密性差。乳白石英管耐热性能好，能耐200～1300℃高温，热膨胀系数低，并具有优良的温度骤变抵抗性能和电绝缘性能，即使在高温下，也有很好的稳定性，它优于普通玻璃、陶瓷及其他介质；具有一定的机械强度，但耐冲击强度较差，化学稳定性好，能耐酸腐蚀。

SHQ乳白石英管式远红外辐射器的基体是乳白石英玻璃管，辐射器由电阻丝、乳白石英玻璃管及引出端组成。电阻丝材料为$Ni_{80}Cr_{20}$镍铬丝或$Cr_{25}Al_5$铁铬铝丝。乳白石英玻璃管直径通常为18～25mm，其作用是辐射、支承和绝缘。石英辐射加热器电-辐射转化效率高，热惯性小，升温降温快，特别适用于快速加热物件。现已成功用于烤漆、印染、食品、医药、化工等行业。

1)SHQ乳白石英管式远红外辐射器的特点如下：

(1)SHQ辐射器光谱辐射率高、稳定，波长在3～8μm和11～25μm，其中$\varepsilon\lambda=0.92$；

(2)辐射能转化率高，$\eta=65\%\sim70\%$；

(3)热惯性小，通电达到热平衡的时间为2～4min，SHQ辐射器达到热平衡温度时的时间约为金属管远红外的1/9，硅板的1/10；

(4)不需涂覆远红外涂料，基体直接辐射远红外线，无涂层脱落问题；尤其是在食品行业应用时，符合食品加工卫生要求；

(5)节电效果明显，优于金属管、碳化硅管；

(6)成本高，价格偏高，易碎；

(7)电能辐射能转化率高($\eta>60\%\sim65\%$)，可达到最佳匹配。

SHQ辐射器的使用效果如表3-36所示。

表3-36　SHQ辐射器的使用效果

元件	功率/kW	升温时间/min	单耗/(kW·h/kg)	节电率/%
直热式	7.5	7	0.220	18.3
电阻带	11.3	5.75	0.230	25.8
碳化硅	11.6	19	0.222	18.3
金属管	10	25	0.233	25.3
SHQ	7.6	5.2	0.186	—

2)SHQ乳白石英管式远红外辐射器的结构及性能

SHQ乳白石英管式远红外辐射器是以电阻丝为发热源，以乳白石英玻璃管材为远红外辐射壳体，加上其他配套件构成(图 3.45)。SHQ 元件的光谱发射率如图 3.46 所示。SHQ 元件在波长 3μm 附近辐射强度很大，辐射器的光谱辐射特性是由构成它的乳白石英玻璃管材决定的。在 4～8μm 和 11μm 以上有较强的发射强度，$\varepsilon\lambda$ 可达 90%以上；而在 8～11μm 有较强的反射光谱带。SHQ 乳白石英管式远红外加热器玻璃管长度：300～2500mm；电压：110V、220V、380V；功率：500～3000W，使用时两端接线，水平装置。SHQ 乳白石英管式远红外辐射器经过严格工艺处理，尤其是热固型老化工艺处理，使之在 200～800℃温度下急热急冷不炸裂，其表面温度可达 200～800℃，使用时加反射罩，可提高热利用效率，表面温度与电阻丝和表面负荷有关。

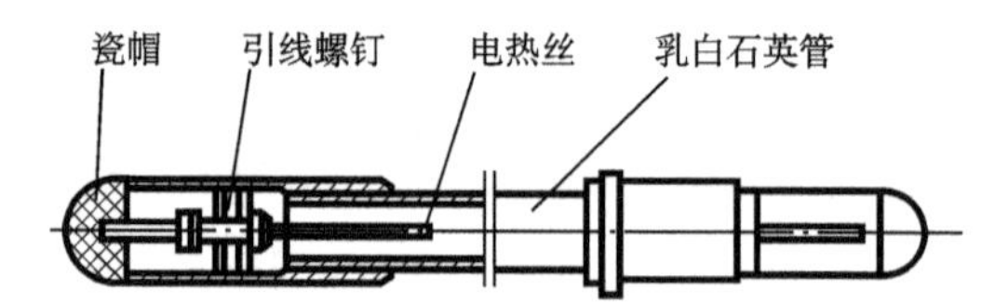

图 3.45　SHQ 乳白石英管式远红外辐射器结构图

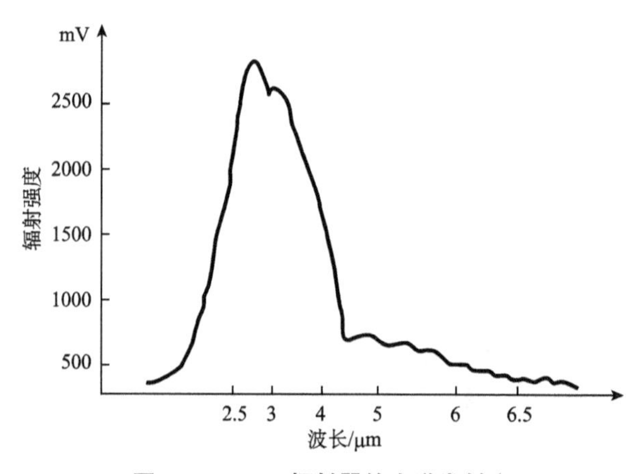

图 3.46　SHQ 辐射器的光谱发射率

山东理工大学丁莹等自制的远红外辐射干燥箱的乳白石英加热管长度为 580mm，直径为 φ18mm，分布在箱体内部上方和下方，加热管与箱体上表面的距离为 75mm，管距为 140mm，整个箱体共可安装 10 根加热管，也可根据需要减少加热管的数目及改变加热管的功率。加热管的支架设计为可更换式，加热管支架由螺丝固定，当需要更改加热管的数目以及排列时，可以非常容易地拆卸和安装，其结构与工作部件示意图如图 3.47 所示。远红外辐射加热干燥箱的实物图见图 3.48，箱体尺寸为：1000mm×750mm×760mm；干燥箱采用厚度为 50mm 的薄壁结构，外壳及内壁采用 1mm 厚的薄钢板，中间填塞硅酸铝毛毡板作为保温材料，整个箱体采用焊接结构；干燥箱左侧为炉门，门厚 50mm，门内填充硅酸铝毛毡板，宽和高分别为 750mm、760mm，采用旁开式结构，漏风少，开闭灵活；在干燥箱体后面开有测温孔，插入温度传感器，由温控仪表对箱体内温度以及远红外加热管表面温度进行控制，精确控温；在箱体前侧中心开有400mm×400mm 的观察窗，用双层有机玻璃密封，在干燥过程中有利于观察箱体内物料的实时干燥状态；箱体上方开有通风口，以备安装风机做远红外与热风对流联合干燥试验，当只做远红外干燥试验时，将其密封；干燥箱底座用 30mm×30mm 的角铁焊接而成，长、宽、高分别为 1000mm、750mm、440mm。下边放置连续型称量设备，有足够的操作空间。

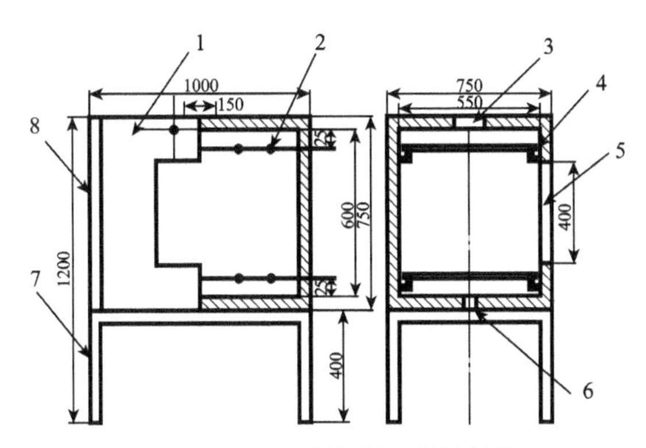

图 3.47　远红外辐射干燥箱箱体

1. 干燥箱箱体；2. 远红外加热管；3. 风机口；4. 加热管支架；5. 观察窗；
6. 称重装置入口；7. 干燥箱支架；8. 干燥箱箱门

图 3.48　远红外辐射干燥箱实物图

5. 管式半导体远红外辐射器

图 3.49 为管式半导体远红外辐射器结构。管式半导体远红外辐射器以高铝质陶瓷材料为基体，中间层为多晶半导体导电层，表面涂覆具有高辐射频率的远红外涂层，两端绕有银电极，电极用金属接线焊接引出后，绝缘封装在金属电极封闭套内，成为辐射器。通电以后，在外电场的作用下，辐射器能形成空穴为多数载流子的半导体发热体，它对有极高分子化合物及含水物质的加热烘烤极为有利，特别适用于 300℃以下的低温烘烤。因此，它是比较适用于饼干烤炉的一种辐射器。

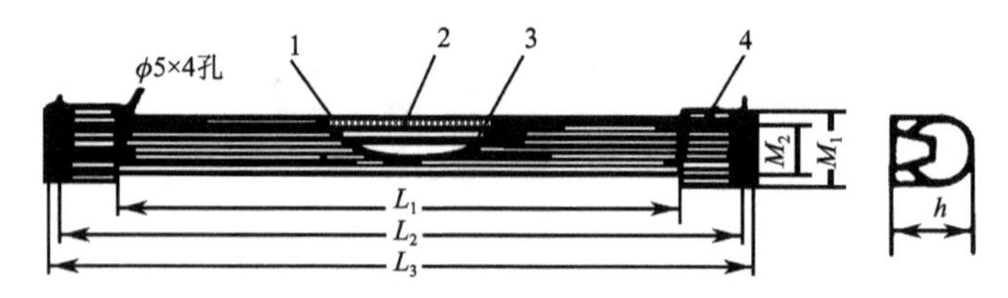

图 3.49 管式半导体远红外辐射器结构

1. 陶瓷基体；2. 半导体导电层；3. 绝缘远红外涂层；4. 金属电极封闭套

3.2.3 管式远红外辐射器的应用

1. 在食品干燥中的应用

1)肉类食品

肉类食品包括猪、牛、羊、鱼、禽等，其化学成分复杂，除水及易挥发成分外，固形物成分有无机物(无机盐类和其他无机物)和有机物(蛋白质、脂类、维生素、酶等)两类。动物性食品远红外辐射强吸收光谱在 2.5～25μm，它在 3.5μm 和 7μm 附近有高吸收峰。红外辐射穿透深度取决于食品的结构和性质，一般可达 0.1～2mm。红外辐射可直接穿透到纤维状食品的毛细孔内部，经反射而完全吸收。根据肉类食品红外吸收光谱的特点，投射到食品表面，波长在 2～25μm 的红外辐射除少量在表面被反射之外，其余全部都能被食品吸收。

2)果蔬干燥

我国果蔬资源丰富，果蔬的脱水加工具有较高的经济效益，果蔬干燥也由此得到了迅猛发展，其干制品已成为我国出口创汇的重要产品。目前，生产的脱水果蔬品种大致有：红枣、柿饼、葡萄干、荔枝干、金针菜、木耳、洋葱、小葱、蒜、胡萝卜、辣椒粉、芹菜、卷心菜、菠菜、青椒、芦笋、南瓜、黄花菜、蘑菇、蒜苗、姜、花椰菜、青刀豆等。果蔬干制的主要过程是干燥，通常分为自然干燥和人工干燥两大类。人工干燥不受环境因素的制约，是干制加工的发展方向；远红外干燥是果蔬人工干燥方法的一种，具有干燥速度快、节约能源、产品质量较好、成本低、操作安全、容易实现自动化等特点。

山东农业大学采用自制的 5HY－1 型远红外脱水装置对果蔬脱水方法、脱水机理进行较系统的分析研究，对脱水过程的参数进行优化选择，为果蔬脱水设备的研制和优质果蔬加工提供科学依据。采用 5HY－1 型远红外果蔬脱水机对甘蓝脱水后，蔬菜的营养成分保存较好、干燥时间短，与热风干燥试验相比较，当干燥箱内温度高于远红外脱水装置的温度 4℃时，甘蓝的远红外干燥时间相比热风干燥时间可缩短 30％左右。将研制的远红外果蔬脱水机用于胡萝卜干燥，得到胡萝卜的最优脱水工艺为：温度 80℃，加热管功率 1800W，风机转速 6W，物料厚度 20mm，在此条件下，胡萝卜的脱水速率高，耗电少，干燥效果好。可将远红外和热风联合起来对果蔬进行干制，采用远红外、热风组合脱水试验装置能够实现远红外、热风或两种方式组合应用，果蔬干燥效果更好。

山东理工大学丁莹研制了乳白石英管远红外干燥箱，该干燥箱电压为 220V，频率为 50Hz，加热功率为 2.5kW，最高温度为 200℃，控温灵敏度为±1℃，能够调节物料和辐射加热管之间的距离，辐射功率可变，能实现在干燥过程中称量物料的实时重量，温度能精确控制，能满足基础试验的要求。将此乳白石英管远红外干燥箱用于萝卜的脱水干燥，发现料层温度应在前期设定为 50℃，中期恒速阶段设定为 60℃，后期降速阶段将温度提升到 70℃，这样整个过程能保证萝卜最大的脱水速率；物料厚度选取 3～5mm，能保证脱水速率最大，而且干燥质量比较好；辐射距离选取 120～160mm，能较好地平衡脱水速率和干燥质量的关系；辐射功率选取 1000～1500W，能满足脱水速率较大，干燥质量较好的目标。物料干燥的过程是一个复杂的非稳态传热、传质的过程，除了受干燥条件的影响，物料的种类、内部结构、物理化学性质及外部形态结构也会影响干燥的过程。国内外学者通过对不同的物料进行试验研究，分析出 Newton 模型、对数模型、扩散模型、单项扩散模型、Fick 模型、Midilli 模型、Wang and Singh 模型、Page 方程等数学模型来描述干燥的规律。丁莹等在考察萝卜片不同干燥时刻所对应的含水量的变化时建立了远红外干燥萝卜的数学模型，用净辐射换热网络的方法建立了萝卜的薄层干燥模型，并引入水分扩散系数的定义，利用一次正交回归试验设计获得实验数据，通过进行回归分析得出水分扩散系数与辐射功率、辐射距离、物料厚度之间的关系方程，并对模型预测值及实际试验的数据进行比较、修正，最终得到准确的萝卜薄层干燥数学模型：

$$MR=0.893\exp(-0.997D_{f}t)$$

其中，水分扩散系数为

$$D_{f}\times 10^{10}=0.757+0.015P-0.09H-0.0625D-0.0025PH-0.005PD-0.01625HD$$

其中，MR——干基水分比，kg/kg；

P——辐射功率,W;

H——辐射距离,m;

D——萝卜片厚度,m;

t——干燥时间,s。

通过远红外来干燥农产品、果蔬及天然植物的研究越来越得到重视,例如,对蘑菇、茶叶、咖啡豆、中药材、木材等的干燥渐见报道,其干燥过程中传热速度快、电热利用率高,易于实现自动控制。但由于有些农产品和天然植物的含水量很高,远红外干燥室中物料蒸发的水汽较多,常常不能及时排出,因此,在远红外干燥高水分的物料时需配以一定的排湿气流(即远红外辐射与热气对流混合干燥)。王俊等采用远红外辐射来干燥蘑菇片,并配以一定的排湿气流(对流),研究发现传质汽化系数和换热系数因干燥温度和蘑菇含水率而异,相同含水率时,干燥温度高,二系数值大,随含水率的不同,二系数值的变化可分两个失水相对稳定和降速阶段;蘑菇含水率较高时,物料与远红外和气流一并换热导致失水,含水率较低时,以远红外辐射导致失水为主;在干燥前期,以对流换热为主,在干燥后期,以远红外辐射换热为主。

3)粮食烘干

远红外也可用于粮食的烘干。本溪市立新区牛心台粮库建成了一座主要烘烤玉米、高粱的远红外粮食烘干塔。粮食在塔内均匀翻动下流,粮食厚度和受热都较均匀,效果较好。以烘干玉米为例,以每日三班制生产计,需 18 人,可烘干粮食 25～30 万斤,平均一次用时 20～25min,脱水 8%,耗电 9600kW·h;而用火力烘干,每日需用 33 人,仅烘干粮食 9 万斤,平均一次脱水 5%,耗煤 2t。远红外与火力烘干相比,工效提高 6 倍,节省劳力 15 人;1t 粮脱水 1%,远红外耗电 9.8kW·h,火力烘干为 17.8kW·h(煤折成电),能源消耗节约 46%;1t 粮脱水 1%,远红外烘干为 0.66 元,火力烘干为 1.06 元,成本降低 33.7%。同时远红外烘干质量好,有灭菌杀虫的作用,便于实现自动化生产。

4)糕点及月饼的烘烤

北京市崇文糕点厂烘道内原采用氧化镁管作电热元件,用电为 237kW。在氧化镁管表面手工涂覆一层 0.1mm 厚的氧化钛、氧化铁远红外涂料,增产节电效果显著。原烘烤桃酥 1638.5kg,耗电 890kW·h,1kg 耗电 0.55°;采用远红外加热烘烤 1550kg,耗电 780kW·h,1kg 耗电 0.46°,节电 16%。原烘烤蛋糕 3150kg,耗电 2110kW·h;采用远红外加热烘烤 3150kg,耗电 1370kW·h,节电 33%。

沈阳市第一食品厂 12m 长的烘烤炉,原用氧化镁电热管 141 根。容量为 170kW;在电热管上涂刷一层以碳化硅、氧化铁为主的复合材料后,烤制月饼效果良好。烘炉预热时间由 55～60min 缩短为 35～40min,缩短 30%。经三天实际测量,平均日产量从 4.79t 提高到 6.29t,增产 31%;单产耗电从 275kW·h/t 降为 243kW·h/t,节电 11.6%。

2. 在制药工业中的应用

广东省肇庆制药厂给药片上糖衣时使用 BY 800－1 型荸荠式糖衣机,用普通电热丝加热,功率为 1.2kW,一缸装药片 29kg,需烘烤 16h。改为远红外氧化镁电热管后,用电容量为 1kW,装药量不变,只烘烤 9h 即可,烘干时间缩短 43.7%,质量良好。

黄朝晖将恒温热风和变温远红外干燥技术应用到西洋参的干燥上,研究不同温度和方法对西洋参干燥速度和外在质量的影响,结果表明变温远红外条件下干燥的西洋参质量优于恒温热风干燥西洋参。

林霞等采用 TIR－P 型远红外自动恒温干燥箱(容积为 $45\times55\times55cm^3$,功率 3240W)加热,对细菌内源毒素的破坏作用进行了研究,不加热对照组的细菌内源毒素均为阳性,分别利用远红外加热和电加热方式进行细菌内源毒素破怀性的比较试验,当温度为 180℃,作用 120min,或温度为 250℃,作用 30min 时,内源毒素检测均转阴性。远红外箱升温快、省电,在破坏细菌内源毒素的应用中比电热箱效果好。

远红外线药物烤箱所产生的远红外线波长为 2～20μm,蔺建文等对该烤箱消毒中药原粉的效果进行了试验观察,结果表明,对厚度为 1.0cm 的中药原粉,以远红外线加热 70℃作用 90min,可使细菌总数减少 99.0%以上;对厚度为 1.7cm 者,以远红外线加热 100℃作用 120min,可使细菌总数减少 99.9%以上。经 70℃作用 90min 的单味药粉,挥发油损失 1.02%～5.18%,但颜色、气味、折光率与旋光度无明显变化。

3. 在油漆干燥中的应用

1)汽车油漆烘干

汽车烤漆房是汽车制造及维修企业必不可少的设备之一,它的发展深受我国汽车维修业人士的关注。汽车 90%以上的表面靠涂漆来装饰,漆涂层的质量(光泽、颜色等)直接影响人们对汽车质量的评价,因此,漆涂层的质量越来越受到重视。新一代的汽车烤漆房——石英远红外汽车烤漆房是利用高强度石英管所发出的远红外线烘烤漆涂层(即烤漆),即远红外线辐射的自发热效应,使漆涂层基体(车身外壳)的温度在 3min 内达到 50～80℃,漆涂层中的水分(或溶剂)则迅速由内向外挥发。当远红外线的频率与油漆涂料化学键的振动频率相同时,油漆涂料化学键因发生共振而加大聚合基团的振幅,使交联聚合的几率增大,加速漆涂层的固化。用远红外烤漆房烘烤水溶性油漆涂层时，烘烤时间只需 4min。例如，用它烘烤溶剂型油漆涂层，烘烤时间也可大大缩短。远红外烤漆房的这种烤漆效果是热风对流式烤漆房不可能达到的，远红外烤漆房在保证漆涂层质量方面远优于热风对流式烤漆房。采用远红外烤漆房烤漆时效率高，漆涂层表面的光泽度与丰满度高，镜物更加清晰，涂层附着力强。随着经济的发展，豪华乘用车越来越多，对其外部涂装的要求也越来越高，用远红外烤漆房代替热风对流式烤漆房也就成为必然的趋势。

汽车传统的烤漆方式是经空气将热量传给涂层的。这种方式最大的缺点是热效率低，只有约 30%，而且燃烧柴油又没有更好的环保措施，使用一次所产生的污染高于一辆柴油汽车在马路上跑几十甚至上百公里所产生的污染。美国 IA&E 远红外汽车烤漆技术利用了高强度、高密度的石英发射体，在乳白色的半透明石英管内有采用特种合金材料、特殊方式绕制的灯丝，通电后 3min 内可产生 800℃的高温，经石英管向外辐射特定波长的远红外电磁波，电磁波经合金反射装置，准确地抵达车身表面。由于电磁波的振荡频率在涂料的吸收带之外，所以，选定的远红外电磁波不会与空气和涂层交换能量，其辐射峰值与涂料基体浅表层的吸收峰值正相对应。辐射波一进入浅表层就使该物质的基本质点运动加剧，由电子的能级跃迁迅速产生热量，通电 3min 后车身浅表层的温度可达 50～80℃，这是最佳的挥发温度热量，沿着车身浅表层快速传播，很快散发至全部车身表面，由车身表面向涂层由里向外地传递热量，热传递方向与水分溶剂的逸出方向一致，使油漆涂料由里向外逐层干燥固化。由于采用正匹配，热量不会向车身内部传递。通电 3min 涂层基体浅表层温度可达 50～80℃，水溶性漆烤干只需 4min，溶剂型漆烤干需 20～35min，水溶性烤漆比传统的烤漆方式快得多。涂层干燥固化由里向外发展，涂层附着力强，漆膜镜面度、光泽度、丰满度好、无“橘皮”、裂纹、针孔和鱼眼等技术缺陷，尤其适用于豪华型乘用车。整个电磁辐射面分 4 个区布置，每个区都可单独操作，可实现局部加热。但远红外辐射也有其缺点，例如，配电、用电都比燃油加热式烤漆要大；辐射加热不适于形状复杂、有高凸深凹正反表面的物体。

ZYF 系列远红外辐射器是一种形状、尺寸、电压、功率、温度、波长均可以根据不同使用要求进行随意设计制造的新型加热元件。长春市远红外设备厂在 1984 年成功试制出第一台 ZYF 直热式远红外辐射器的组合式金属双开门烤漆房，设备长 11m、宽 3.5m、高 4m，装机功率为 120W，工作温度为 20～180℃，与碳化硅板式烘房对比在整车烤漆上的应用具有明显的节能效果。经过实践证明，ZYF 元件使用寿命长，工作温度在 600℃以下时，ZYF 的平均使用寿命可达 3 万小时以上。该烤漆设备在重庆客车厂、攀枝花公交公司、成都旅行车厂、青州工程机械厂、长春起重设备厂、鞍山小型拖拉机厂、沈阳七四一六厂、兰州七四三七厂、包头客车厂等单位均有应用，在整车的烤漆上效果良好。

保定市通达加热设备有限公司 1995 年引进了美国远红外辐射元件，并研制出新一代 TD 牌远红外定向辐射器、远红外温控系统及远红外局部烤漆器等系列产品。其采用特种耐高温加热元件，在电热供源背面以特殊的高温反射材料形成结构定向性远红外辐射，在电热源正面为多种微量元素掺杂的二次激发源，不含有任何有害射线。在通电 2min 以内，辐射器即开始工作，其表面温差≤3%，辐射转换率可达 99.99%，反向发射率>92%。由于通电时辐射元件辐射出定向极强的宽谱波，而被涂物在波长为 9～15μm 处具有特别强的吸收峰，所以通过控制辐射器的温度，可有效地控制辐射的波长与漆膜的吸收峰值相吻合，运用光谱匹配吸收的原理，使被涂物及漆膜吸收能量转化为分子的热运动，达到由内向外快速干燥的效果。该产品使用寿命超过 11000h，经济性好，维修方便。长铃摩托车制造有限公司 1999 年将油箱涂装线中的前处理水分烘干室、底漆、面漆及罩光漆烘干室均改为 TD 远红外辐射烘干室后，效果很好，另外一条塑料件生产线的底面漆烘干室及一条罩光漆生产线的烘干室也采用此技术进行了改造，运行 2 年时间，该厂节电可达 40%。

2）电动机涂漆烘烤

远红外加热电机浸漆烘干炉主要是利用远红外加热器产生的远红外电磁辐射直接照射到被加热物上，通过物料吸收后转变为热能来实现加热与干燥。辐射传热不需要介质，在真空中可以传输，在空气中传输时，由于组成空气的主要成分是氧气和氯气，它们对红外辐射不敏感，很少吸收，因此损耗在介质中的能量就比较少，这与对流传热桶相比可以节省许多能耗。采用远红外辐射加热技术的电机浸漆烘干炉工作时，远红外加热器的辐射能一部分被漆膜表面吸收，还有一部分进入漆膜，被电机定、转子的金属基体吸收，漆膜表面与内部的温差较小，溶剂在浸漆树脂尚未固化前就能挥发掉，所以被烘干的浸漆就不易产生泡、针孔等缺陷，有效地保障了电机浸漆干燥的质量，提高了浸漆的绝缘性能。

湖南省株洲市红卫电机烘烤原用电阻丝加热，后改为涂有氧化铁、氧化铬、氧化钛、碳化硅、锆英砂五种混合物的氧化镁管，节电效果显著，能达 63.7%，生产周期缩短 30h，质量提高显著。详见表 3-37。

表 3-37　电阻丝加热与远红外加热的对比

烘房	体积/m^3	装接容量/kW	烘烤电机台数	烘烤温度/℃	干燥时间/h	预烘时间/h	耗电（/kW·h）
电阻丝加热	3.62	12	18	130	32	14	567
远红外加热	2.89	15.6	23	130	12.1	3.5	206

3）自行车油漆烘干

青岛自行车厂自行车部件的油漆涂层，原来利用碳化硅板和氧化镁管作热元件烘干，后采用远红外技术，利用硅酸钠溶液作黏结剂，在碳化硅板和氧化镁管上用手工涂刷上一层氧化铁，并改进了碳化硅板在烘道内的布置，采用了保温措施，取得如下效果：罩光烘道装接容量从 144kW 减少到 114kW，减少了 20%，同时产量可提高 30%；磷化烘道装接容量从 57.6kW 减少到 32kW，减少了 42%。

4)缝纫机烤漆烘干

天津市缝纫机厂在烘干机头烤漆的烘道中先后采用了煤、红外线灯泡、氧化铁电热管、涂刷氧化锆的氧化镁电热管、喷涂钛-锆复合烧结料的氧化镁电热管五种加热元件，其中以喷涂钛-锆复合烧结料的氧化镁电热管的烘烤效果最好，同无远红外涂层的氧化镁电热管烘干相比，炉道长度从原来的 31m 缩短到 17m，干燥时间从原来的 90min 减少到 34min，用电从 260kW 降到 105.5kW，每班产量从 400 台增加到 966 台，节电 28%。

5)漆包线烘干

北京电线厂 6m 高的漆包线烘炉原安装 84 根 2m 长的氧化镁电热管共 126kW，后仅将下部 30 根用等离子喷涂一层氧化钛-氧化锆系复合烧结料，并在管后加装反射罩。在炉子供电不变的情况下，烘烤直径为 1.2mm 的漆包线的速度，从每分钟 11.2m 增加到 15.8m，效率提高 41%，1kg 耗电从 0.6kW·h 降为 0.488kW·h，下降 19%，若再改造其他生产环节，生产率还可提高。

6)黄漆绸布浸漆干燥

武汉青山绝缘厂生产电气绝缘黄漆绸布，绸布浸漆干燥原是采用内嵌电阻丝的陶瓷管加热，电功率为 90kW，现在采用远红外电热管加热干燥，电功率为 63kW。改革前平均日产量为 70kg，改革后平均日产量为 90kg，产量提高 28.5%，而且质量也大为提高，原来，产品平均击穿电压为 5.28kV/0.1mm，改革后为 5.91kV/0.1mm，达到历史最好水平。原来黄漆绸布打皱现象严重，产品有 80% 只能用于裁带，20%可用于卷布，改革后打皱现象大大改善，漆布表面较之前光洁，色度均匀，厚薄一致，产品中 80%可用于卷布。

3.3 灯式远红外辐射器

3.3.1 概述

灯式远红外辐射器是继短波红外灯、石英灯之后发展起来的辐射远红外热能的一种加热器。灯式辐射器的形状近似于灯状，常见的有高硅氧远红外辐射器。

由于灯式远红外辐射器的电源部分一般都做成灯头状，装卸十分方便，而且灯式远红外辐射元件可以根据被加热干燥物体的形状和要求进行组装，装配简单，使用方便，能够适用于外形复杂和工件形状多变的加热工艺，因此应用范围很广。这种辐射器也适用于临时局部加热的工艺。例如，大型设备的局部补漆干燥，大型工件电焊前的局部预热和焊接后消除应力等场合。

3.3.2　灯式远红外辐射器的种类

1. 高硅氧远红外辐射器结构

高硅氧远红外辐射器也叫作高硅氧灯，它的结构与碘钨灯相仿，灯具的外壳是由石英玻璃和远红外辐射材料制成的，其结构如图 3.50 所示。

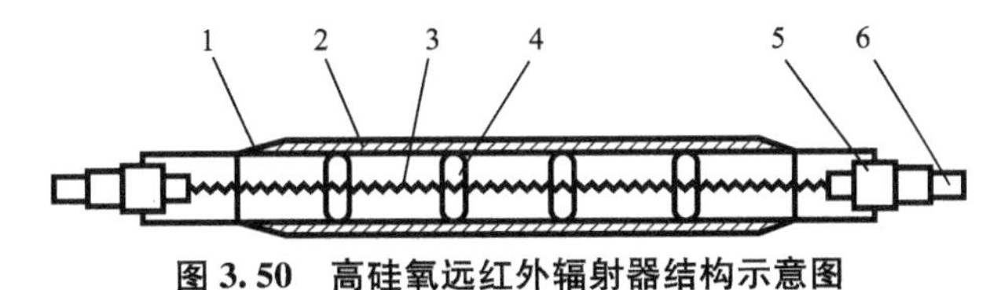

图 3.50　高硅氧远红外辐射器结构示意图

1. 石英管；2. 高硅氧玻璃烧结层；3. 钨丝；4. 支丝架；5. 磁头；6. 引线棒

高硅氧远红外辐射器的灯丝能产生红外辐射和可见光，其中一部分红外辐射能透过灯管向外辐射，其余部分被石英玻璃和高硅氧所吸收，不断提高自身温度(表面温度可达 570℃)，致使辐射器热辐射短、中波区的能量透过石英管而辐射，而远红外的辐射能可借助高硅氧远红外辐射器的表面温度辐射出来，这样就使得辐射器的全波段辐射能量大大提高。图 3.51 和图 3.52 为该辐射器石英玻璃的透射、辐射光谱。

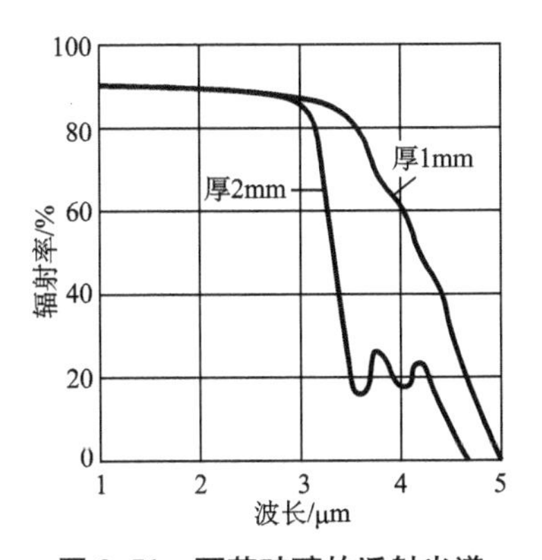

图 3.51　石英玻璃的透射光谱

高硅氧远红外辐射器的全波段辐射能量比碘钨灯大，热惯性小，通电后数秒钟即可达到工作温度。此外，重量轻、体积小、安装方便，可以按不同功率要求组装成多元件的辐射器，如图 3.53 所示。

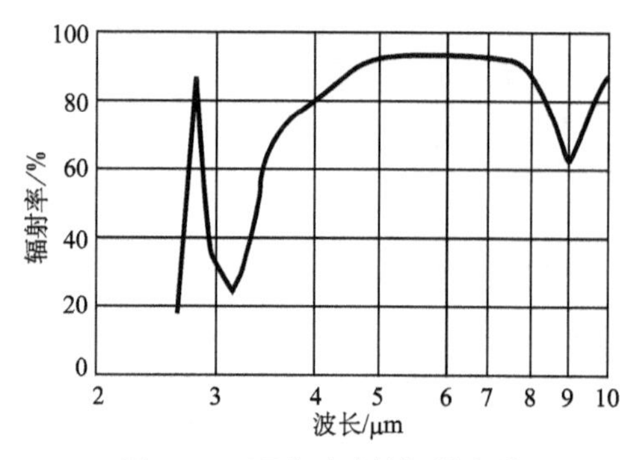

图 3.52　石英玻璃的辐射光谱

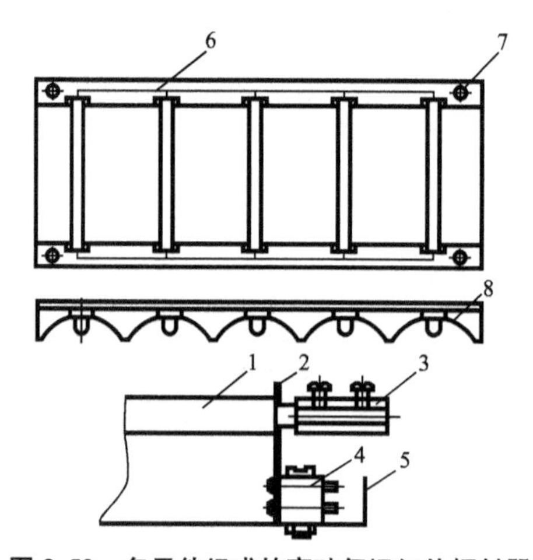

图 3.53　多元件组成的高硅氧远红外辐射器

1. 单元件灯管；2. 支角；3. 接线柱；4. 支座；5. 托板；
6. 联结导线；7. 多元件支架安装孔；8. 反射罩

高硅氧远红外辐射器使用时必须以水平方向安装，允许倾斜度不超过 4°，使用时还应配抛光的铝反射罩。安装时不允许在引线棒以外部位的灯体部分作为固定点；平时或使用时要避免摇动或震动，以免损坏灯丝。高硅氧远红外辐射器在额定电压工作时，管壁温度可达 500～600℃，为此在灯体附近的电气材料、支架等应要求耐热与防火。对于烘烤加热温度要求较低时，可以降低电源电压使用，这样既符合生产要求，提高了加工质量，又可延长灯的工作寿命。

2. 灯式石英远红外辐射器

日本 DAIKEN OENKI 有限公司研究的灯式石英远红外辐射器结构如图 3.54 所示，它的结构包括灯头、石英灯管和钨丝。它使用钨丝作为发射源，钨丝封装在抽成真空的用熔凝法制成的石英灯管内，其表面温度在 400～700℃。这种灯式石英远红外辐射器的优点有以下几个方面：①石英灯管的热膨胀系数小，可适用于温度急剧变化的场合（如有水滴洒落到加热灯管上的地方），而且由于石英具有良好的耐酸性能，所以石英加热灯也适用于耐酸的工作环境。②惰性极小，用这类加热器做成的一种加热炉可在很短的时间间隔内（1～5s）辐射出每平方方米1722kW 的功率密度。③对工作电压的适应性强，有较宽的电压调节范围，即使在低电压下效率几乎也不降低。④体积小，发热能力高，可使加热炉的体积大大缩小。⑤安装、使用和维修均很方便，使用寿命长，可达 5000h。

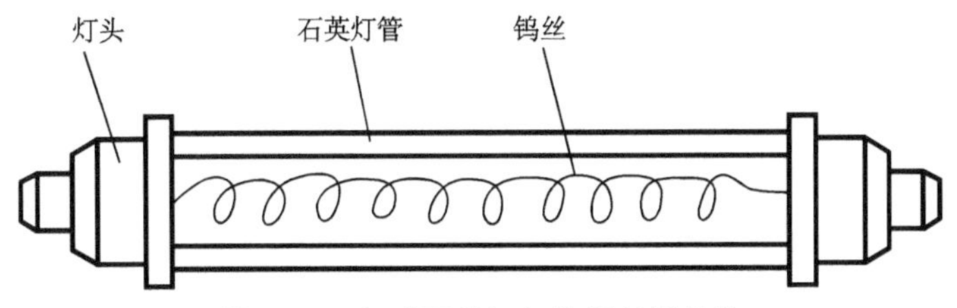

图 3.54　灯式石英远红外辐射器结构

灯式石英远红外辐射器使用时应注意以下几点：①灯基耐热性能较差，不超过 300℃，使用时将灯基装在加热炉外或采取一定的降温措施。②远红外辐射器的安装排列要有一定间隔，以免影响红外辐射器的使用寿命；经常保持石英灯管清洁，以免降低石英远红外辐射器加热的效率。③严禁超出额定电压使用该种石英远红外辐射器。常见的石英远红外辐射器的类型列于表 3-38。

表 3-38　常见的石英远红外辐射器的类型

类型	使用方式	辐射波长/μm	特点
I 型	水平	2.0～2.5	钨丝连到内层石英管壁
DL 型	水平式垂直	1.5～2.0	适用于高温
Z 型	水平	1.1～1.5	适用于高温
KI 型	水平和垂直	1.1～1.5	有侧向电极，可进行温度调节
FRθθ型	这种灯为异型灯，可根据需要制成 U 型或者其他形状，一般水平使用		

3.3.3　灯式远红外辐射器的结构

灯式远红外辐射器，有近似红外线灯泡的外形，但并不能做成真空或充气式的，反射罩是灯式辐射器的组成部分之一。灯式辐射器发出的远红外线大部分为经反射罩会聚后的平行线，不仅辐照度的分布无方向性，而且在不同照射距离上造成的温差不大，照射距离为 20cm 和 50cm 处的温差小于 20℃，因此适宜处理形体复杂的工件。其结构如图 3.55、图 3.56 所示。

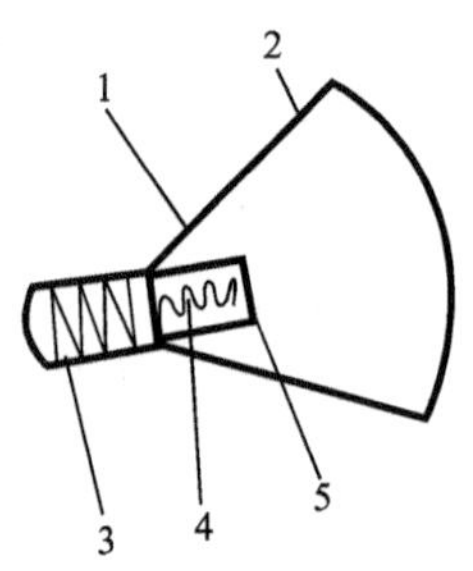

图 3.55 灯式远红外线辐射器的结构

1. 金属罩;2. 反光罩;3. 螺丝插口;4. 电热丝;5. 远红外线辐射涂层

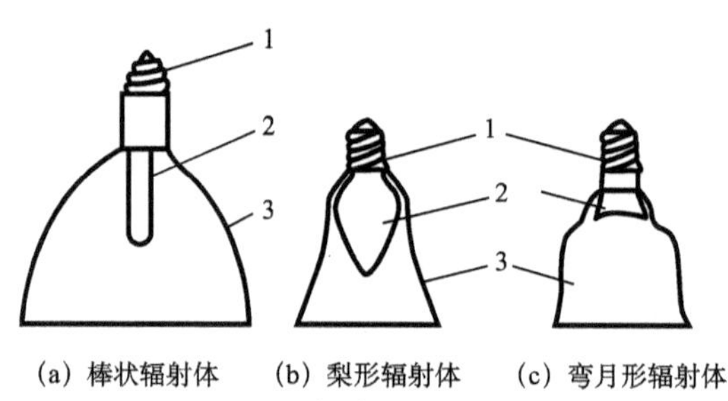

(a) 棒状辐射体 (b) 梨形辐射体 (c) 弯月形辐射体

图 3.56 灯式远红外辐射器

1. 灯头;2. 辐射体;3. 反射罩

1. 反射罩

对于灯式远红外辐射器,反射罩是必不可少的组成部分。反射罩材料的选择要求有较高的反射率,能耐热、耐腐蚀,并具有良好的机械强度及经济性,一般选用铝材压制而成,图 3.57 为某工艺蒸发铝的反射率,可看出在整个远红外区具有很高的反射率。灯型反射罩一般也采用抛光的铝材制作,经机械抛光的铝表面,在大气中会很快氧化而失去光泽。为了获得抛光表面的稳定性及耐热、耐腐蚀等性能,反射罩的表面必须进行光亮阳极氧化处理,以提高其反射率,并控制膜的厚度在 3μm 以内。为了达到此要求,一般阳极氧化的时间控制在 5min 左右,也可用搪瓷或陶瓷做反射罩,在反射面上涂以银或铝作为反射层。

灯式远红外辐射器的反射镜常做成旋转抛物面、球面或旋转双曲面,由于反射器的作用,辐射元件发出的远红外线汇集成平行光束向外传播。辐射器产生的远红外线通过反射罩的反射可汇集成平行辐射线,平行光束为灯式远红外辐射器的主要载能形式,它不仅使辐射器的辐射强度变均匀,而且使得辐射强度随距离平方的衰减变得不那么显著,所以在较大的照射距离上辐射能量的衰减都小于逆二次方定律。

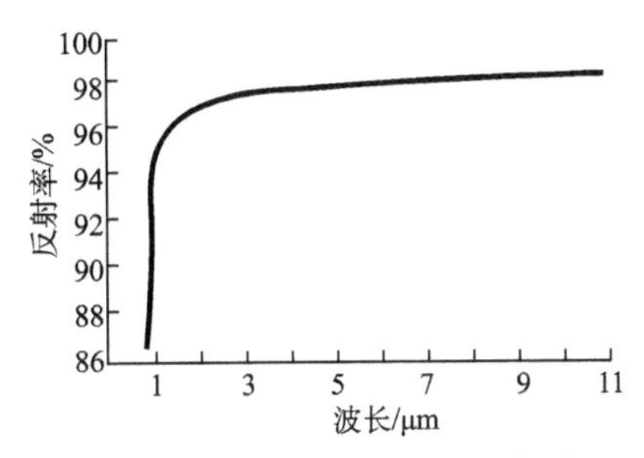

图 3.57　某工艺蒸发铝的反射率

2. 辐射体

灯式远红外辐射器的核心部件是热辐射体，它由电热丝和陶瓷复合物组成，为了增加陶瓷复合物的远红外辐射能量，通常以碳化硅为基材或在其表面烧结远红外涂料。灯式远红外辐射器与红外灯的差别在于红外灯的玻璃外壳透过 3μm 以上的长波红外辐射能很少，不能适应于长波远红外区有大量吸收带物品的加热。而灯式远红外辐射器则是利用金属氧化物和碳化物等远红外辐射材料作为辐射体，加上反射罩后而能高效地辐射长波红外辐射能。

灯式远红外辐射器使用时应注意以下几点：

(1)辐射器安装位置要适当。辐射器必须安装在反射罩曲面的焦点上，否则反射后得到的辐射就不能保持平行。

(2)反射罩的选型要合理。一般辐射器选配的反射罩多为半球面或抛物面。

(3)反射罩要选用对远红外辐射有较高反射率的金属材料，并尽量保持其反射面的平整、光滑，需定期进行清洁处理。

3.3.4　灯式远红外辐射器的应用

灯式远红外辐射器适于加热大型和形体复杂元件，例如，可应用于食品加工中。特征远红外装置是一种具有在 50℃温度下工作的新型脱水设备。吴继红等将特征远红外技术用于果蔬干制的研究，采用清华大学高科技开发公司研制的新型“特征远红外”小型设备，对大葱、菠菜、香菜、黄瓜、胡萝卜、苹果、梨、葡萄、哈密瓜 9 种果蔬进行脱水干燥并研究其干燥特点。该设备的最大输出功率为 1000W，一次进料约 1kg，光源部分由 3 个特质灯管组成，干燥时可通过调节灯管与物料盘之间的距离来调整照射强度，利用上下排风装置排除干燥室内的湿气及调整室内温度。采用该远红外设备对果蔬进行脱水干燥取得了较好的效果。试验结果表明，干燥速度最快的是黄瓜；对干制品进行营养成分分析发现，该设备所采用的温度为 50℃以下，因此原料的营养以及色、香、味均得到了良好的保存，且复水性能好，是快餐食品极好的配料；在节能方面特征远红外干燥比普通远红外干燥节能

25%;物料温度为50℃以下,干燥周期3h,比普通远红外干燥节约2~4h;特征远红外光线穿透性强、能耗低、辐照均匀、干制时间短、不会引起物料物理结构的变化,能良好地保持物料的色、香、味,还能延长贮藏期,有效防止产品褐变。

3.4 板式远红外辐射器

3.4.1 概述

板式远红外辐射器是应用最广泛的辐射元件,它的基体由碳化硅烧结而成,或用锆系陶瓷制成,也可用其他材质制成。碳化硅和锆系陶瓷本身就是远红外线的高发射物质,在表面涂以远红外辐射涂层,辐射性能会更好。板式远红外辐射器的背面常加装保温层和铝反射板。板式远红外辐射器的性能比较均匀。图3.58表示板式远红外辐射器的两种结构,图3.59为板式远红外辐射器的温度分布特性。

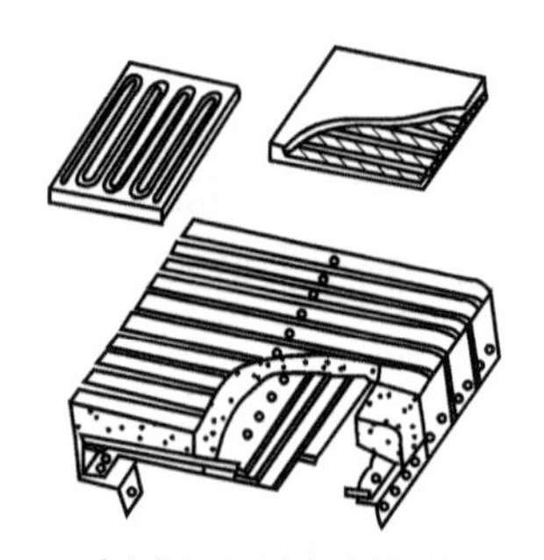

图3.58 板式远红外辐射器的两种结构

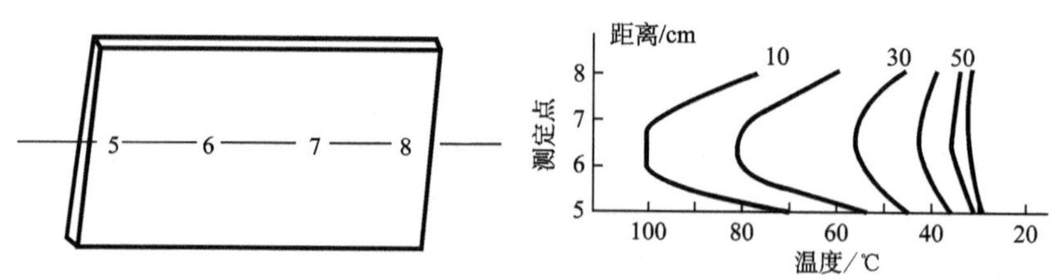

图3.59 板式远红外辐射器的温度分布特性

1. 板式远红外辐射器的特点

板式远红外辐射器具有以下特点:①辐照面内能量分布均匀,适用于形状不太复杂和具有规则的大平面物体加热。②可不加装反射罩。③能在高温下长期使用,装修方便。

板式远红外辐射器在600℃以下使用时一般不装反射器,在600℃以上使用时为减小板背面的能量损失，也就是增强辐射器正面的能量，也可以在辐射板背面加装反射板作为衬底，有的辐射器甚至加装两层衬底。板式远红外辐射器的辐射线是扩散光线和平行光线的复合光。因此在照射距离上，能量衰减较快，也就是说当工件置于不同的辐射距离时所接受的辐射能有较大的差异，反映在温度上也有差别，成为热差，其差值大小与管式辐射器相近。

2. 板式远红外线辐射器设计和生产注意问题

板式远红外线辐射器设计和生产中需要注意的问题：

(1)布置辐射元件时要使其辐射线直接照射被加热干燥物件的表面。有些形状复杂的物件则要采取一些其他措施，例如，将物件在一定时间内进行转动，以使各表面均匀地接受辐射量，也可以适当加强烘道内的气体对流，使热气体进入到照射不到的地方而起加热作用。当物件的形状不规则时，应注意辐射元件和物件的排列，上下、左右或前后不要对称，尽量减少阴影部分，使物件均匀受热。

(2)辐射元件与物件的距离要小，由于辐射元件所放出的能量(即辐射强度)与它和被加热干燥物件的距离的2次方成反比，也就是说距离增加1倍，能量就要衰减到原来的1/4。因此，辐射元件与被加热干燥物件的距离不能太远。通常，当物件的形状较复杂时，辐射距离可取100～200mm，而对于形状简单，如平面状的物件，则可取50mm以下。各辐射元件之间的距离一般控制在120mm左右。

(3)利用带式或链式传送物件时，辐射元件照射空间的宽度要比物件排布的宽度大些，一般需超出50～100mm才能保证边缘物件的辐射效果。

(4)对于悬挂式或垂直式装置的辐射元件安排不能均匀分配，否则会因气流上升而使烘道内上半部的温度比下半部高而造成烘道温度不均。正确的方法是将大部分的辐射元件安排在烘道的下半部和底部，上半部尽量少安排或不安排，这样在热气流的作用下可使烘道温度趋向一致。

3. 使用注意事项

板式远红外线辐射器的使用注意事项：

(1)在选择辐射元件时，一定要注意其辐射的远红外线波长尽可能地与被加热干燥物件的吸收波长相匹配。

(2)所有元件的接头应放在保温层或加热室外，接线时不得用力过猛。

(3)由于电压的波动将引起温度的波动，而辐射能量又与温度的4次方成正比，因此，工作电压的稳定性将会直接影响其辐射能量的大小。通常工作电压不得超出额定值的1.1倍，外壳应引线接地。

(4)配用电热丝的功率必须适宜，由于辐射元件的表面温度一般控制在400～500℃，故应配备温度调节装置，例如，采用热电偶与温度调节器组合的温控装置。

(5)对于非辐射面，应包覆保温性能好的材料，尽量把热量集中在元件的辐射面上以提高辐射效率。

(6)应采用 2mm 厚的抛光铝板制成抛物线型的反光罩，以充分利用辐射能。

(7)首次使用辐射元件时，一定要缓慢升温，其升温速度可控制在 100℃/h 左右，以防因急剧升温造成元件的炸裂。

(8)辐射元件不用时应贮藏在干燥处，若因长期放置而导致对地绝缘电阻低于 1MΩ 时，可在 200℃左右的烘箱中烘烤 2～3h 即可恢复。

3.4.2 板式远红外辐射器的分类

板式远红外辐射器有黑化锗系陶瓷板式、碳化硅板式等，其形状有平板状、波浪状等，由于波浪状的辐射面积大，因而使用较多。图 3.60 是波浪状板式远红外线辐射器的结构示意图，其优点是辐射面积大、辐射强度高并且均匀，缺点是机械性较脆，不耐撞击和震动，且安装检修较麻烦。

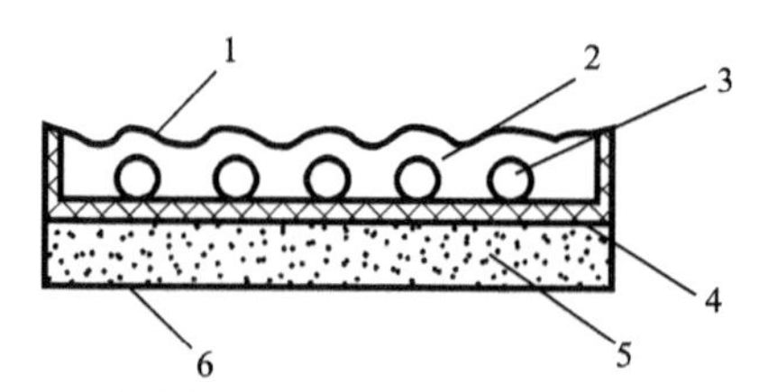

图 3.60 波浪状板式远红外线辐射器的结构示意图

1. 远红外线辐射涂层；2. 碳化硅板；3. 电热丝；4. 绝缘层；5. 保温层；6. 元件外壳

1. 陶瓷远红外辐射板

陶瓷远红外辐射板由陶瓷远红外材料加一定比例黏土烧结而成，如碳化硅板、锆英砂板、多孔远红外陶瓷板及埋入式陶瓷远红外辐射板等。

1)碳化硅板状元件

碳化硅板式辐射器如图 3.61 所示。碳化硅本身是良好的远红外辐射材料，用它制成的加热器效果比金属管状效果好，但是碳化硅辐射器不是所有波段都理想，所以要在其表面涂加高辐射材料，才能达到预期效果。碳化硅板式远红外辐射器，其基体为碳化硅，表面涂以远红外辐射涂料，见图 3.62。这种元件的优点是温度分布均匀、适应性大、制造简单、方便安装、辐射效率高，缺点是抗机械振动性能差、热惯性大、升温时间长，但在消耗同样功率的条件下，以碳化硅为基体的辐射元件，加热效率要比金属元件高得多。

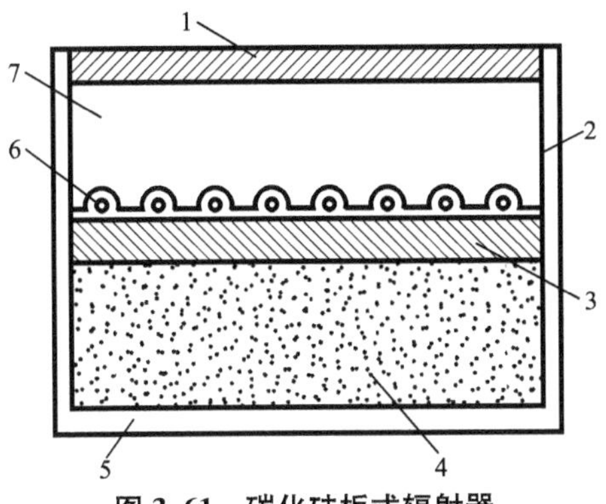

图 3.61　碳化硅板式辐射器

1. 高辐射材料；2. 外壳；3. 低辐射材料；4. 绝缘填充料；5. 外壳；6. 电阻丝；7. 碳化硅板

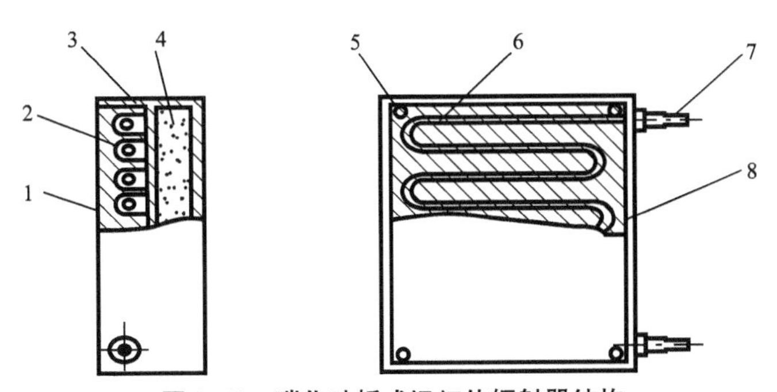

图 3.62　碳化硅板式远红外辐射器结构

1. 远红外辐射层；2. 碳化硅板；3. 电阻丝压板；4. 保温材料；5. 安全螺栓；6. 电阻丝；7. 接线装置；8. 外壳

A. 碳化硅的一般性能

碳化硅可分为天然和人造两种六角晶体，色泽有黑色与绿色之分，其分子量为 40.07，密度为 3.217g/cm^3，熔点为 2600℃（分解，升华）。碳化硅的透射特性与反射特性如图 3.63 和图 3.64 所示。

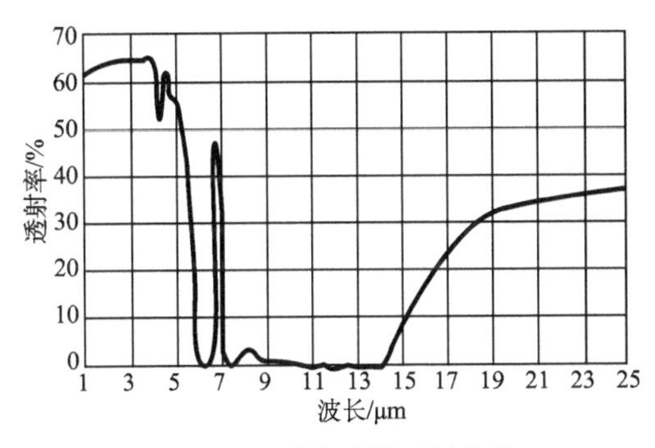

图 3.63　碳化硅的透射光谱

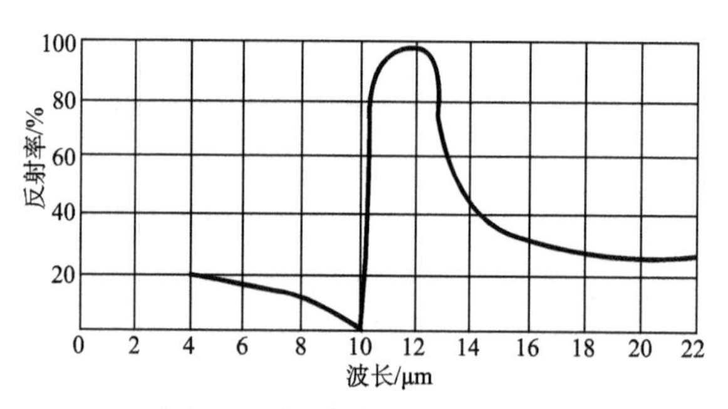

图 3.64 碳化硅的反射光谱(室温)

B. 碳化硅远红外辐射板的生产工艺

a. 配料

为了使天然的或人造的单晶体粉状碳化硅烧结成高效的红外辐射板,必须合理配置颗粒大小,并加适量的黏土(如宜兴、苏州黏土等),以增加其黏结力和足够的机械强度。如果配比不当,不仅辐射率不高,而且还容易断裂成废品。经光谱辐射能量测定表明,碳化硅是一种良好的远红外辐射材料,为了在长波远红外区获得良好的辐射性能,一般要求碳化硅含量要达到60%～70%,如含量低于60%,辐射率将显著下降。表 3-39 列出了两种碳化硅远红外辐射板成型粒度及黏结料的配方。

表 3-39 两种碳化硅远红外辐射板成型粒度及黏结料的配方

配方	碳化硅		黏土(质量百分比/%)			
	粒度	质量百分比/%	宜兴瓷土	#2 瓷土	苏州#2 瓷土	漳州黑土
1	60 目	10	10	25		
	80 目	10				
	100 目	15				
	120 目	15				
	140 目	10				
	180 目	5				
2	80 目	20			20	15
	120 目	15				
	150 目	20				
	180 目	10				

b. 压制

将表 3-39 中的原料按质量百分比配好混合均匀,加入适量水(一般加 12%～15%,机压可再少些)拌匀,制成碳化硅板的湿坯(要求碳化硅含量不少于 60%),成型后阴干,存放一定时间使原料吸收水分充分润透,然后送成型车间机压或手工压坯,成型后的产品常需要进行修坯。对于需在辐射板表面再烧结一层远红外涂料的产品,应将成型后的湿坯表面拉毛后，再刷涂远红外涂料，成型的生坯必须等干透后才能进窑。

c. 远红外辐射层涂料配制及刷涂

表 3-40 中，二氧化锆需经煅烧稳定处理，其余材料的杂质含量要少。先将上述 4 种辐射材料放入球磨机中干混 3h，然后加入 1％的阿拉伯树胶或者其他黏结剂、5％～7％的黏土和适量的水继续湿混 3～5h，使其混合均匀并搅拌成糊状，所配制的涂料浆的黏度达到普通油漆即可。用刷子将涂料浆均匀地刷涂在已经制好并阴干的碳化硅板（湿坯）的表面上，涂层厚度在 0.25～0.4mm 范围内，涂好后仍需阴干。

表 3-40　远红外辐射层涂料配方

辐射材料名称	质量百分比/％
二氧化锆（ZrO_2）	50
三氧化二铬（Cr_2O_3）	20
二氧化硅（SiO_2）	20
三氧化二铁（Fe_2O_3）	10

d. 烧结

烧结成型是碳化硅生产的最后一道关键工序，它关系到产品的质量与寿命。烧结工艺的要求是：进窑前的半成品要干透，表面发白，表面无灰尘异物，将所阴干的碳化硅板坯料装入窑内焙烧成型，窑内温度控制在 1400℃左右，然后保温后即可。在烧结过程中，宜先小火缓慢升温，一般 6h 内产品的温度不超过 300℃，烧结温度为 1300～1380℃，烧结完毕保温 30～40h 后取出。烧结成型的碳化硅远红外辐射板外形如图 3.65 和图 3.66 所示。

图 3.65　HB－1 型碳化硅远红外辐射板

图 3.66　锆英砂远红外辐射板

C. 碳化硅远红外辐射器的特点

碳化硅既可制成板式或管式的旁热式远红外辐射器，也可制成直热式电热碳硅棒加热器。它在1200℃时10μm波长的辐射率相当于黑体辐射率的80%～90%，其随波长的分布如图3.67所示。碳化硅辐射器的特点是可使炉内温度分布均匀、安装方便、制造简单、成本低。碳硅棒远红外辐射器的工作温度可达1100～1700℃，功率密度大、使用寿命较长、辐射效率高、抗机械振动性能差、易碎，碳化硅板状及管状辐射器的热惯性大，升温时间长。

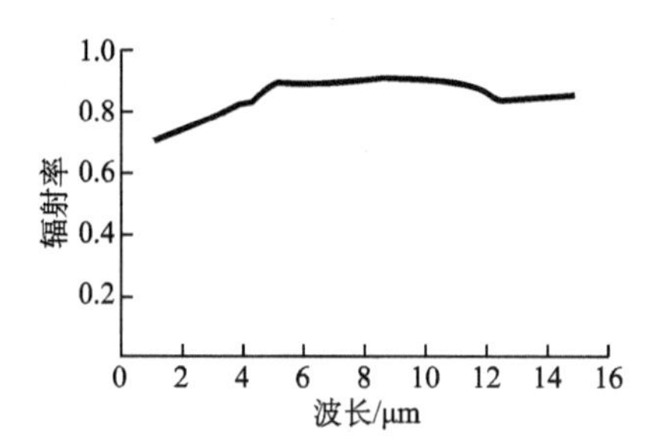

图3.67　碳化硅板的辐射光谱

浙江农业大学王俊等设计的远红外板式辐射干燥试验设备的结构见图3.68，该试验设备由干燥室、风机、电加热管、远红外辐射板等组成，干燥室的容积为35×35×75cm^3，远红外辐射板(SiC组成)与电热管的功率为1.2kW，远红外辐射板距物料12cm。采用热风干燥时取出远红外辐射板，外界空气经风机、电加热管加热、匀风室而穿过物料带走湿气。远红外干燥时，电加热管不工作，远红外辐射板和电加热管分别与控温仪串接。

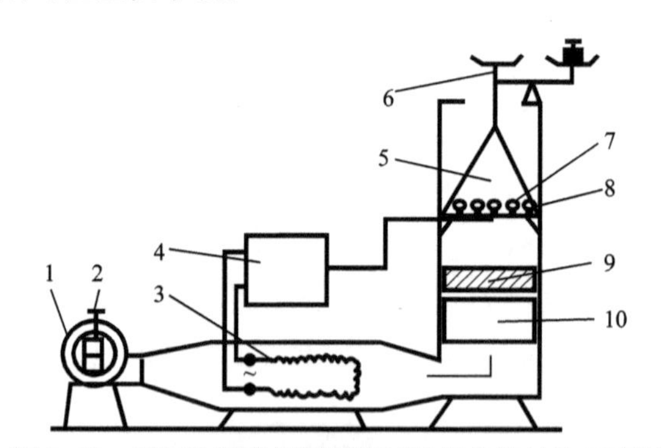

图3.68　远红外板式辐射干燥试验设备的结构示意图

1. 风机；2. 风量调节板；3. 电加热管；4. 控温仪；5. 干燥室；
6. 天平；7. 物料；8. 筛盘；9. 远红外辐射板；10. 匀风室

徐贵力在天津生产的电热真空干燥箱的基础上进行改造的远红外常压、负压联合干燥试验设备结构见图3.69。

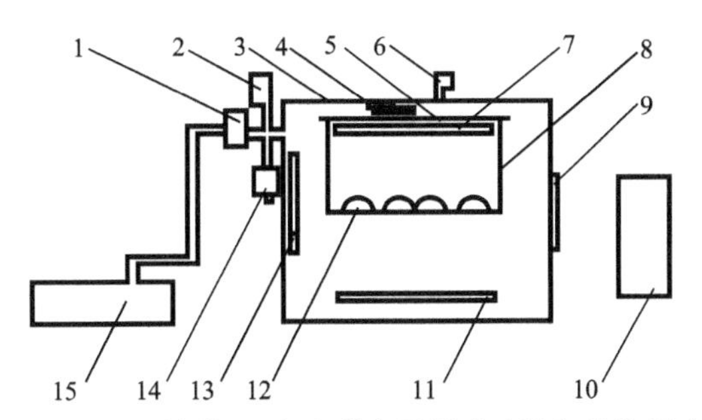

图 3.69　远红外常压、负压联合干燥试验设备结构示意图

1. 真空密闭电磁阀；2. 触点式真空表；3. 真空干燥箱；4. 质量传感器；5. 干燥托盘横梁；6. 接线胶塞；7. 远红外加热板；8. 干燥架及托盘；9. 带观察窗的密封门；10. 排湿风机；11. 远红外线加热板；12. 香菇及温度传感器；13. 触点式毛发湿度计；14. 进气电磁阀；15. 真空泵

2)多孔远红外陶瓷板

A. 制备工艺

在多孔陶瓷板上涂覆远红外辐射涂料有两种方法：一种将配制的远红外涂料涂覆在陶瓷板表面；另一种将辐射材料加在配制的陶瓷原料中一起烧结成材。后者的工艺优点是不会出现涂层剥落，其节能效果可达 30%～50%。多孔远红外陶瓷板辐射的烧结工艺流程如图 3.70 所示，其陶瓷基料的配比见表 3-41。

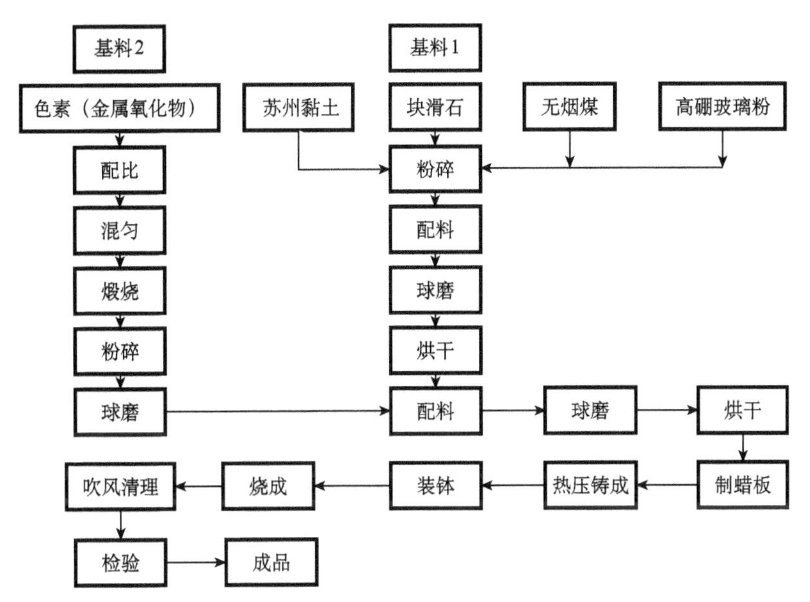

图 3.70　多孔远红外陶瓷板辐射的烧结工艺流程

表 3-41　陶瓷基料的配比

材料	SiO_2	Al_2O_3	MgO	Fe_2O_3	CaO
质量百分比/%	56.4	29.2	12.2	1.3	0.9

陶瓷板由基料加色素(金属氧化物)及矿化剂等配制而成。金属氧化物是采用 $TiO_2$75%和 NiO、$Co_2O_3$10%～15%混合后以 1300℃煅烧,使其转变成尖晶石待用。按表 3-45 配比的陶瓷基料加矿化剂经 1300℃煅烧后磨成粉,再与处理过的金属氧化物按 7∶3 配比经球磨混匀烘干。将经 100℃烘干的粉料过 100 目筛子,再加入 27%～30%石蜡、4%油酸热熔(80℃)拌匀制成蜡版,最后烧结成型。

B. 性能

多孔远红外陶瓷板的性能如下:

(1)导热系数低,辐射表面温度达到 750～850℃时,地面温度应在 300℃以下;

(2)气孔率应大(45%～56%),比重应小(1.177～1.347g/cm^3);

(3)表面辐射率要高,底面辐射率要低;

(4)耐急冷急热性能好;

(5)孔径尺寸准确。

多孔远红外陶瓷板可用于组成煤气远红外加热器的部件,其规格有 65mm×45mm×12mm,燃烧孔径 1mm 左右。视燃烧孔径的大小,每块板的孔数在 780～1400 个。多孔远红外陶瓷板燃烧的总热量的 80%～90%可转变成远红外辐射能。

2. 半导体远红外辐射器

半导体远红外辐射器是在红外加热技术迅速发展的基础上产生的一种加热辐射器。图 3.71 为板式半导体远红外辐射器,工作原理与管式半导体远红外辐射器相同。半导体远红外辐射器的优点是热效率高,热容量小,热响应快,能实现快速升温和降温,抗温度急变性能好,辐射器表面绝缘性能好,远红外涂层采用珐琅绝缘涂料,不易剥落;其主要缺点是机械强度较低,安装要求高,对使用要求严格。

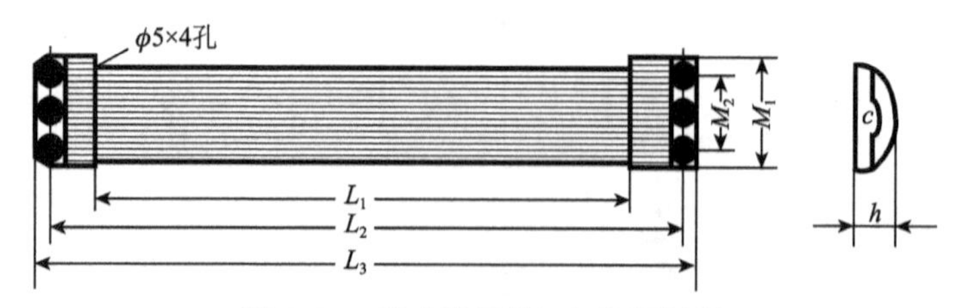

图 3.71　板式半导体远红外辐射器

3. 搪瓷远红外辐射器

搪瓷涂料是一种硼酸盐玻璃、金属氧化物和矿物原料配成的混合物,它既能保护金属基材不受高温氧化侵蚀,又是辐射远红外热能的辐射体。因此,搪瓷涂料必须与金属基材有良好的密附性,热膨胀系数要与基材相近,并应有良好的导热性、热稳定性及一定的抗腐蚀等特性。

搪瓷涂料的原料基本上和一般搪瓷制品相似,在1200℃以上高温熔制过程中,原料化合成为一种玻璃态熔融物,经冷水淬碎而变成小颗粒与松脆硬块,一般称为"熔块"。将熔块、磨料与水一起研磨可制成釉质涂料。磨料是为了提高远红外釉料的辐射强度及稳定涂料的性能,如三氧化二铬、三氧化二铁、锆英砂、黑色瓷釉和黏土等。搪瓷远红外涂料熔块配方如表3-42所示。釉浆比例如下:底釉由911熔块40%、912熔块40%、215熔块20%及适量水球磨成釉浆;7面釉由底釉50%、705熔块30%、氧化铬20%及适量水经球磨成浆釉供喷涂用。

表3-42 搪瓷远红外涂料熔块配方

原料	涂料代号配方(质量百分比/%)			
	911	912	215	705
长石	25.2	15	—	35.36
石英	22.5	23	24.2	14.16
硼砂	26.1	42	37.4	22.18
纯碱	8.1	5	11.4	8.36
萤石	5.4	3	4.8	4.12
冰晶	5.4	—	—	3.22
硝酸钾	4.45	—	—	—
氧化钴	2.15	1.5	0.44	2.5
氧化锰	0.7	5.5	0.98	3.5
氧化铁	—	1.5	—	1.0
氧化铜	—	1.5	—	—
骨灰	—	2	—	—
硝酸钠	—	—	4.28	4.1
氧化镍	—	—	0.5	—
陶土	—	—	16.0	1.5

搪瓷远红外釉质涂层生产工艺流程如图3.72所示。

搪瓷远红外辐射器分为管式和板式,板式搪瓷辐射器最高工作温度在500℃。搪瓷远红外辐射器的搪瓷涂层与金属基材是在1000℃附近高温烧结而成,因此具有涂层不易脱落和良好的耐震性等特点,表面可定期用水清洗洁净。这种搪瓷辐射器还具有耐辐射性,对一般有机酸及水汽无侵蚀现象,它特别适用于食品、药

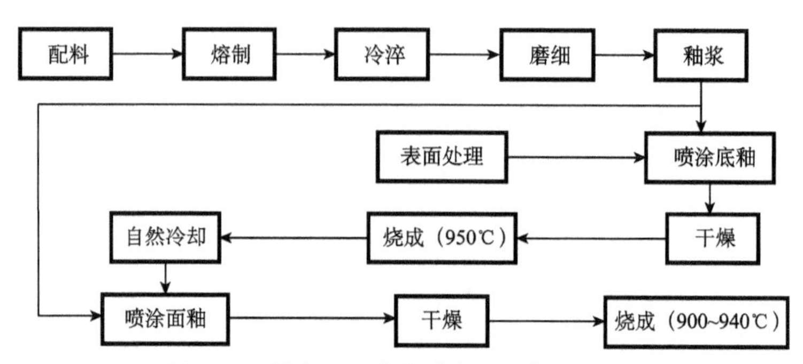

图 3.72　搪瓷远红外釉质涂层生产工艺流程

品、电子等工业。图 3.73 为部分搪瓷远红外辐射产品的外形实例，图 3.74 为一种板式搪瓷远红外辐射器的结构。

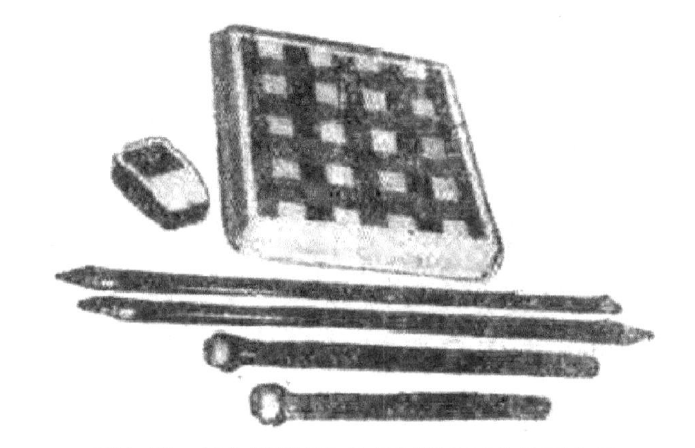

图 3.73　部分搪瓷远红外辐射器产品的外形实例

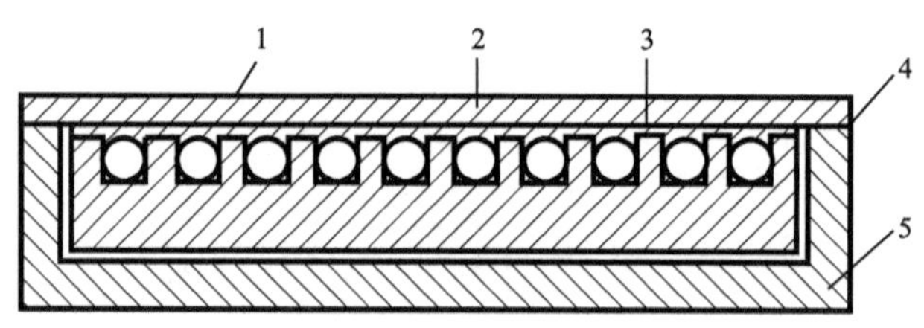

图 3.74　板式搪瓷远红外辐射器的结构

1. 搪瓷远红外辐射涂层；2. 电热丝；3. 耐火板；4. 搪瓷框架；5. 保温石棉板或硅酸铝毡

4. 埋入式搪瓷远红外辐射加热板

1)远红外辐射板

远红外真空干燥设备主要由远红外加热板、传感和控制及真空系统 3 个部分组成。试验箱长 360mm，宽 340mm，高 260mm。加热器采用埋入式陶瓷远红外辐射板，这种辐射板采用特种玻璃陶瓷基体与高发射率表面釉层，经一次高温烧结而成，在 400～600℃时，最大单色辐射率可达 0.92，在箱内中上部温度为 120℃。远红外辐射板的直径为 220mm，厚度为 20mm。在远红外真空干燥过程中，远红外辐射板为主要的发热元件，其辐射特性见图 3.75 所示。

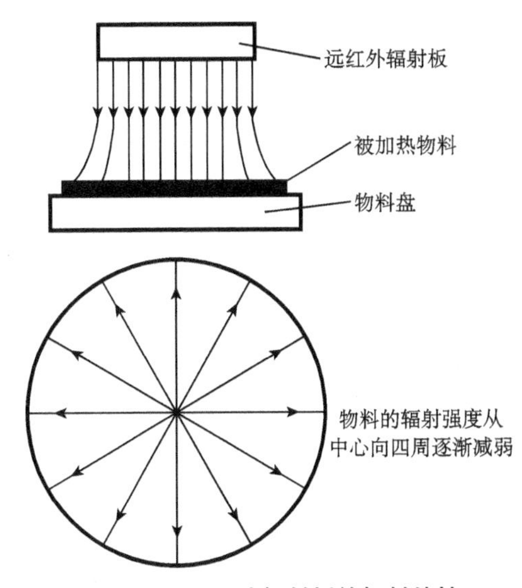

图 3.75 远红外辐射板的辐射特性

由图 3.75 可知，在远红外辐射板的辐射过程中，正对着板中心的物料所接收到的辐射最强，而远离物料盘中心的物料所接收到的辐射则最弱，所以在远红外辐射板辐射的过程中，辐射不均匀是一个比较重要的问题。由前期试验可知，在物料盘中心的物料在干燥过程中温度比周围物料的温度要偏高，且在干燥后期，处于物料盘中心的物料比处于物料盘四周的物料更容易出现“烤焦”甚至“烤煳”的现象。因此使物料在干燥过程中能转动，减少辐射的不均匀性则显得尤为重要。

该实验设备的结果见图 3.76～图 3.79。为了调节远红外辐射板与物料间的距离（即辐照距离），实验箱设有远红外辐射板安装调节杆，在此杆上设有几个可供调节辐照距离的孔，可从 115～195mm 改变不同的辐照距离。物料盘连接在电机的轴上，从而使得在干燥过程中物料盘转动以减少辐射的不均匀性，同时加速箱内空气的流通，加速干燥。转盘转速为 5r/min，物料盘的材料为玻璃，整个实验箱在各接口处保证良好密封。由于实验装置的远红外辐射板发热装置是由通电来实现的，要给远红外辐射板通电就需要将电线穿过箱体壁。由于该真空实验箱要能够达到较高的真空度，如果采用打孔的方法，既需要考虑箱体绝缘，还要保证干燥箱的密封，这将使得该部分结构比较复杂。在此，该装置采用打孔接上电线柱后，在电线柱的周围涂上绝缘胶，在箱体绝缘的同时，也能较好地保证箱体的密封。箱底电机轴的连接处采用动密封印油封密封，保证箱体的密封。由于干燥箱的箱体材料采用的是金属，热传导非常快，且吸收了辐射的较大一部分热量，并且这部分热量主要散失到了空气中。为了改善此缺点，在干燥箱的外面加上一层外壳，在箱体和壳体之间塞满棉花，可以较好地防止热量的散失，能达到节约能源的目的。该设备的缺点是由于温度等的限制，不能较好地实现对温度和含水量的在线测量。

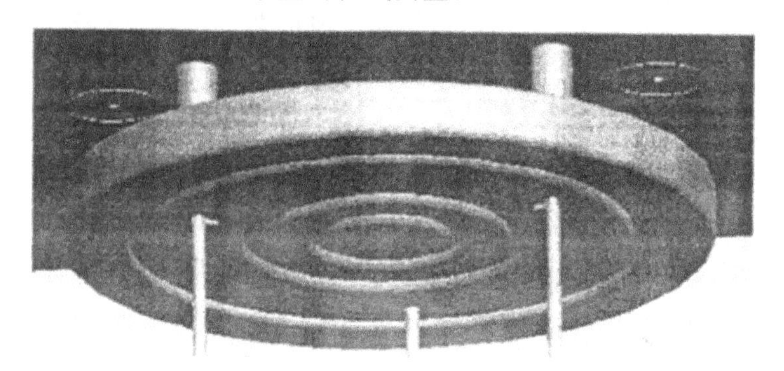

图 3.76　远红外辐射板及安装杆

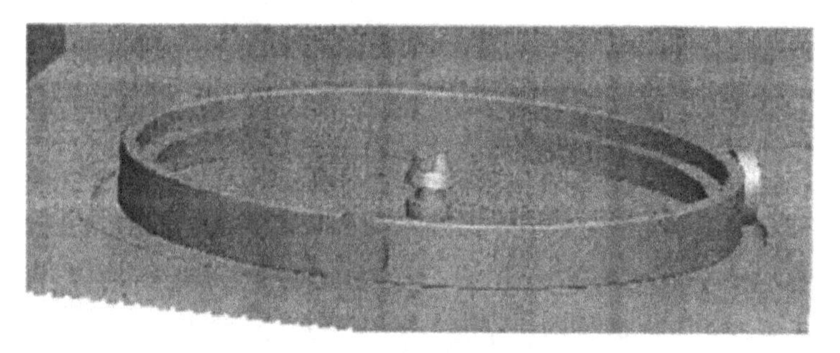

图 3.77　电机轴和滚轮

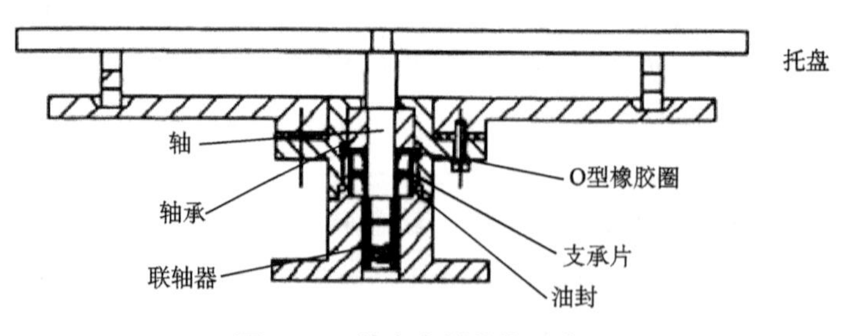

图 3.78　箱底密封结构示意图

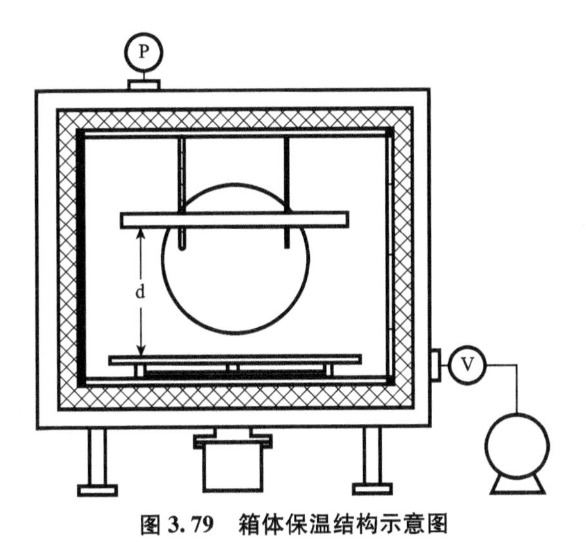

图 3.79　箱体保温结构示意图

2)传感器的配置

配置传感器是为了考察干燥的程度是否符合价格需要,如温度传感器、湿度传感器等。设备可根据实时的传感数据对加热时间等实施有效的控制。但是由于远红外板加热时箱内温度较高,安装传感器有限制,所以本实验设备不能进行温度和湿度的实时在线检测。为了弥补此项的不足,该设备在干燥箱上开设了两个视窗,可实时观察到干燥室内的情况,及时做出相应的处理。由于加热过程中,箱内温度较高,普通玻璃会发生热膨胀,加上内外压差的作用,容易发生破裂现象,所以视窗材料可采用钢化玻璃,这样视镜既能承受压力作用,又能及时观察箱内情况,符合实验要求。

3)真空系统

本实验设备采用了真空油泵。油泵真空度高,价格便宜,但水蒸气会进入而损坏油泵;水环真空泵真空度低些,但也能达到 40kPa 左右的真空度,由于材料为不锈钢,水蒸气进入不会损坏泵,价格贵些;水力喷射真空泵体积大,但抽气量大,价格便宜,也能达到 40kPa 左右的真空度,非常适合工业设备使用。实验设备在箱体后面设有抽真空接管,保证试验真空度在 0.04～0.08 MPa。

4)氧化锆远红外辐射陶瓷板

高纯度的二氧化锆是白色的,含杂质时略带黄色或灰色。常温下为单斜晶系,密度为 5.6g/cm^3。约在 1170℃转变为较紧密的正方晶系,密度为 6.10g/cm^3,到 2370℃又转变为立方晶系,密度为 6.27g/cm^3。其转化关系为

$$\text{单斜 } ZrO_2 \xrightarrow{1170℃} \text{正方 } ZrO_2 \xrightarrow{2370℃} \text{立方 } ZrO_2 \xrightarrow{2715℃} \text{液体}$$

由于二氧化锆单斜晶体与正方晶体之间的可逆转化,伴随着发生 3%～7%的体

积变化，造成二氧化锆制品烧成时容易开裂，所以生产中应当采取晶型稳定化处理。常用的稳定添加剂有氧化钙、氧化镁、氧化钇等，这些氧化物的阳离子半径与 Zr^{4+} 相近(相差在 12%以内)，它们在 ZrO_2 中的溶解度很大，可以和 ZrO_2 形成单斜、正方和立方等晶型的置换型固溶体。因此冷却后仍能保持这种晶型固溶体结构，没有可逆转化，也没有体积效应，即可避免其制品烧成时产生开裂。稳定剂的加入量一般为：MgO 10%～14%(质量分数)，CaO 8%～12%(质量分数)，Y_2O_3 2%～4%(质量分数)，CeO_3＞13%(质量分数)。稳定剂可以单独加入，也可以混合加入。各种稳定剂中以 Y_2O_3 的稳定效果最好，并且在 Y_2O_3 的质量分数为2%～4%时，对 ZrO_2 陶瓷的力学性能影响呈正相关，但由于 Y_2O_3 价格昂贵，可以采用 MgO、CaO 部分代替 Y_2O_3，也能起到纯 Y_2O_3 所起的作用，也即混合加入。氧化锆陶瓷材料具有优异的室温强度和韧性，但在低温潮湿的环境下发生低温老化(LTP)，极大地限制了它的应用，所谓低温老化现象即：在 250℃潮湿环境下，Y_2O_3 由于材料的表面向内部发生 $t\rightarrow m$ 相变，产生体积膨胀从而引起微裂纹和宏观裂纹，最终引起材料强度下降。针对氧化锆陶瓷的低温老化，目前主要采取控制陶瓷材料的晶粒尺寸、控制稳定剂含量、加入高弹性模量的第二相颗粒来控制。

5)远红外辐射陶瓷板的制作工艺

A. 造粒

造粒工艺是将磨细的粉料，经过干燥、加胶黏剂，制成流动性好、粒径约为 0.1mm 的颗粒。使用的胶黏剂应满足以下要求：要有足够的黏性，以保证良好的成型性和坯体的机械强度；经过高温烧结能全部挥发，坯体中不留或少留胶黏剂杂质；工艺简单，没有腐蚀性，对瓷料性能无不良影响。李红涛采用聚乙烯醇水溶液作为胶黏剂，该胶黏剂的特点是：生产工艺简单，瓷料气孔率小，聚乙烯醇水溶液的配制方法是将水加热到 80℃后加入一定量的聚乙烯醇(8%～12%)充分搅拌后滤去上层黏稠物后即可。由于试验规模较小，采用手工造粒法造粒，手工造粒法是将配料与 5%～8%的聚乙烯醇水溶液(9%)混合均匀，然后在研钵中手工将该物料研制成小球，再将其过 40 目筛，筛余物料继续上述研制操作，待全部物料过 40 目筛后完成手工造粒。

B. 成形

模压成形压力的大小取决于坯体的形状、高度、黏合剂的种类和数量、粉体的流动性、坯体的致密度等。一般为 30～60MPa，压力再增加，坯体的密度增加很少，压力过大，还容易出现裂纹、层裂和脱模困难等问题。加压速度和保压时间对坯体的性能有很大的影响，如加压过快、保压时间过短，坯体中气体不易排出；保压时间短，则压力还未传递到应有深度时，压力就已卸掉，也难以得到较为理想的坯体；加压速度过慢，保压时间过长，则生产效率下降。在实际生产中，加压速度及保压时间要根据坯体的大小、厚度和形状等具体情况而定。李红涛所设计的远红外辐射陶瓷坯体的成型在中钢集团洛阳耐火材料研究院完成，采用 100×100（+3 裕度）钢制模具，用 C35250 型四柱式液压成行极压制成型，成型压力为 40MPa，由于辐射板的面积较大，且较薄，根据传统成型经验，压制速度应较慢，保压时间应在 3～5s 为宜。

C. 干燥

坯体干燥的目的在于降低坯体的含水率；提高坯体的机械强度，减少在搬运和加工过程中的破损；使坯体具有最低的入窑水分，缩短烧成周期，降低燃料损耗。远红外辐射陶瓷坯体的干燥在中钢集团洛阳耐火材料研究院完成，采用 JCT－C－J 型烘干箱进行干燥，具体干燥制度是先缓慢升温至 50℃，保温 5h，再将温度升至 100℃保温 10h，然后，将温度再降到 50℃保温至烧结前。

D. 烧结

烧结是陶瓷坯体在高温下的致密化过程和现象的总称。随着温度的上升和时间的延长，固体颗粒相互键联，晶粒长大，空隙（气孔）和晶界渐趋减少，通过物质的传递，其总体积收缩，密度增加，最终成为坚硬的具有某种显微结构的多晶烧结体。烧结是减少成型体中的气孔，增强颗粒间的结合，提高其机械强度的过程。在烧结过程中，随着温度的升高和热处理时间的延长，气孔不断减少，颗粒间的结合力不断增强，当达到一定温度和一定热处理时间，颗粒间的结合力呈极大值。超过极大值后，就出现气孔微增的倾向，同时晶粒增大，机械强度减小。在陶瓷的生产工艺过程中，烧成是至关重要的工序之一。坯体在烧成过程中要发生一系列的物理化学变化，如膨胀、收缩、气体的产生、液相的出现、旧晶相的消失、新晶相的形成等。在不同的温度、气氛条件下，所发生变化的内容与程度也不同，从而形成不同的矿物组成和显微结构，决定了陶瓷制品不同的质量和性能。温度制度和气氛制度是烧成过程中影响陶瓷最终性能的关键因素，通过试验研究，自制辐射板的最终烧结温度为（1190±20）℃，烧结后的辐射板及自制辐射器见图 3.80。

图 3.80　烧结后的辐射板及自制辐射器

6)远红外辐射板的性能测试

A. X 射线衍射分析

X 射线衍射测试(X-ray diffraction,XRD)是根据晶体对 X 射线的衍射特征——衍射线的方向及强度来鉴定结晶物质的物相的方法。XRD 测试在中钢集团洛阳耐火材料研究院 X 射线衍射测试中心完成。测试使用仪器为:荷兰飞利浦公司产的 X′pert MPD pro 衍射仪。实验条件为:Cu 靶、扫描速率 0.02°/s、扫描范围 10°～70°。该辐射板的衍射图谱见图 3.81。

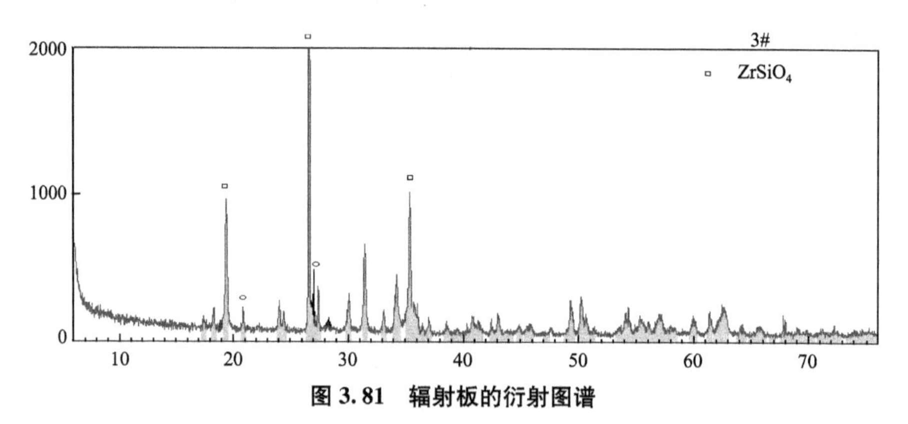

图 3.81　辐射板的衍射图谱

经查对 JCPDS 卡片,可知烧结后的试样主要由 ZrO_2、$ZrOSiO_4$、$TiOSiO_4$、$ZrOFeO_4$等物质组成。试样的衍射图表明:ZrO_2、TiO_2、SiO_2等原料经过高温烧结,生成了 $ZrOSiO_4$、$TiOSiO_4$、$ZrOFeO_4$等新的物质。

B. 扫描电镜分析

扫描电镜(SEM)分析主要是为了了解辐射板的表面微区形貌和结构,断面形貌和粒度,EDS:分辨率优于 132eV;可测元素范围 4Be～92U。扫描电镜测试试验在河南科技大学材料学院扫描电镜测试中心完成,测试仪器为 KYKY－2800B 型数字化扫描电子显微镜,实验条件为分辨率 4.5nm(钨丝阴极)、放大倍数 15×～250000×、加速电压:0～30kV。该辐射板的表面形貌和断面形貌图见图 3.82和图 3.83。

图 3.82 表明,烧结后的辐射板较致密,ZrO_2晶粒排布较均匀,其他物料微粒熔融其间,颗粒大小均在 3μm 以下,无晶粒过度增大现象。但图中有阴影,说明有部分 TiO_2等非 ZrO_2物质发生了团聚现象,表面有较多的空隙,虽然降低了辐射板的强度,但增加了表面的粗糙度,提高了表面的辐射率。

图 3.83 表明,断面的部分微粒明显发生了收缩变形,而大部分晶体仍保持原来的形貌,说明材料的断裂模式是以沿晶断裂为主,穿晶断裂模式为辅的混合模式。由于辅助原料的加入,穿晶断裂模式出现,增加了辐射板的断裂韧性。

(a) ×100　　(b) ×500

(c) ×1000　　(d) ×2000

图 3.82　辐射板的表面形貌

(a) ×500　　(b) ×1000

(c) ×2000

图 3.83　辐射板的断面形貌

C. 能谱分析

能谱(EDT)分析主要是为了对辐射板的表面微区成分进行定性和半定量分析。进而了解辐射材料成型时混合的均匀程度,以及是否有杂质的混入,从而探究辐射性能与辐射材料之间的关系,能谱分析实验在河南科技大学材料学院能谱测试中心完成,测试仪器为 Finder 能谱仪,实验条件为:分辨率优于 132eV;元素测量范围 4Be～92U。辐射板局部的元素含量和配方中的原料含量基本相符,说明配料基本均匀且几乎没有配料以外的杂质含量。

3.4.3 板式远红外辐射器的应用

板式远红外辐射器既可用于加热小型及平板状工件,也可用于加热大型和形体复杂的元件。板式远红外加热器可广泛用于食品工业、纺织工业、制药工业、制革工业中。

1. 在食品工业中的应用

1)谷物干燥

板式远红外辐射器在谷物干燥中有广泛的应用,主要用于水稻的干燥。中国科学院上海技术物理研究所和宝山农具研究所共同研制出滚筒式远红外粮食烘干机,该机采用喷涂金属盐化物涂层的碳化硅板作为加热元件,经烘干稻谷、油菜籽、大麦等试用,烘干效果较好。谷物经过烘道 20s 就可脱去水分 3%左右,其相当于一般烘干机烘干 20min 才能去掉的水分。烘干 3000 斤粮食用电 13kW · h(包括其他动力用电),而且比用煤烟气烘干要清洁,无污染,并且具有杀虫灭菌的作用。

河南科技大学李红涛等采用 ZrO_2、TiO_2 及辅助原料合成适合谷物干燥的性能优良的远红外辐射材料,通过合理的烧结工艺,烧制出了性能优良的远红外辐射板。将自制远红外辐射器用于谷物干燥,通过研究谷物的远红外吸收光谱,发现 TiO_2 的含量对远红外辐射率有高度显著的影响,TiO_2 含量及稳定后的 ZrO_2 含量对指标影响特别显著,试样的远红外辐射性能随着 TiO_2 含量的增加而增加,稳定后的 ZrO_2 的含量和辅助材料两因素分别选 80%和 No. 3 时性能达到最佳。试验过程中干燥速率主要受远红外干燥功率密度和真空度的影响,干燥速率受远红外辐照距离的影响很小。远红外干燥功率密度越大,干燥速率越快。有无真空对干燥速率的影响较大,而真空条件下,当真空度小于 0. 07MPa 时,真空度的大小对干燥速率的影响不大。用该远红外干燥试验台进行小麦干燥实验时,选取物料层厚度,穿透风速、辐射距离作为试验因素,结果表明谷物的干燥速度快(试验中最快仅需 1h),干燥后谷物的品质较好,各因素对指标影响的主次顺序为:辐射距离>物料厚度>穿透风速,最佳的干燥工艺参数组合为辐射距离 4cm,物料厚度 3cm,穿透风速 0. 4m/s。试验表明该自制远红外辐射器适合谷物干燥,并且性能优良。根据 Page 的经验模型建立了实验条件下的远红外真空干燥的数学模型，并获得了远红外真空干燥各项因素的参数 a_1、a_2、a_3、a_4、a_5，系数的大小所反映出的因素对干燥速率的影响与实验结果一致，干燥速率的理论值与实验值基本接近，模型能较好地反映实际远红外真空的干燥规律。

水稻的干燥不同于其他粮食的干燥，水稻是一种热敏性的作物，干燥速率过快容易产生爆腰，这将直接影响水稻碾米时的碎米率，从而影响稻谷的出米率，也就是影响它的质量和经济价值。辐射加热因具有对物料表层的穿透性，使内部的水分迅速升温蒸发，促进谷物内部水分向外部转移，因此减少了内外部的水分梯度，远红外干燥辐射振幅的振动可以使所含水分振动，使水势梯度增大，水分的流动阻力减少，有利于传质，可以在很大程度上避免爆腰这个问题，能够实现从内到外均匀加热，因此选择远红外干燥方式可以满足水稻干燥的要求。莱阳农学院吴连连等对水稻的远红外干燥爆腰率和水稻干燥过程中的缓苏进行了相关的分析与试验研究，并在自制的远红外干燥试验台上，研究了水稻的远红外薄层干燥试验，发现从水稻远红外干燥的干燥特性曲线可以看出，水稻在远红外干燥中没有明显的三个阶段；通过和热风干燥的试验对比，远红外干燥要优于热风干燥，远红外干燥的速率比热风的速率要大，在干燥过程中，远红外干燥减少了水稻内部形成的温度和水分梯度，而在热风干燥过程中由于传热的差别将会形成较大的温度和水分梯度，将会引起水稻的爆腰，降低了出米率。干燥过程中，辐射强度对干燥速率有着很大的影响，在保证干后水稻品质的条件下应该尽力提高干燥温度；初始水分越高干燥速率越快，初始水分越低反而干燥速率越慢；辐射距离也对干燥速率有着重要的影响，辐射距离越大，干燥速率越小；辐射距离越小，干燥速率越大。辐射强度对水稻爆腰率有着重要的影响，爆腰率随着干燥温度的增大而增大；水稻爆腰率随着初始含水率的增大而增大，但是到达某一个特定值时，又随着初始含水率的增大而减少；爆腰率随着表现风速的增大而减少，在干燥中应使用较高的表现风速；随着干燥时间的增加，爆腰增值呈增大的趋势。

采用二次正交旋转组合回归试验设计方法建立了水稻远红外干燥过程中的缓苏试验的数学模型（试验指标为水稻缓苏爆腰差值，试验因子为缓苏时间 z_1、缓苏温度 z_2、缓苏时刻 z_3），经过分析求出用编码表示的回归方程：

$$y=7.77+1.51x_1+0.358x_2+0.307x_3+0.375x_1x_2+0.35x_1x_3-0.35x_2x_3+0.142x_{12}-0.46x_{22}-1.344x_{32}$$

用自然参数表示如下：

$$Y=-22.61-0.0715z_1+0.519z_2+0.898z_3+0.0013z_1z_2-0.0009z_1z_3-0.003z_2z_3+0.0002z_{12}-0.005z_{22}-0.01z_{32}$$

通过对回归方程的试验验证，以上回归方程可以对远红外干燥水稻的缓苏过程进行预测。没有缓苏过程和有缓苏过程的水稻远红外干燥中所得爆腰值之差是随着缓苏时间的增大而增大的；缓苏差值与缓苏温度呈开口向下的抛物线的关系；干燥时间也与缓苏爆腰差值有着重要的影响，干燥时间要选择合适，在本试验中最佳干燥时间为43min，最佳的缓苏温度为45℃。

2)果蔬干燥

A. 香菇干燥

通常食用的香菇大多为干制品，干香菇质量的好坏，除了需在培养过程中保证良好的生长环境和适时精心采收外，更重要的是掌握香菇的干燥特性，并据此选择合理的干燥设备与工艺进行及时干燥。目前，我国香菇的干燥方式主要是热风对流干燥，这种干燥方式时间长，温度和排湿较难控制，易造成营养成分散失、色泽变深和革质化。远红外线干燥法相比于热风对流干燥法质量有所上升，干燥时间也短些，但部分香菇色泽仍然较深，为了进一步提高我国干制香菇的商品价值和在国际市场上的竞争力，有必要探索一条新的干燥途径。

当前导致香菇干制品质量下降的主要因素是颜色较深和香菇表面革质化。造成颜色较深的一种原因是香菇干燥温度过高，使表面氧化，还有一种原因是干燥箱排湿不好造成香菇表面水分蒸发不掉，香菇内部水分蒸发不出来导致水煮菇，使颜色变深。表面革质化的原因是香菇表面水分快速蒸发，而内部水分向外扩散不及时，造成表面细胞干死硬化，影响干制香菇的质量。我国干香菇在国际上缺乏竞争力，原因之一是干燥方式及工艺落后，且研究较少。目前，国际上许多复苏型果蔬采用远红外干燥，而我国则刚刚起步，在香菇作业上的应用几乎为空白，为此进行了远红外热风干燥香菇的研究。

浙江农业大学王俊等利用自行改装的远红外、热风干燥试验台，对香菇进行了干燥失水温度特性的试验研究、热风与远红外联合干燥的试验研究，发现远红外与热风联合干燥香菇时，干燥前期热源温度、后期热源温度、转换水分与缓苏时间四因素对质量、脱水速率、单位能耗和综合指标均有显著性影响，最佳参数组合是：前期热风低温(50℃)、后期远红外高温(65℃)、转换水分70%和缓苏时间2h。配以气流的远红外干燥优于热风远红外联合干燥，通过观察配以气流的远红外干燥香菇试验发现干燥前温、后温、风速和转换水分四因素对干燥香菇质量、脱水速率、单位能耗和综合指标影响较大，最佳干燥参数组合是：前温52.9℃、后温66.7℃、风速0.13m/s和转换水分70.2%。

负压远红外干燥法适于干燥低含水率(50%左右)的物料，在负压下可使香菇水分在较低温度下较快的蒸发，不易使其氧化变质，可解决由于干燥温度过高造成的香菇表面氧化而颜色变深的问题，较好地保证了香菇干制品的质量，同时干燥速度也会提高；以具有一定穿透能力的远红外线为热源，可使香菇内部形成一个由内向外的温度梯度，此温度梯度又与香菇内部的湿度梯度方向一致，这样可以保证内部水分尽快向表面扩散，从而可以解决表面革质化的问题，提高干制香菇的品质。徐贵力等采用负压远红外干燥方法来干燥香菇，即利用换气负压远红外干燥法和远红外线配以排湿气流干燥法的各自特点，在干燥前期，用远红外线配以排湿气流干燥法可较快地把香菇的含水率降到 50%左右，在干燥后期，用换气负压远红外线干燥法把香菇的含水率降到要求值，这种联合干燥法，可缩短香菇干燥时间和降低能耗，而且提高了香菇干制品的优等率，这种方法可应用于实际生产，且在工程上可行。

B. 双孢蘑菇

蘑菇为典型的毛细管多孔胶体材料，在波长 3.0～15μm 区域内对辐射有极强的吸收，这是构成毛细管多孔胶体的所有组成物质均吸收辐射所致。在果蔬脱水干燥中，为了保证果蔬的营养成分不被破坏，要求远红外辐射元件的表面温度低，并且单位面积的辐射功率不能太大。DZR 型远红外辐射板具有低温辐射的特点，并且可以根据需要布置成一定的形状。该辐射板的辐射波长为 4.6～5.0μm，正好处于 3.0～15μm 波长区域内，如果将该远红外辐射板用于蘑菇干燥，则可使得蘑菇干燥物料尽可能充分地利用远红外辐射的热量，达到快速脱水、节约能源的目的。姜元志设计了 DZR 型远红外辐射干燥器来干燥双孢蘑菇，试验结果表明，联合干燥方式对高湿物料的干燥速率明显优于单独远红外辐射干燥，在远红外与热风联合干燥过程中，高湿物料的干燥过程可分为加速、恒速和降速期三个干燥阶段，与一般的热风干燥规律相同，辐射与对流换热并不改变高湿物料的干燥过程；物料的表面温度呈现上升、稳定、再上升三个趋势，这与热风干燥时物料表面温度的变化规律类似。干燥的起始阶段，物料的表面温度要大于其内部温度，随着干燥过程的进行，物料的内部温度逐渐接近并超过其表面温度，物料内部温度与其表面温度的差值最大值约为 6℃，这与热风干燥的特性有明显区别，辐射换热对物料内部温度有影响。在干燥初期，热风对流干燥对物料脱水起主要作用，在中后期，则以辐射换热脱水为主导，因此，联合干燥应根据不同的时期采用不同的干燥工艺。通过正交试验及方差分析得出热风温度、远红外功率、对流风速、物料切片对双孢蘑菇干燥均有影响，热风温度、远红外功率、对流风速对双孢蘑菇的干燥有显著影响，物料切片的影响较小。在选定的工艺参数范围内，主次顺序为：远红外功率(kW)＞热风温度(℃)＞对流风速(m/s)。热风温度越高，远红外功率越高，对流风速越高，物料的脱水速率加快，但过高的温度会降低物料干制品的外观品质，试验过程中应控制好温度以提高干燥双孢蘑菇的质量。

C. 脱水蔬菜

脱水蔬菜是当代流行食品之一，越来越受到现代消费者的喜爱，它是蔬菜加工的重要技术之一，具有广泛的发展前景。利用远红外辐射技术可使果蔬组织内的水分子处于激活状态，从而引起振动，使水分子脱附，达到提高脱水效率的目的。

陕西师范大学肖旭霖、张宝善等在真空条件下对洋葱进行了远红外干燥的研究，他们研究了脱水过程中的3个主要因素对洋葱干燥特性的影响规律及真空远红外干燥的机理等，并得到了各个因素对复水比、脱水速率和干制品含量3个指标的回归数学模型和最佳参数范围，认为在温度范围为60～68℃、真空度为0.05～0.076MPa和切片厚度为5～6.5mm的条件下可以获得较好的干燥产品。日本的Mongpraneet，Abe和Tsumsaki等也采用远红外真空干燥的方法对威尔士洋葱进行了干燥研究，得到的脱水洋葱质量好。他们通过研究发现洋葱产品的干燥过程可以分为3个阶段，即加速期、恒速期和降速期；辐射强度对产品的干燥速率和产品的干燥质量有很重要的影响：对产品的叶绿素保留率同样也有很重要的影响作用，而干燥时间的延长和干燥温度的升高都将使得产品的复水性降低。

肖旭霖等将大连第四仪表厂生产的668型真空干燥箱改装成真空远红外干燥箱，由真空泵、干燥器、电磁阀、压力控制器、真空表干燥箱、温度传感器、远红外加热器组成。远红外加热器由三片220×20×5功率为200W的远红外加热片分两组而成。肖旭霖等将自制的真空远红外干燥设备用于洋葱的干燥，采用二次旋转试验设计方法探讨了真空远红外干燥洋葱的规律和效应，试验结果表明，远红外真空干燥洋葱过程分为三个阶段，前期干燥速率急速升高，恒速期干燥速率呈下降趋势，降速期呈直线下降；水分迁移机制以蒸汽为主，内、外扩散的动力较大，干燥时间短，成品质量好；影响指标的主因素效应为温度>真空度>片厚，最佳参数范围为：干燥温度60～68℃，干燥真空度－0.05～－0.076MPa，切片厚度5～6.5mm。

江南大学胡洁等将远红外技术用于切片胡萝卜的干燥。远红外真空干燥过程中温度变化主要可以分为3个阶段，即物料的预热阶段、等速干燥阶段和降速干燥阶段。在第一阶段(MR>90％)物料吸收的热量使物料温度快速升高，其变化规律取决于干燥的功率密度和干燥时间；在第二阶段中(40％<MR<90％)，温度基本保持不变且主要决定于相应的真空压力下的水的饱和蒸汽温度，其变化规律为真空度越大，温度越低；第三阶段中(MR<40％)物料温度快速升高，其变化规律取决于外部的干燥条件，即远红外真空干燥功率密度和真空度等。采用远红外真空干燥切片胡萝卜时，发现胡萝卜干燥过程中温度的分布和变化规律与切片的厚度密切相关。当胡萝卜的厚度小于临界厚度7 mm时，传质阻力小，中心温度和表面温度能较好地保持一致；当胡萝卜的厚度大于临界厚度7 mm时，传质阻力变大，中心温度比表面温度高。远红外真空干燥试验中各因素对指标的影响程度：对干燥时间而言，功率密度>真空度>辐照距离；对复水性而言，功率密度>真空度>辐照距离；对胡萝卜素含量而言，则各因素对指标的影响程度为真空度>功率密度>辐照距离。远红外干燥功率密度为2W/g，辐照距离为155mm，真空度为0.07MPa时，获得的胡萝卜干燥产品质量最优。由此可见，采用远红外真空干燥与其他干燥方法相结合的方法可以提高产品的外观质量、复水性等，而且对色素等营养成分的保留率的提高也有非常明显的效果，可极大地改善干燥产品的质量。

2. 在纺织工业中的应用

1)远红外辐射定型坯布

圆筒热定型机是用于弹力锦纶丝坯布定型的一种加热定型设备。过去多采用热风来定型，现已采用碳化硅远红外辐射器定型。辐射器采用大规格的碳化硅板(800mm×350mm×20mm)八块，分上下两排安装，每块功率 4kW，并制作尺寸相同的八块铝板与碳化硅板交错安装，如图 3.84 所示。在正常工作时，使到达铝板的辐射能反射到烘干箱内；在紧急停车后，可通过手推或可控装置由铝板将碳化硅辐射器遮盖起来，以防止烧坏坯布。

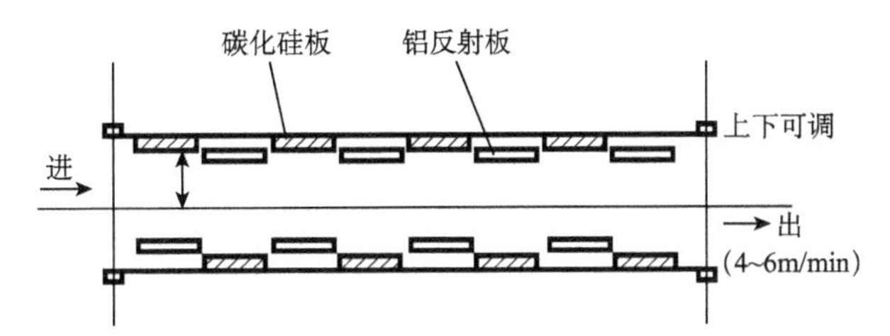

图 3.84　圆筒热定型机远红外辐射器的安装结构示意图

好定型的弹力锦纶丝坯布及汗布质量良好，坯布回收率在 2%，在保持原生产水平条件下可节约能源 56%以上；同时，坯布的干燥速度加快，设备使用效率提高，还降低了环境温度，减少了噪声，改善了劳动条件。此外，远红外投资少，上马快，设备费用仅需 2000 元，而原设备的费用需 8000 元，并且改装也较方便。大尺寸旁热式的碳化硅远红外辐射器热惯性大，温控难，升温降温时间长；采用手推法去遮盖碳化硅辐射器，则劳动强度较大。因此，可采用薄而尺寸小及升温时间快的辐射器，采用灵敏的温度控制装置，装配停车后的自动遮盖机构。

2)煤气远红外辐射定型纺织品

现行不少漂染厂已将原来的金属管煤气烘干设备改装成以煤气加热锆英砂远红外辐射板来干燥定型轧染车上的纺织品。其改装方法较简便，在煤气燃烧口的上方安置锆英砂辐射板，下方安放反射保温装置，其配置如图 3.85 所示。改装后不仅煤气用量可降低 50%以上，而且还使产品质量有所提高。为了减少热惯性，在板材机械强度许可的前提下，尽可能减薄远红外辐射板的厚度，并改进反射与隔热保温措施，从而进一步降低热能损失而提高干燥效率。

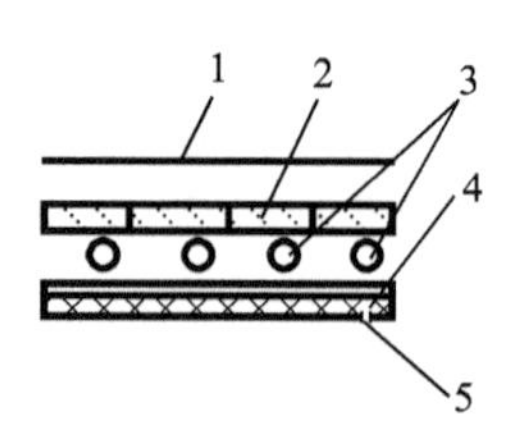

图 3.85 煤气锆英砂远红外辐射板配置示意图

1. 布匹；2. 辐射板；3. 煤气燃烧口；4. 反射板；5. 保温层

3. 在油漆、绝缘漆干燥中的应用

北京市医疗器械厂电冰箱外壳喷漆烘烤自动线隧道，原用波纹碳化硅板热元件共 116kW，后来在这些电热板表面用等离子喷涂方式喷涂一层氧化钛-氧化锆系烧结料，用电容量减为 60kW，烘干时间从 10min 30s 缩短为 6min 36s，节电 34.8%。

河北省保定变压器厂铁芯硅钢片涂漆烘干是一道主要工序，原来采用电阻丝加热，电炉功率为 300kW，消耗电能多，后改为远红外加热，同时采用硅酸铝耐火纤维保温，收到了良好的效果。涂漆炉功率降到 192kW，节电 36%。按 2 班生产，一年可节电 51.84 万 kW·h，价值达 5 万多元。远红外烘干硅钢片涂漆炉，全长 10m，高 1.3m，宽 1.9m，共用 192 块碳化硅板，每块 1kW，上下两层各放置 96 块。原炉和远红外炉对比，工作正常温度为 350～380℃，没有变化，但额定电压由 420～460V，降低到 380V，额定电流由 410～425A 降低到 291.2A。链条转数除保持原炉 850～900r/min 以外，新炉可增加到 950～1000r/min。烘片漆膜、颜色等质量，均较原炉要好。原炉升温需 1h，新炉采用电磁调速器，有 30min 就可以开始烤片，增加了生产时间。由于采用了远红外加热和硅酸铝耐火材料保温的新工艺新技术，硅钢片涂漆烘干做到了干燥快、效率高、质量好。

4. 在制药工业中的应用

上海第三制药厂生产的四环素药粉，原用红外灯泡电烘箱烘干，烘箱用电 20kW，药粉装在盘里，每半小时翻动一次，两班产量只有 300 斤。现采用远红外加热的小型烘道烘干，用喷有远红外涂料的碳化硅板作电热元件，用电容量为 8kW，传送带上药粉的厚度为 8mm，1h 可烘干 50 公斤，只要 6h 即可产药 300 公斤，生产率提高 1 倍以上。

5. 在制革工业的应用

1）皮革脱水

上海红卫制革厂采用等离子喷涂法在碳化硅板上涂覆氧化锆、氧化钛、氧化铌等混合涂料干燥皮革，相比原来用的高频干燥法，每张皮耗电量从 4.1kW·h 降到 2.9kW·h，节电 29.3%；干燥时间也从 14min 缩短为 7～10min。

2)胶黏鞋干燥

北京皮鞋厂自行设计一条胶黏鞋自动生产线，其中黏胶烘干部分原用红外线灯泡作热源。黏胶干燥需 11min，后改用带远红外涂层的碳化硅板加热，只需 2min，烘干时间缩短了 80%以上，烘道长从 5.24m 减至 2.4m，节能效果显著。

6. 其他方面的应用

1)有机玻璃软化成型

北京市有机玻璃制品厂的有机玻璃软化成型工序原在电阻丝加热的烘箱内进行，烘箱功率为 29.7kW。将烘箱内的电阻丝改为碳化硅板，并在碳化硅板表面喷涂一层远红外涂料(氧化钛 80%、氧化锆 20%的混合烧结料)，烘箱功率减为 19.8kW，预热时间从原来 2h 45min 缩短到 15min，烘烤时间从原来 40min 减到 18min。烘烤一套相同的有机玻璃料，前后相比，实际节电 33%。

2)纸箱烘干

湖南省株洲市纸箱厂生产出口商品包装用的纸箱，用淀粉黏合剂粘合箱板纸。原用蒸汽烘干，后改为 10m 长的远红外电热烘道，用 19 块共 25kW 的远红外碳化硅板，每个纸箱用电单耗由原来的 0.2kW·h 降为 0.055kW·h，省电 72.5%，同时还节省了蒸汽，并克服了过去干燥不匀不适等质量差的现象。

3)牙膏软管印刷油墨干燥

武汉化工厂牙膏车间在干燥牙膏软管印刷油墨的烘道上，原用 9kW 普通电热管烘干，需 9min，后改用 15 块容量为 6kW 涂有氧化铁的远红外碳化硅板后，软管经过烘道只需 3min 即可烘干，干燥时间缩短 2/3，节电 33%。

4)塑料包装商标烘干

福州市第三印刷厂承印塑料包装商标，原用碘钨灯 3kW 烘干，由于印刷速度快，油墨不能均匀干透，卷筒时常因油墨不干造成黏涂，影响产品质量，现改用一块 1kW 的远红外辐射板，能保证油墨内外均匀干燥，提高了印刷质量。

第 4 章　远红外光谱分析技术

4.1　傅里叶变换光谱分析技术

傅里叶变换光谱分析技术是利用干涉图和光谱图之间的对应关系，通过测量干涉和对干涉图进行傅里叶积分变换的方法来测定和研究光谱的技术。与传统的色散型光谱仪相比，傅里叶光谱仪可以理解为以某种数学方式对光谱信息进行编码的摄谱仪，它能同时测量、记录所有谱元的信号，并以更高的效率采集来自光源的辐射能量，从而使它具有比传统光谱仪高得多的信噪比和分辨率，成为目前红外和远红外波段中最有力的光谱工具。它的开发、研究和应用已经形成了光谱学的一个独立分支——傅里叶变换光谱学或称干涉光谱学。

4.1.1　傅里叶变换光谱学的基本原理

设以振幅为 a、波数为 $\bar{\nu}$ 的理想准直单色光束投射到无损耗分束片 BS 上，分束片振幅反射比为 r，透射比为 t，则探测器接收的信号振幅为

$$A_D = rta(1+e^{-i\phi}) \tag{4.1}$$

信号强度为

$$I_D(x,\bar{\nu}) = A_D \times A_D^* = 2RTB_0(\bar{\nu})(1+\cos\phi) \tag{4.2}$$

式中 R、T 分别为分束片的反射比和透射比，$B_0(\bar{\nu})$是输入光束强度，ϕ 是来自固定镜和动镜的两光束间的相位差，表示为

$$\phi = 2\pi\frac{x}{\lambda} = 2\pi\bar{\nu}x \tag{4.3}$$

从式(4.2)可以看出探测器接收到的信号强度是输入光束强度和两光束间光程差的函数，这样理想准直的单色辐射通过干涉仪形成的干涉图是一个无限延伸的余弦函数。也就是说，光谱图中不同的单色光分别对应着干涉谱图中的一条余弦曲线，而这些余弦曲线相互的叠加，形成了干涉图。这样在一般情况下，我们可以把连续光看成无限窄的单色光谱元($d\bar{\nu}$)的集合，于是对所有的波数积分可得

$$I_D(x) = \int dI_D(x,\bar{\nu}) = \int_0^\infty 2RTB_0(\bar{\nu})(1+\cos2\pi\bar{\nu}x)d\bar{\nu} \tag{4.4}$$

这就是一般的干涉图表达式。当我们要计算出光谱图时，很容易发现，通过傅里

叶的逆变换就可以得到光谱图，即 $\bar{\nu}$-B 图，所以我们直接可得光谱图的表达式，它是干涉图的傅里叶逆变换：

$$B(\bar{\nu}_1) = RTB_0(\bar{\nu}) = \int_{-\infty}^{\infty} I_D(x)\exp(-\mathrm{i}2\pi\bar{\nu}x)\mathrm{d}x = FT^{-1}[I_D(x)] \quad (4.5)$$

式中，$B(\bar{\nu}_1)$即复原光谱，它与真实辐射光谱 $B_0(\bar{\nu})$相差一乘数因子 RT。在求比谱时，这一因子将被消去，因而我们可以不必多加考虑。这样，对于任一给定的波数 ν，如果已知干涉图，即探测器接收到的信号强度与光程差的关系 $I_D(x)$，那么根据干涉图的傅里叶逆变换式(4.5)就可以给出波数($\bar{\nu}_1$)处的光谱强度 $B(\bar{\nu}_1)$。为得到整个光谱，只需要对我们关心的波段内的每一个波数，重复地进行傅里叶变换运算即可。

往往经过傅里叶变换后得到的光谱同真实的光谱之间存在着一个乘数因子，当我们把两个光谱相除之后，这个乘数因子也被约去了。

傅里叶变换具有两个显著的优点。其一是多通道优点(Fellget 优点)。当人们在时间 T 内以分辨率 $\delta\bar{\nu}$ 测量一个从波数 $\bar{\nu}_1$ 扩展到 $\bar{\nu}_2$ 的宽带光谱时，被测量的谱元为

$$M=(\bar{\nu}_2-\bar{\nu}_1)/\delta\bar{\nu}=\Delta\bar{\nu}/\delta\bar{\nu} \quad (4.6)$$

如果人们采用的是传统的色散型光谱仪，则测量每一个谱元时，其他谱元的能量未被探测器接收到，所以测量每个谱元的时间只有整个测量时间的 M 分之一。但是用傅里叶变换光谱仪测量时，探测器在同一个时间接收到了所有的谱元，这样每个谱元获得的时间就是整个测量时间，即色散型光谱仪的 M 倍。这就是傅里叶变换光谱仪的多通道优点的物理起源。可以证明，如果噪声是随机的并且与信号电平无关，在检测器的噪声限范围内，测量时间延长 M 倍导致测量信号比提高 $\sqrt{M}$ 倍。

为了对多通道优点的大小有一个数量概念，我们以固体远红外光谱测量为例，以 0.5cm^{-1}的分辨率测量 0～500cm^{-1}波段的光谱，即有 1000 个谱元，这时多通道优点导致的信噪比提高约 30 倍。

其二是高通量优点(Jacquinot 优点)。在传统的色散型光谱仪上，光束必须通过狭缝，这样使探测器接收到的光通量极大地减少了。而傅里叶变换光谱仪中探测器所接收的光通量是来自圆形光源或入射光孔的，对于前者有数量级的提高。在准直镜面积和分辨率本领相等的条件下，傅里叶变换光谱仪的通过量比光栅光谱仪高约 200 倍，这就是傅里叶变换光谱仪高通量优点的物理起源和大致量级，这是干涉仪具有圆柱形对称性的直接结果。应该指出，为实现这种孔径增益优点，探测器必须确有能力采集来自干涉仪的这一较大立体角范围内的辐射能而不导致非线性和噪声的增加。

4.1.2　傅里叶变换红外光谱仪

1. 傅里叶变换红外光谱仪的工作原理

图 4.1 为傅里叶变换红外光谱仪的光路原理图，光源发出的光经过反射镜、光孔、聚焦镜后成为平行光进入干涉仪，在分束片上分成两束相干光后，分别被动镜和定镜反射回来，形成相干光束沿光路打在样品上，并被图左下侧的检测器接收，形成干涉图，经过计算机处理以后就可以还原出光谱图。在干涉仪的旁边有一个 He－Ne 激光器，其所发出的激光起准直整个傅里叶变换红外光谱仪光路及校正光谱的作用，因为 He－Ne 激光的波长是精确的，为 632.8nm，但是我们看到，He－Ne 激光器所发出的激光同样在实验时也打在了样品上并被检测器接收了，这在实际测量时就会使检测器饱和而无法正常工作，所以如果测量范围包括 632.8nm 时，我们必须分段测量，并加装红滤光片来保证检测器安全工作。

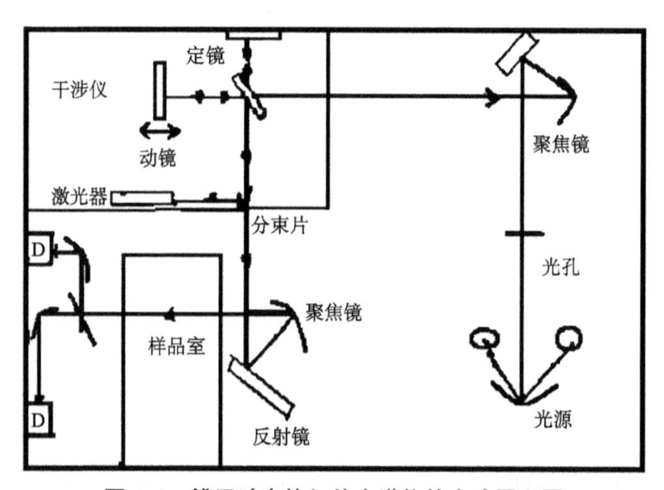

图 4.1　傅里叶变换红外光谱仪的光路原理图

实际测量的时候，检测器所接收到的信息不但存在着样品本身的信号，而且还有周围环境因素对于光信号的影响，诸如大气吸收、仪器状态等，如何从这些复杂的信号中分辨出我们所关心的信号呢？通常我们采用比谱来得到样品的真实光谱。第一步，要得到一个除样品之外的所有因素综合的光谱，即背景光谱；第二步，在保持周围环境条件不变的情况下，放入样品再次测量，然后将测量得到的结果和原来的背景相除就可以得到样品的真实光谱。

2. 傅里叶变换红外光谱仪的结构

傅里叶变换红外光谱仪主要由光源、干涉仪、检测器、计算机和记录系统组成。从红外光源发出的红外光，经迈克耳孙干涉仪干涉调频后入射至样品，透过(或反射)后到达检测器，透过光包含了样品对每一频率的吸收信息，将检测器检测到的光强(干涉图)信号输入计算机进行傅里叶变换处理，结果以红外光谱图的形式输出，并由计算机通过接口对仪器(光学台)实施控制。

1)光源室

由红外发光元件提供红外辐射。由于每种光源只能发射具有一定强度、有限波段范围的光，所以测定不同波段的光谱时需要选择相对应的光源。

测量 650～50cm^{-1}的远红外光谱可以使用中红外光源。中红外光源在 50～10cm^{-1}的能量非常低，因此，如果需要测试 50～10cm^{-1}的光谱必须使用高压汞弧灯光源。固体和液体的远红外光谱谱带主要集中在 650～50cm^{-1}，50cm^{-1}以下几乎没有吸收谱带。因此，如果只测量 550～50cm^{-1}的光谱，没有必要配备高压汞弧灯光源。

现代的傅里叶变换红外光谱仪，绝大多数仪器的中红外光源都是空气冷却光源，而高压汞弧灯光源是水冷光源。

高压汞弧灯光源除了发射所需要的远红外辐射外，还发射出极强的紫外线和可见光。所以在使用高压汞弧灯光源测量远红外光谱时，在光路中必须插入合适的黑色聚乙烯滤光片，以滤除紫外线和可见光对测量的干扰，同时起到保护样品免受光照射发生变化和保护检测器免受损坏的辅助作用。

表 4-1 是各波段常用的几种红外光源。

表 4-1　几种常用红外光源

类型	使用范围/cm^{-1}	特点
碘钨灯	24000～4500	功率大、能量高、寿命长、稳定性好
硅碳棒	15000～50	功率大、能量高、范围宽、水冷却
金属丝	4500～400	小功率、风冷却
高压汞弧灯	100～5	高功率、水冷、适用于远红外

2)干涉仪

干涉仪是 FTIR 最重要的组成部分，通常采用的是迈克耳孙干涉仪。由一组反射镜和分束器组成。仪器的波段范围也和分束器类型有关，常用分束器类型和使用波段范围见表 4-2。

表 4-2　常用分束器类型和使用波段范围

类型	光谱范围/cm^{-1}
石英	25000～3300
	9000～1200
BaF_2(镀 Si)	9000～900

续表

类型	光谱范围/cm^{-1}
KBr(镀 Ge)	7800～400
CsI(镀 Ge)	6000～225
固体远红外分束器	650～20
涤纶薄膜/μm	
3	700～125
6.5	500～100
12.5	240～70
25	135～40
50	90～25
100	40～10

从中红外光谱测试转换为远红外光谱测试时，需要将测试中红外光谱使用的分束器从干涉仪中取出来，换上远红外分束器。目前还没有一种分束器能够覆盖整个远红外区(400～10cm^{-1})。远红外分束器分为两类：一类是聚酯薄膜分束器(mylar film)，另一类是固体基质分束器(solid substrate)，金属丝网分束器(metal mesh)属于聚酯薄膜分束器。有的仪器公司的远红外配备的是固体基质分束器，有的仪器公司配备的是聚酯薄膜分束器。

当红外光束通过聚酯薄膜分束器时，红外光束会发生干涉。在远红外区，由于光的干涉而产生干涉条纹。在干涉条纹的波谷附近，红外辐射透过很少，使得波谷点附近区间的远红外光谱无法测定。干涉条纹的宽度和干涉条纹在远红外区出现的位置与分束器所用的聚酯薄膜厚度有关。薄膜越薄，干涉条纹的宽度越宽，测量的远红外范围越大，透过的远红外光能量越高，光谱的信噪比越高。图 4.2是两种不同厚度聚酯薄膜分束器的干涉条纹，也就是这两种分束器在近红外区的能量分布。

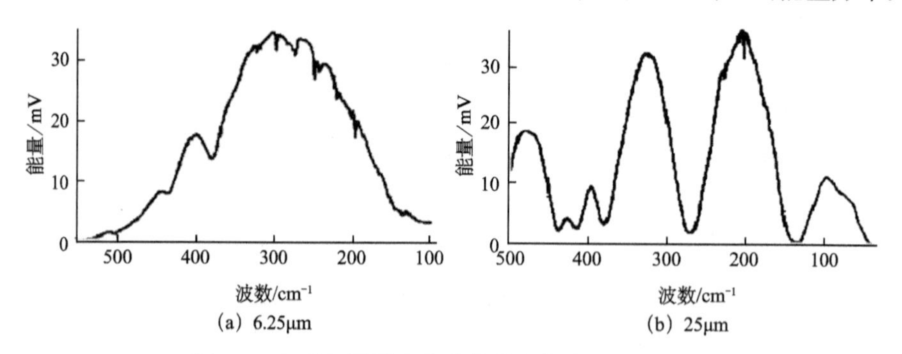

(a) 6.25μm　(b) 25μm

图 4.2　两种不同厚度聚酯薄膜分束器的干涉条纹

为了测量整个远红外区的光谱，需要使用一组不同厚度的聚酯薄膜分束器。它们的厚度和测量的波数区间见表 4-3。

表 4-3　不同厚度聚酯薄膜分束器测量的波数范围

分束器聚酯薄膜厚度/μm	覆盖的频率范围/cm^{-1}
6.25	500～100
12.5	240～70
25	135～40
50	90～25
100	40～10
125	30～4

从表 4-3 中的数据可以看出，要想测定 500～10cm^{-1}的远红外光谱，至少要更换三块分束器，即使用 6.25μm、25μm 和 100μm 厚的分束器，这给远红外光谱的测量带来了极大的麻烦。

绝大多数固体和液体化合物的远红外光谱谱带都出现在 100cm^{-1}以上，少数化合物在 100～50cm^{-1}出现吸收谱带，气体分子的纯转动吸收谱带出现在更低的波数区间，因此，如果只测试固体或液体化合物的远红外光谱，而不测试气体的远红外光谱，使用 6.25μm 厚的聚酯薄膜分束器基本上能满足测试要求。

分束器使用的聚酯薄膜非常薄，因此需要将聚酯薄膜固定在分束器的框架上。由于分束器上的聚酯薄膜非常薄，所以使用聚酯薄膜分束器测试远红外光谱时容易产生鼓膜效应，任何微小的振动都会使干涉图发生漂移，所以测量远红外光谱时，吹扫光学台的气体流量不能太大，干涉仪动镜的移动速度应该降低一些，这样能有效地减小鼓膜效应。

金属丝网分束器所用的材料也是聚酯薄膜，它是用比 6.25μm 更薄的聚酯薄膜固定在非常细的金属丝网上，在放大镜下能看到金属丝网的网格。由于使用了金属丝网，挡住了一部分远红外光，使通过分束器的远红外光能量极大地降低。实践证明，通过金属丝网分束器的远红外光能量只有 6.25μm 厚聚酯薄膜分束器能量的 1/2。由于金属丝网分束器使用的聚酯薄膜比 6.25μm 还要薄，所以它产生的干涉条纹覆盖的频率范围更宽，用金属丝网分束器能测量 650～50cm^{-1}的远红外光谱。

固体基质远红外分束器可以测量 650～50cm^{-1}的远红外光谱，透过这种分束器的远红外光能量远高于金属丝网分束器。固体基质远红外分束器不存在鼓膜效应。固体基质分束器的光通量大，测试范围宽，又不存在鼓膜效应，目前是一种比较理想的远红外分束器。使用固体基质远红外分束器完全能满足固体和液体样品远红外光谱的测试。

3)样品室

放置样品的池、架或附件的空间单元。样品池窗口材料应具有红外高透明性，如 NaCl、KBr、CsI 和 KRS－5(T1I 58%、T1Br 42%)。用 NaCl、KBr 和 CsI 要注意防潮，CaF 和 KRS－5 可用于水溶液的测定。常用池体材料的透光范围见表 4-4，固体试样常与纯 KBr 混合后压片进行测定。

表 4-4　常用池体材料的透光范围

材料	透光范围/μm
NaCl	0.2～17
KBr	0.2～25
CsI	1～50
CsBr	0.2～55
CaF	0.13～12
AgCl	0.2～25
KRS－5	0.55～40

4）检测器

傅里叶变换红外光谱仪要求检测器响应速度快，灵敏度高，测量波段宽，且有较好的检测线性。目前测量远红外光谱使用的远红外检测器是 DTGS/聚乙烯检测器，即检测器敏感元件的材料是 DTGS 晶体，检测器的窗口材料为聚乙烯。远红外检测器的敏感元件和中红外检测器的敏感元件相同，都是用氘代硫酸三苷肽晶体制作。所不同的是，中红外检测器的窗口材料为溴化钾，因为溴化钾能透中红外光，而远红外检测器的窗口材料为聚乙烯，因为聚乙烯对远红外光基本上没有吸收。

DTGS/聚乙烯检测器虽然可以检测整个远红外波段的信号，但它的最佳工作区间是 650～50cm^{-1}。50～10cm^{-1}灵敏度非常低，噪声非常大。

能够测定中红外和远红外光谱的傅里叶变换红外光谱仪都设计为双检测器。在靠近仪器里面的检测器位置上安装中红外 DTGS/KBr 检测器，这个检测器是固定不动的。在靠近仪器外面的检测器位置上可以安装远红外检测器，或安装其他类型的检测器。

对于销钉定位型的仪器，只需将远红外检测器对准销钉放置，搞好夹线板即可测试，不需要对检测器的位置进行调整。对于非销钉定位型的仪器，换上远红外检测器后，要调整检测器的位置，使远红外干涉图的能量达到最高。

从中红外光谱测量转换到远红外光谱测量时，从计算机调用远红外光谱的测试参数，计算机就能自动地将红外光路从中红外检测器转到远红外检测器。

5）数据处理系统

数据处理系统是傅里叶变换红外光谱仪的重要组成部分，它的功能是对仪器实施控制，采集数据和数据处理，包括以下部分：计算机、输入输出接口、绘图仪、实施仪器控制和数据处理的系统软件。

傅里叶光谱仪具有许多优点：①入射辐射通量大。它不需要入射狭缝，因而入射通量比有狭缝系统要大 2～3 个数量级，加上高响应度检测器，保证了系统有很高的灵敏度。②测量速度快。傅里叶光谱仪采集的干涉图的每一点均含有各个波长的信息，得到一个完整的干涉图需要的时间也是非常短暂的。③波段范围宽。本仪器工作波段可从 0.67μm～200μm。④光谱分辨力高，波长准确度高等。

4.2　远红外光谱的采集

4.2.1　远红外光谱样品的制备

1. 固体样品

测试固体样品的远红外光谱时，最常用的制样方法是石蜡油研磨法。石蜡油又叫矿物油，也叫液体石蜡。石蜡油在远红外区没有吸收谱带，所以可以用石蜡油作为固体样品的稀释剂。

有机化合物在远红外区的光谱谱带强度比中红外区要弱得多，总的吸光度大概比中红外区低一个数量组。无机化合物，除了氧化物，在远红外区的吸收谱带也很弱，所以测量远红外区的光谱，样品用量比测量中红外区要多一些。

采用石蜡油研磨法测量固体样品的远红外光谱时，往玛瑙研钵中加入几毫克样品，样品不必称量。石蜡油加入半滴即可，可用玛瑙锤子在装石蜡油的小滴瓶尖端沾下半滴。石蜡油和固体样品的用量要匹配，应能把固体样品研磨成糨糊状，如果固体样品加得太多，可再添加一些石蜡油，直至研磨成糨糊状，如果石蜡油加多了，应添加些固体样品。

用硬质塑料片将研磨好的糊状物从玛瑙研钵中刮下，涂在一片 1mm 厚的高密度聚乙烯窗片上，应将糊状物涂抹均匀，涂的面积约 $1cm^2$。将涂好糊状物样品的聚乙烯窗片夹在磁性样品夹上，插入红外光学台样品室中的样品架上测试光谱。

1mm 厚的高密度聚乙烯窗片在远红外区基本上是透光的，只在 $470cm^{-1}$ 附近有宽而弱的吸收峰。这种窗片可以通过红外仪器公司从国外购买，也可以用聚乙烯粉料加热熔融压制。用聚乙烯粉料压制好的薄片，只要在远红外区没有强吸收就可以用作远红外窗片，如果有高密度聚乙烯棒材，可采用机械加工切片方法制作远红外窗片。

用石蜡油和固体样品研磨可防止样品吸潮，因石蜡油能将固体样品保护起来。但是在夏天，当空气的湿度很大时，极易吸潮的固体样品还是无法用石蜡油研磨。这种样品虽然有石蜡油保护，在研磨过程中仍然会吸水，严重时变成液体，无法将固体样品研磨成糨糊状。这种样品只好放在干燥的手套箱中研磨，或改在冬天空气湿度小时测试。有极少数的固体样品与石蜡油研磨时，不能研磨成糨糊状，这时可采用其他方法制样。

测试固体样品的远红外光谱，除了采用石蜡油研磨法以外，还可以采用碘化铯粉末压片法或聚乙烯粉末压片法。

碘化铯晶体粉末与固体样品研磨压片制样法和中红外溴化钾研磨压片制样法基本相同。溴化钾压片制样时，一般用 1mg 左右固体样品，由于在远红外区光源的辐射能量较低，远红外区谱带的摩尔吸光系数一般比中红外区小一个数量级，所以固体样品的用量要比中红外用量多得多，样品用量在 3～30mg，碘化铯用量在 70～100mg。碘化铯用量应尽量少，只要能压成薄片即可，因碘化铯在远红外区的低频端有吸收谱带，用碘化铯压片制样，在低频端只能测到 120cm^{-1}左右。

无机物或配位化合物通常都含有阴离子和金属阳离子，采用碘化铯压片法制样可能会发生离子交换或使谱带变形，此时可采用聚乙烯粉末压片法。

聚乙烯粉末压片法存在两个缺点。第一个缺点是，固体样品和聚乙烯粉末在玛瑙研钵中研磨时容易产生静电，使聚乙烯粉末和样品到处飞扬，不容易将带静电的样品转移到压片模具中。为了不产生静电，可先将固体样品放入玛瑙研钵中研磨，然后放入适量的聚乙烯粉末，用不锈钢小扁铲将研磨好的样品与聚乙烯粉末充分混合，这样混合好的样品不带静电，很容易转移到模具中压片。第二个缺点是，聚乙烯粉末有韧性，不容易研磨碎，因而无法压出透明的薄片。光谱测量时，光散射很严重，得到的光谱基线倾斜很厉害。要想测得的光谱基线很平，就应寻找粒度小于 20μm 的聚乙烯粉末制样。

2. 液体样品

液体样品远红外光谱的测试与中红外一样，测试时将液体样品装在可拆式液池中。可拆式液池选用 1mm 厚的高密度聚乙烯作为窗片材料，窗片之间垫加聚四氟乙烯或其他聚合物垫片，在选用溶剂和窗片材料时，除注意它们的透明情况外，还应考虑它们之间长期接触是否会发生作用等。

不掺杂的 1mm 厚高纯单晶硅片可以作为远红外液池的窗片材料。单晶硅具有化学惰性，硬度高，不溶于水。在远红外波段具有很好的透光性能，这是其他光红外材料所不具有的特点。用碘化铯晶片作为远红外液池的窗片材料，可以测试 200cm^{-1}以上的光谱。但碘化铯晶片价格昂贵，且极易溶于水，溶于乙醇，微溶于甲醇，几乎不溶于丙酮，所以不能用来测定含水的液体样品。

3. 气体样品

气体样品的远红外光谱用气体池测定，气体池窗片采用高密度聚乙烯片。聚乙烯片在抽真空时容易变形，所以测试时最好用待测气体将气体池中的空气置换出来。气体样品的远红外光谱主要是气体的转动谱带，测试时要避免光学台中水汽对待测气体样品光谱的干扰。

4.2.2　影响远红外光谱测量的因素

1. 水汽对远红外光谱的影响

水汽在远红外区有很多吸收峰，这些吸收峰都是水汽分子的转动吸收谱带。水汽分子的转动吸收谱带的数目、形状和峰位随测量的分辨率不同而不同。分辨率越高，吸收谱带数目越多、越窄；分辨率越低，吸收谱带数目越少、越宽。图 4.3 是在 650～50cm^{-1}，采用 4cm^{-1}和 8cm^{-1}分辨率测得的光学台中水汽的吸收光谱。

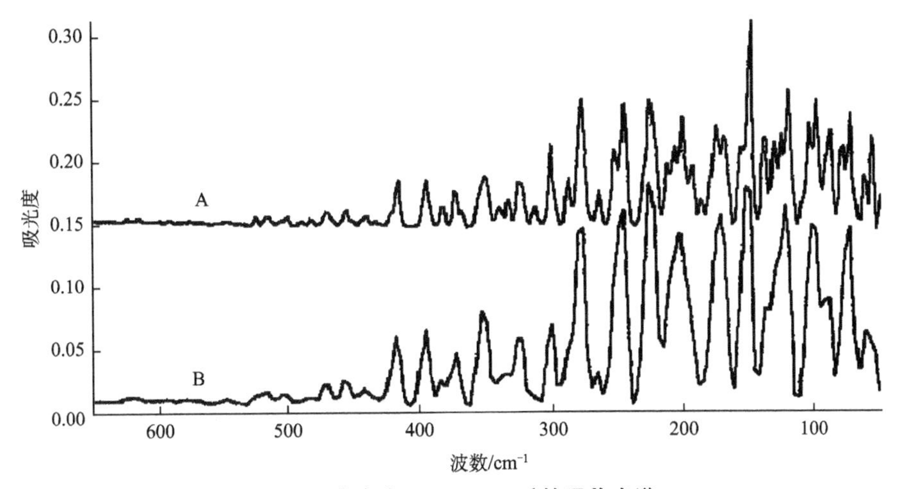

图 4.3　水汽在 650～50cm^{-1}的吸收光谱

A. 4cm^{-1}分辨率；B. 8cm^{-1}分辨率

当样品的远红外光谱吸收峰很弱而水汽的吸收峰又较强时，就很难分辨出哪些峰是样品的吸收峰，哪些峰是水汽的吸收峰。因此在测量远红外光谱时，要尽量使水汽的吸收峰强度降到最低。

傅里叶变换红外光谱仪分为真空型和非真空型两类。当用真空型光谱仪测量远红外光谱时，能彻底消除光学台中水汽对远红外测量的影响。当用非真空型光谱仪测量远红外光谱时，在空气湿度大的情况下，最好用干燥空气或经过干燥的普通氮气吹扫光学台。潮湿的空气经无油空气压缩机压缩后能除去一部分水汽，但空气必须经过硅胶或分子筛干燥后再进入光学台。普通氮气体钢瓶是用水试压的，钢瓶中总会残留少量水，因此普通氮气中也含有水汽。普通氮气也必须经过硅胶或分子筛干燥后再用来吹扫光学台。

消除水汽对远红外光谱测量影响的最好办法是采用样品穿梭器附件，有些仪器在样品室中配备有控制样品穿梭器的插口。测试时，将样品插在样品穿梭器上，通过计算机控制样品穿梭器上的小电机使样品前后穿梭。测量样品的单光束光谱时，样品自动进入红外光路；测量背景的单光束光谱时，样品自动离开红外光路，这样可以避免因取出或放入样品而打开样品室盖子，破坏光学台中水汽含量的平衡。在没有样品穿梭器和没有干燥气体吹扫光学台的情况下，用非真空型光谱仪仍然可以测试远红外光谱。测试时，往样品室中放入样品和从样品室中取出样品的动作要快，并且在打开样品室盖子时要屏住呼吸，避免呼出的水汽进入样品室。对于非密闭型光学台，每次取出和放入样品之前，应将样品室两侧红外光路进、出口关紧，收集光谱数据前再将红外光路打开。这样做有利于光学台中水汽含量的恒定。

为了消除水汽对远红外光谱的影响，在采集样品的单光束光谱后，应马上采集背景的单光束光谱，反之亦然。这样的样品和背景单光束光谱相比后才能抵消掉水汽的吸收峰。

2. 数据采集参数对远红外光谱测量的影响

影响远红外光谱测量的主要参数包括：扫描次数、分辨率、扫描速度和光圈。在远红外区，尤其是在低频端远红外区，光源的能量很低，所以光谱噪声很大。减少远红外光谱噪声的有效办法是增加扫描次数，增加扫描次数可提高光谱的信噪比。对于非真空型仪器来说，并非扫描次数越多越好，扫描次数越多，虽然信噪比越高，但水汽的影响也就越大，这是因为光学台中的水汽含量会随时变化；扫描次数越多，所需时间越长，扫描样品和扫描背景光谱时水汽不能抵消掉，在测得的光谱中会出现水汽的吸收场。根据实践，样品和背景各扫描 100 次左右，所得到的远红外光谱噪声较低，水汽的影响也较小。

远红外光谱的信噪比与测试所用的分辨率有关，水汽对光谱的影响与分辨率也有直接关系。分辨率越高，信噪比越低，水汽的影响越严重。远红外光谱的常规测试，用 $4cm^{-1}$分辨率是足够的。远红外区吸收峰较少，一般都分辨得很清楚。当光谱的吸光度较低时，如果光谱的噪声大，水汽的影响严重，可将测试的分辨率降低到 $8cm^{-1}$。用 $8cm^{-1}$ 和 $4cm^{-1}$ 分辨率测得的远红外光谱基本相同，但用 $8cm^{-1}$分辨率测得的远红外光谱可极大地减少水汽的影响。如果样品量很少，测得的光谱吸光度非常低．也可以采用 $16cm^{-1}$分辨率测试。

测量远红外光谱时，如果使用的是聚酯薄膜分束器，扫描速度应比中红外扫描速度慢一些。降低扫描速度有两个好处：一是降低动镜的移动速度，能降低聚酯薄膜分束器的鼓膜效应，减少分束器带来的噪声；二是慢速扫描可使干涉图强度增大，有利于提高光谱的信噪比，但是扫描速度太慢，测试所需时间太长，背景值会发生变化，在光谱中会引入水汽吸收峰。使用聚酯薄膜分束器调试远红外光谱的扫描速度比中红外的扫描速度慢 1 倍即可。如果使用的是固体基质分束器，因不存在鼓膜效应，扫描速度可以和测试中红外的扫描速度相同。

光圈应开到最大。因光源的远红外辐射能量很弱，光圈开小了，通过的光通量减少，微弱的远红外能量没有得到充分利用，会降低光谱的信噪比。当然，光圈开大了会影响光谱的分辨率，但只要不是测量高分辨率远红外光谱，而是测量 $4cm^{-1}$ 或 $8cm^{-1}$ 分辨率光谱，光圈就可以设在最大值。

4.2.3　远红外发射光谱与吸收光谱的采集

1. 远红外发射光谱的采集

发射光谱一般在较高温度测试，吸收光谱一般在室温测试，除温度的差别外，样品的制像表面光度及测试仪器的差别，均使同一物质的辐射光谱物质的吸收光谱与温度的关系同辐射光谱与温度之间的关系略有不同。

发射率是实际物体与同温度黑体在相同条件下的辐射功率之比，然而在实际工作中，材料的热辐射特性在不同波长及不同方向上是不相同的。对于波长范围取平均，可用“总”表示，对于半球范围取平均，可用“半球”表示，故而分为分谱及全波长发射率、方向、法向和半球发射率。由于大多数红外系统都是响应辐射源规定方向上的一个小立体角内的辐射通量，所以通常测量都是方向发射率。实际上绝大多数辐射体都是灰体，即光谱发射率与全波长发射率相等，取法向 $\theta=0$，则灰体与黑体满足以下关系：

$$W(\lambda,T)=\varepsilon(\lambda,T)W_B(\lambda,T) \tag{4.7}$$

1）光谱发射率的测试原理

被测材料样品的光谱发射率，是指在相同温度和波长下，被测样品的光谱辐射出度与黑体的光谱辐射出度的比值，记为 $\varepsilon(\lambda,T)$，

$$\varepsilon(\lambda,T)=\frac{M(\lambda,T)}{M^0(\lambda,T)} \tag{4.8}$$

式中，$\varepsilon(\lambda,T)$ 为光谱发射率；$M(\lambda,T)$ 为样品温度为 T 时的光谱辐射出度；$M^0(\lambda,T)$ 为黑体温度为 T 时的光谱辐射出度。

由式(4.8)可知，分别测出被测材料和黑体在温度 T 时的光谱辐射功率，就可得出被测材料在温度 T 下的光谱发射率。

在某些情况下，需要了解材料在某一波段下的红外光谱发射率。例如，在 3～5μm 和 8～14μm 两个大气窗口下的波段发射率，可利用式(4.9)进行积分计算，

$$\varepsilon_{\lambda_1,\lambda_2}(T)=\frac{\int_{\lambda_1}^{\lambda_2}M(\lambda,T)\mathrm{d}\lambda}{M^0(\lambda,T)\mathrm{d}\lambda} \tag{4.9}$$

式中，$\varepsilon_{\lambda 1\sim\lambda 2}(T)$ 为 λ_1 至 λ_2 的波段光谱发射率。

图 4.4 为红外光谱发射率测试原理。

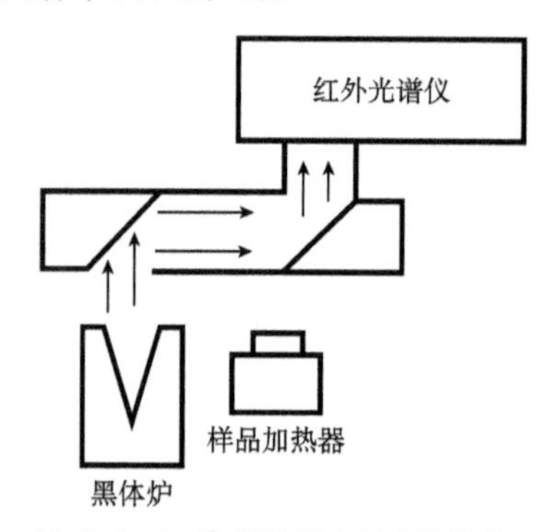

图 4.4　红外光谱发射率测试原理

2)红外光谱发射率测量装置

A. 测量装置原理

红外光谱发射率测量装置原理框图如图 4.5 所示。

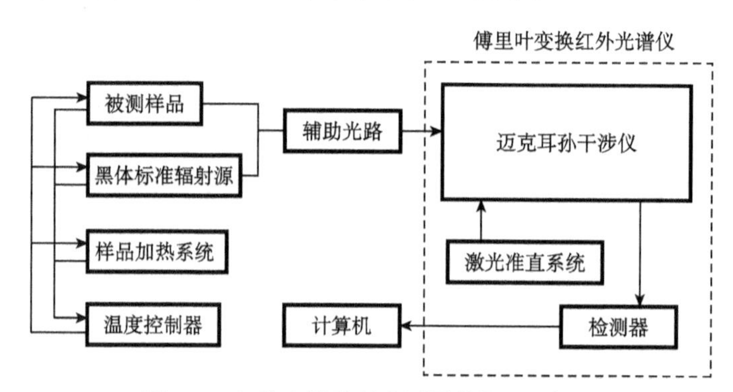

图 4.5　红外光谱发射率测量装置原理框图

红外光谱发射率测量装置，主要由傅里叶变换红外光谱仪、计算机、黑体标准辐射源、样品加热系统、温度控制器以及辅助光路系统组成。傅里叶红外光谱仪是该测量装置中的主要设备。其功能为测量入射红外辐射的光谱分布曲线；样品加热系统的主要功能为，在温度控制器的控制下，将样品的温度控制在所需的温度；黑体提供标准辐射源；辅助光路系统的主要功能是将样品或黑体的辐射引入傅里叶红外光谱仪。虚线框内为光谱仪内部简略示意图，计算机负责采集探测器信号，并利用傅里叶变换原理完成干涉图到光谱图的转换，最后得到样品或黑体红外辐射的光谱曲线，同时可完成曲线相除、积分运算等功能。

B. 测试方法

首先利用激光准直系统对光路系统进行准直调节，然后将黑体标准辐射源的温度控制到要求的某一温度，温度稳定后，启动红外光谱仪，计算机开始采样、数据存储等，得到黑体标准辐射源的辐射能量光谱曲线，然后在黑体辐射源的位置上替换为被测样品，用微型加热控温系统将其温度控制在与黑体相同的温度上，待温度稳定后，重复黑体辐射采样过程，同样也可得到目标辐射的辐射能量光谱曲线。

由计算机计算出样品曲线与黑体曲线之比，得到一条新的曲线，这条曲线就是所测样品在某一温度下的光谱发射率曲线。

2. 远红外吸收光谱的采集

远红外光谱研究的振动模式大致分为 3 类：第 1 类是分子内部振动，例如，无机化合物、配位化合物、金属有机化合物中金属原子与其他原子之间的伸缩振动和弯曲振动，气体或液体分子的扭转振动，环状分子的环变形（环折叠）振动；第 2 类是分子之间的振动，如氢键振动、晶格振动等；第 3 类是气体分子的纯转动。

1）简单无机盐的振动频率

NaCl、KBr、CsI、CaF_2、BaF_2、ZnS、ZnSe 等卤化物和硫族化合物是由一种原子阴离子和阳离子组成的化合物，这些化合物在中红外区没有吸收谱带，在远红外区出现晶格振动谱带。当阴离子相同，阳离子不相同时，阳离子越重，晶格振动频率越低，如 NaCl 和 KCl 的晶格振动频率分别为 $172cm^{-1}$ 和 $150cm^{-1}$。当阳离子相同，阴离子不相同时，阴离子越重，晶格振动频率越低，如 KF、KCl、KBr 和 KI 的晶格振动频率分别为 $162cm^{-1}$、$150cm^{-1}$、$118cm^{-1}$ 和 $94cm^{-1}$。NaCl、CaF_2、BaF_2、ZnSe 等红外晶体材料在中红外区的低频端是不透光的，这是因为红外晶片的厚度都在 3mm 以上，相当于溴化钾压片样品用量的几百倍，因而使晶格振动谱带变得非常宽，使中红外区低频端出现全吸收。所以，实际测得的 NaCl、CaF_2、BaF_2 和 ZnSe 红外晶片透明区域的低频截止分别为 $650cm^{-1}$、$1300cm^{-1}$、$800cm^{-1}$ 和 $650cm^{-1}$。

2）金属氧化物的振动频率

金属在红外光谱中是没有吸收谱带的，即使是纳米级厚的金属薄膜红外光也无法透射。金属氧化物和非金属氧化物有红外吸收谱带，氧化物的红外吸收谱带通常都在中红外的低频区和远红外区。金属氧化物红外光谱谱带有三个特点：①金属原子与氧原子之间的伸缩振动谱带很宽；②在宽谱带上出现多个吸收峰；③宽谱带跨越中红外和远红外区间。多数氧化物吸收谱带是宽谱带，但也有些氧化物吸收谱带很尖锐。表 4-5 列出了一些氧化物的吸收峰位置。

表 4-5　一些氧化物的吸收峰位置

化学式	吸收峰位置/cm^{-1}	化学式	吸收峰位置/cm^{-1}
Al_2O_3	3300、3093、1075、746、618	MgO	528、410
CaO	394、322	MnO_2	574、527、478、380
Co_2O_3	667、564	Nd_2O_3	345

续表

化学式	吸收峰位置/cm^{-1}	化学式	吸收峰位置/cm^{-1}
CrO_3	966、892、580、322	SiO_2	1164、1097、1063、799、780、696、459、396、372
Cu_2O	620、147	TiO_2	459、345
CuO	515、322、164、148	VO_3	816、766
Fe_2O_3	533、462、308	Y_2O_3	381
Fe_3O_4	561、392	ZnO	432

图 4.6 是几种金属氧化物的红外光谱。从图中可以看出，这些氧化物的红外谱带都非常宽。最宽的 TiO_2 的谱带宽度达 800cm^{-1}（1000～200cm^{-1}），最窄的 Y_2O_3 的谱带宽度也达 400cm^{-1}（650～250cm^{-1}），而且在所有宽谱带上都出现多个吸收峰。出现这种现象是由于在金属氧化物中不存在单个分子，所有的金属原子和氧原子彼此相连，生成复杂的网络结构。对这些谱带只能笼统地归属于金属原子与氧原子之间的伸缩振动，如果没有简正坐标分析或分子力学计算数据，也没有拉曼光谱数据，很难将宽谱带上的各个吸收峰进行归属。

由于金属氧化物的谱带跨越中红外区和远红外区，所以要想得到金属氧化物的红外谱带必须同时测定中红外光谱和远红外光谱。例如，用红外显微镜测定样品的显微红外光谱，波数范围为 4000～650cm^{-1}，再用固体基质分束器测定样品的远红外光谱，波数范围为 650～50cm^{-1}，然后在红外窗口上将这两张光谱连接起来，即可得到一张跨越中红外和远红外区间的光谱（图 4.6），或用溴化钾压片法测定样品的中红外光谱，波数范围为 4000～500cm^{-1}，再用 6.25μm 厚的聚酯薄膜分束器测定样品的远红外光谱，波数范围为 500～100cm^{-1}，然后将两张光谱连接起来。

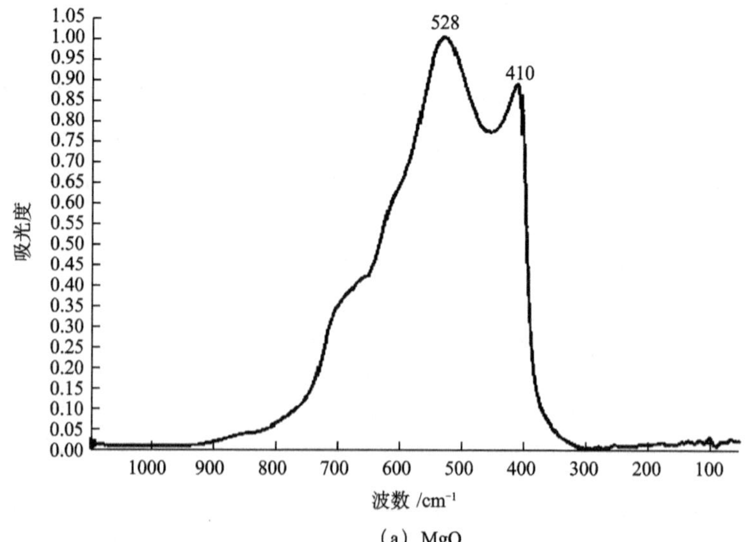

（a） MgO

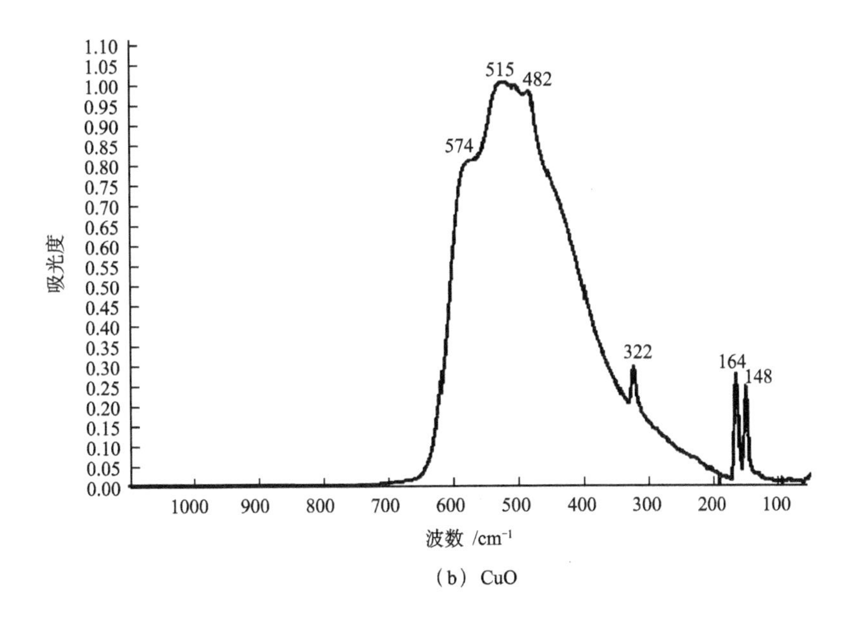
吸光度
1.10
1.05
1.00
0.95
0.90
0.85
0.80
0.75
0.70
0.65
0.60
0.55
0.50
0.45
0.40
0.35
0.30
0.25
0.20
0.15
0.10
0.05
0.00
515
482
574
322
164
148
1000
900
800
700
600
500
400
300
200
100
波数 /cm⁻¹

(b) CuO

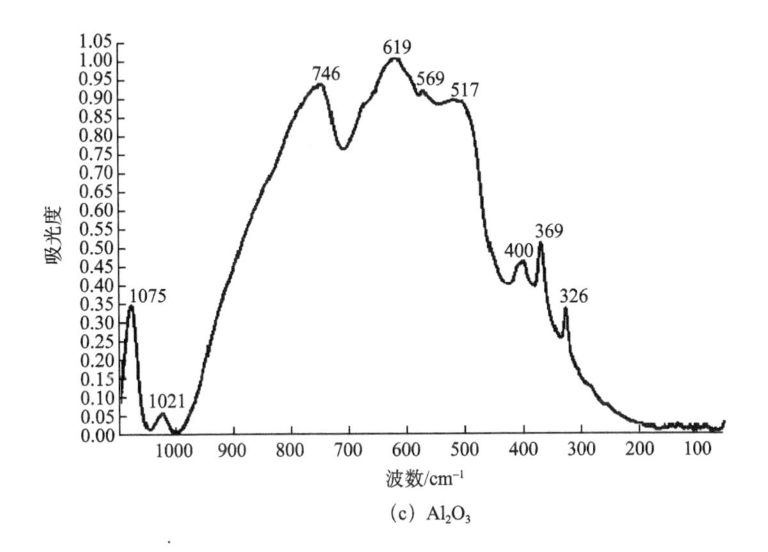
吸光度
1.05
1.00
0.95
0.90
0.85
0.80
0.75
0.70
0.65
0.60
0.55
0.50
0.45
0.40
0.35
0.30
0.25
0.20
0.15
0.10
0.05
0.00
619
746
569
517
369
400
1075
326
1021
1000
900
800
700
600
500
400
300
200
100
波数/cm⁻¹

(c) Al_2O_3

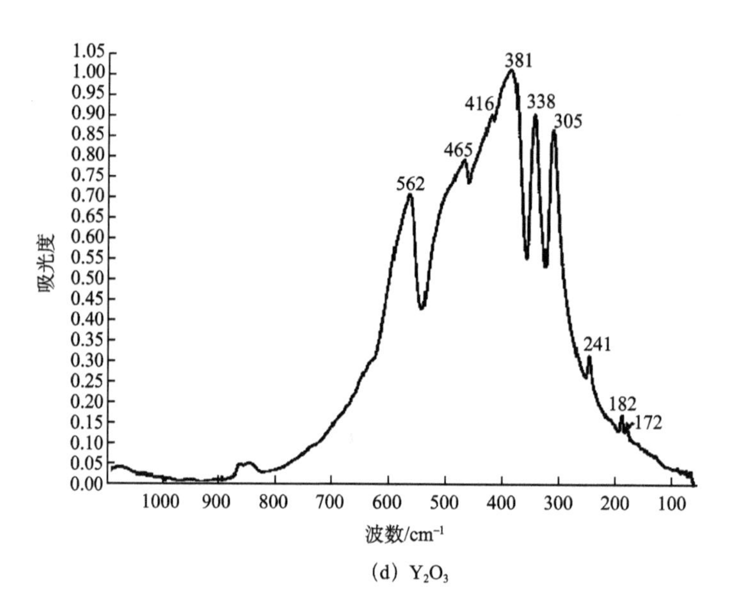

(d) Y_2O_3

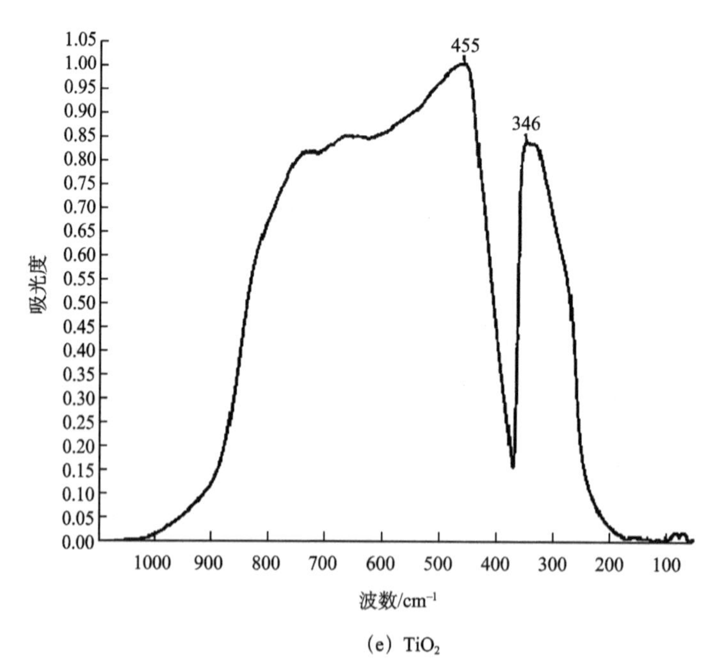

(e) TiO_2

图 4.6　几种金属氧化物的红外光谱

金属卤化物和金属硫化物的红外谱带出现在远红外区。含结晶水的金属卤化物或金属硫化物在远红外区的光谱比较复杂(图 4.7 和图 4.8),而不含结晶水的金属卤化物或金属硫化物在远红外区的光谱很简单(图 4.9 和图 4.10)。从图 4.9中的光谱可以看出,对于金属卤化物,当金属原子相同时,随着卤素原子量的增大,振动频率逐渐降低;卤素原子相同时,同族金属原子从上到下,振动频率逐渐降低。

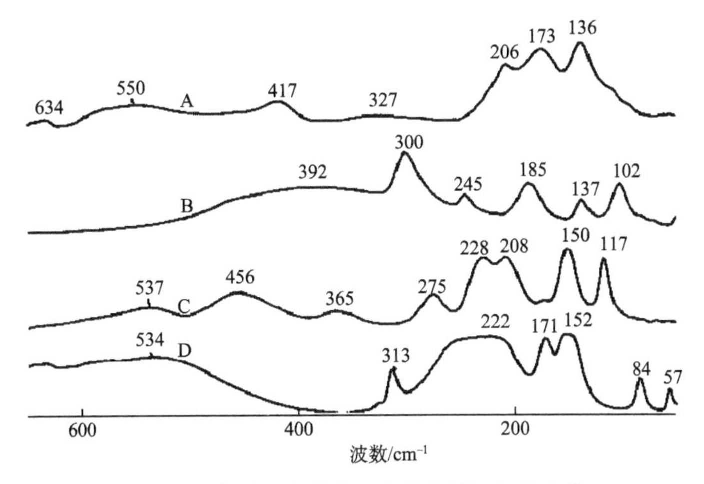

图 4.7　含结晶水的金属卤化物的远红外光谱

A. $MgCl_2 \cdot 6H_2O$;B. $CuCl_2 \cdot 2H_2O$;C. $CoCl_2 \cdot 6H_2O$;D. $AlCl_3 \cdot 6H_2O$

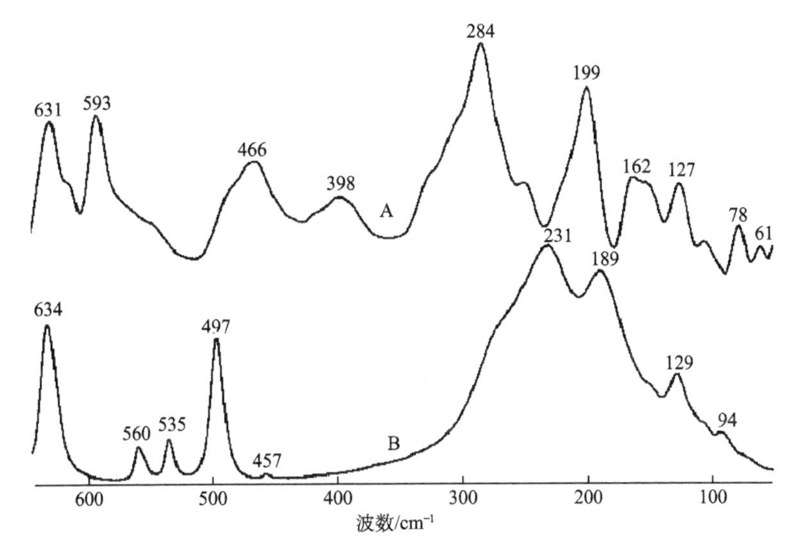

图 4.8　含结晶水的金属硫化物的远红外光谱

A. $CuS \cdot H_2O$;B. $Na_2S \cdot 9H_2O$

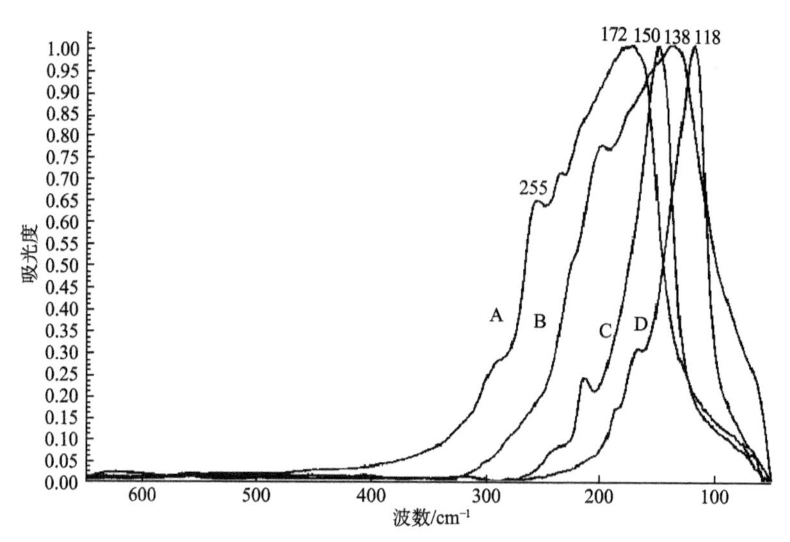

图 4.9　不含结晶水的金属卤化物的远红外光谱

A. NaCl；B. KCl；C. NaBr；D. KBr

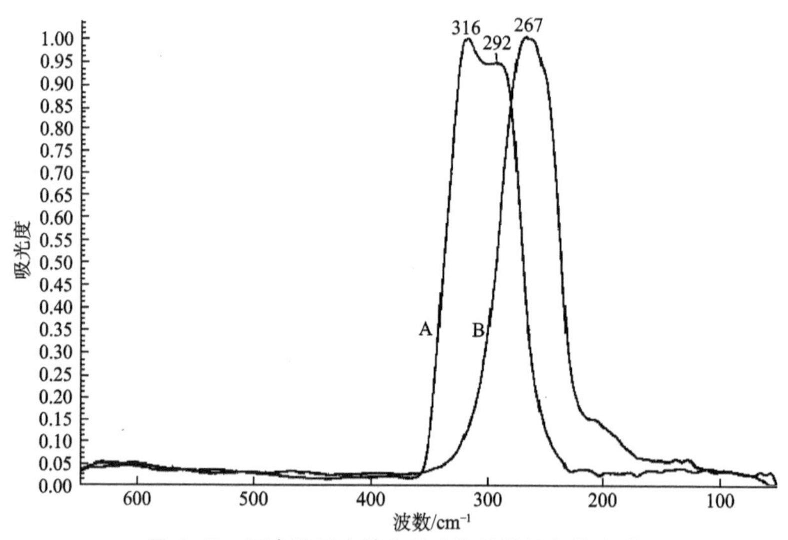

图 4.10　不含结晶水的金属硫化物的远红外光谱

A. ZnS；B. CdS

3)无机含氧酸盐的远红外光谱

在无机含氧酸盐中，金属离子与酸根中的氧原子之间的金属-氧配位键的振动吸收出现在远红外区。此外，酸根阴离子本身在远红外区也有振动吸收谱带。图 4.11 是氯酸钠、氧酸钾、高氧酸钠和高硫酸钾的远红外光谱。从图中可以看出，低于 $300cm^{-1}$ 的吸收谱带属于金属-氧配位键的振动吸收；高于 $400cm^{-1}$ 的吸收谱带属于酸根阴离子本身的振动吸收谱带。表 4-6 列出各种无机含氧酸根阴离子在远红外区的吸收频率。这些含氧酸根的吸收频率会随金属离子的不同而有些差别。表中所列的 MO_4 型酸根阴离子都是正四面体构型，所列的吸收频率都是 MO_4 的不对称变角振动频率，它们的对称变角振动属于拉曼活性而非红外活性。表中所列的 MO_3 型酸根阴离子都是角锥型构型（$^{10}BO_3^{3-}$ 除外），频率高的属于 MO_3 的对称变角振动，频率低的属于 MO_2 的不对称变角振动。这种对称和不对称振动频率的倒挂现象是很少见的。

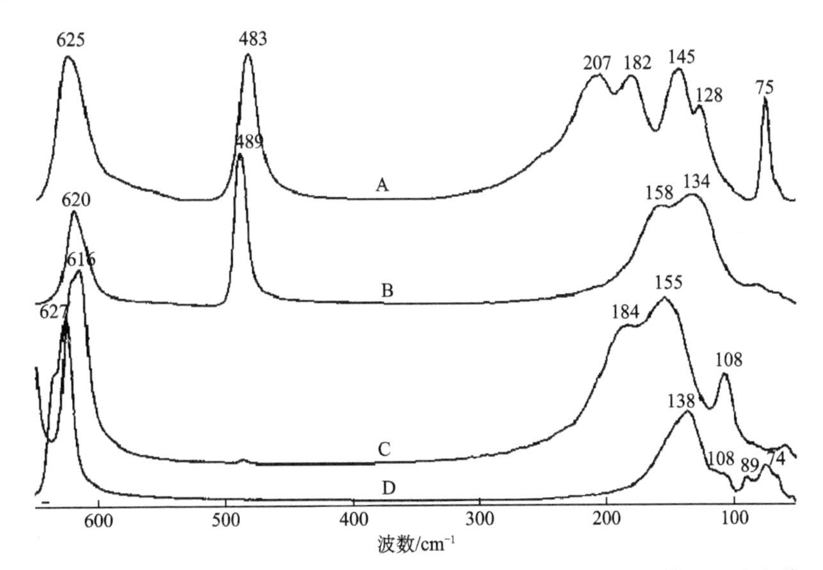

图 4.11　氯酸钠(A)、氯酸钾(B)、高氯酸钠(C)和高氯酸钾(D)的远红外光谱

表 4-6　各种无机含氧酸根阴离子在远红外区的吸收频率

离子	吸收频率/cm^{-1}	离子	吸收频率/cm^{-1}
ClO_2^-	400	TeO_3^{2-}	364、326
ClO_3^-	614、489	PO_4^{3-}	567
ClO_4^-	625	AsO_4^{3-}	463
BrO_2^-	400	SiO_4^{4-}	527
BrO_3^-	428、361	$^{10}BO_3^{3-}$	606
BrO_4^-	410	TiO_4^{4-}	371
IO_3^-	348、306	ZrO_4^{4-}	387
IO_4^-	325	HfO_4^{4-}	379
SO_3^{2-}	620、469	CrO_4^{2-}	378
SO_4^{2-}	611	$Cr_2O_7^{2-}$	565、554、220
SeO_3^{2-}	432、374	MnO_4^{2-}	332
SeO_4^{2-}	432	MnO_4^-	386

4)配位化合物的远红外光谱

配位化合物通常分为无机配位化合物和有机配位化合物。在无机配位化合物中，配体是无机物。无机配体有：NH_3、CN^-、SCN^-、H_2O、OH^-、CO、卤素、各种无机含氧酸根等。当这些配体与金属离子或金属原子配位生成配合物时，金属与配位原子之间的配位键伸缩振动和弯曲振动吸收出现在远红外区。图 4.12 是六羰基钨和六羰基钼配合物的远红外吸收谱带，582cm^{-1}、368cm^{-1}和 93cm^{-1}分别是六羰基钨中的 WCO 弯曲振动、WC 伸缩振动和 CWC 弯曲振动。前面提到的金属卤化物和金属硫化物以及无机含氧酸盐实际上也是无机配位化合物。含结晶水的金属卤化物或金属硫化物在远红外区的光谱比不含结晶水的金属卤化物或金属硫化物的光谱复杂，是因为结晶水参与配位，在远红外区多出了金属与氧配位键的振动吸收。

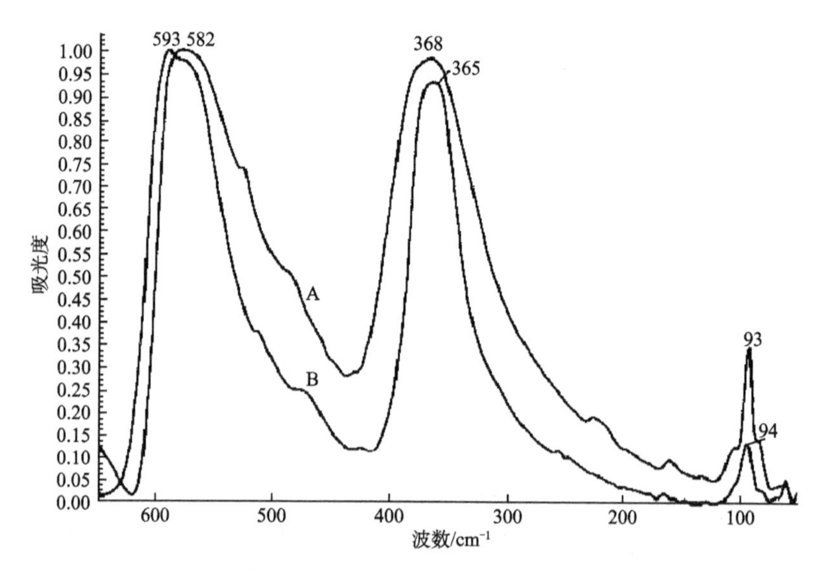

图 4.12　六羰基钨(A)和六羰基钼(B)配合物的远红外吸收谱带

在有机配位化合物中，配体是有机物。配位原子是有机物分子中含有孤对电子的 O、N、S 原子。在有机配位化合物中，除了有机配体外，有时无机配体也会参与配位，例如，水分子、卤素离子和含氧酸根阴离子在许多有机配位化合物中都参与配位。

在有机配位化合物中，如果没有无机配体参与配位，这样的有机配位化合物和有机配体在中红外区的光谱差别很小。因此，单从中红外光谱来看很难判断是否生成了配合物。当然如果有无机配体，如 H_2O 或含氧酸根参与配位，在有机配合物中会出现 H_2O 或含氧酸根吸收峰。对于没有无机配体参与配位的有机配合物，要想确定生成了配合物，最好是测定样品的远红外光谱。如果在远红外区出现金属离子与 O、N、S 原子之间配位键的伸缩振动谱带，就可以说明确实生成了配合物。

在远红外区，除了金属与配位原子之间的伸缩振动和弯曲振动外，配体本身也可能有吸收。因此，为了指认远红外区金属离子与 O、N、S 原子之间的振动谱带，必须同时测定配合物和配体的远红外光谱。通过比较才能确认配合物中配位键的振动谱带。

当有机配合物中的金属离子同时与多种原子配位，或同时与不同配体的同种原子配位时，准确指认不同配位键的振动谱带是有困难的。如果金属离子同时与 O 和 N 原子配位，原则上，O 原子比 N 原子的配位键伸缩振动谱带频率低，这是因为 O 原子比 N 原子重。但是如果 O 原子与金属离子之间的配位键键长比 N 原子的配位键键长短得多，以上原则可能正好相反。所以既要考虑原子质量，又要考虑配位键键长。当金属离子与相同配体、相同配位原子配位时，如果出现配位键键长不相同，在远红外区会出现多个吸收谱带。

表 4-7 列出某些有机配位化合物的远红外吸收频率。从表 4-7 可以看出：①在有些配合物中，同时存在有机和无机配体，也存在只有有机配体的配合物；②金属离子同时与多种原子配位；③与同种原子配位时，出现多个吸收谱带；④配体在远红外区也有吸收谱带。

表 4-7　某些有机配位化合物的远红外吸收频率

配合物	吸收谱带及指认
$Co(py)_2Cl_2$	253(γCo－py)
$Ni(py)_2I_2$	240(γNi－py)
$[Co(bipy)_3]^{2+}$	266(γCo－N)、228(γCo－N)
$[Ni(bipy)_3]^{2+}$	282(γNi－N)、258(γNi－N)
$[Co(phen)_3](ClO_4)_2$	378(γCo－N)、370(γCo－N)
$[Fe(phen)_2](NCS)_2$	252(γFe－NCS)、222[γFe－N(phen)]
$[Cu(gly)_2]\cdot H_2O$	439(γCu－N)、360(γCu－O)
$[Ni(gly)_2]\cdot H_2O$	439(γNi－N)、290(γNi－O)
$K_2[Pt(ox)_2]\cdot 3H_2O$	405(γMO＋环变形)、370(δOCO＋νCC)，328(π)
$Fe(acac)_2$	559、548(环变形)、433(γMO＋γCCH_3)、415、408(环变形)、298(γMO)

注：py. 吡啶；bipy. 2，2-联吡啶；phen. 邻菲啰啉；gly. 甘氨酸根；ox. 草酸根；acac. 乙酰丙酮基。

在有机配位化合物中，金属离子除了与配体分子中的 O、N、S 原子配位外，还可以与烯烃、炔烃生成 π-配位化合物，与某些环状有机化合物，如二戊铁、苯等也可以形成 π-配位化合物，这些配位化合物的 π-配位键的振动谱带也出现在远红外区。

4.3 远红外光谱分析实例

湿度波动情况下消除远红外光谱的水汽噪声

极性水分子的纯转动吸收遍布整个远红外区，这些水汽吸收峰会严重干扰样品的光谱信号。一般来说，进行红外光谱测试时，我们必须打开样品室以便交换样品和背景。室内空气的相对湿度为60%左右，外部空气流入测量体系，便会导致光路中水汽含量发生变化。在这种情况下，如果采用样品单光束谱图，水汽吸收峰将会或正或负地出现在样品谱图中。远红外波段样品的吸收强度比中红外小一个数量级，强水汽吸收峰的出现将会给样品的定性和定量分析带来很大的干扰，所以，有效消除水汽干扰对远红外光谱的测量至关重要。目前，常用来消除远红外光谱水汽干扰的方法有：①恒定低湿度下使用样品穿梭器；②向仪器中通入干燥的空气或氮气；③抽真空。这些方法综合考虑，各有利弊。抽真空可以彻底地消除水汽，但是价格昂贵且对样品测试有限制；充入氮气或干燥气体是个不错的选择，但费时，且有时湿度不稳定不能完全消除水汽干扰；恒定的低湿度下使用样品穿梭器能有效地消除水汽，并且比较经济，但是测定模式只限于透射，对于衰减全反射、漫反射及显微红外等均行不通。另外，此方法对于快速测定多个样品时也不行。同样存在水汽干扰的中红外和太赫兹光谱研究较热门，很多关于谱图后期处理消除水汽噪声的报道，与之不同的是，远红外光谱后期处理消除水汽的研究未见报道，故寻求一种快速有效消除远红外光谱水汽干扰的测量方法很有必要。

用湿度滴定法来消除光谱测试中的水汽噪声，即在样品单光束谱收集过程中间，根据水汽峰的大小和正负方向，适时向体系中通入所需要的气体（干燥或潮湿气体）来补偿光路中的水汽含量。通过实时观察谱图，可以发现水汽吸收峰由大到小直至消失的过程。此测量方法具有简单、省时和高效的特点，在湿度波动情况下快速地获得无水汽峰干扰的远红外光谱图。

1. 测量方法

1）恒定低湿度测定100%基线

通过氮气维持仪器内部的湿度恒定，在不同光谱分辨率下（$2cm^{-1}$、$4cm^{-1}$、$8cm^{-1}$），使红外线直接通过空光路，连续采集背景和样品单光束谱。背景谱和样品谱均扫描32次，得到空光路的100%基线，测量范围为600～$50cm^{-1}$。

2）湿度滴定法测定100%基线

通过氮气控制仪器内部的相对湿度低于20%，在不同光谱分辨率下（$2cm^{-1}$、

$4cm^{-1}$、$8cm^{-1}$），使红外光直接通过空光路，用湿度滴定法测定空光路的 100%基线，测量范围为 600～$50cm^{-1}$。先设定背景单光束谱扫描 100 次，样品单光束谱扫描次数不固定。对样品扫描 100 次时(观察样品谱中水汽吸收峰出现的情况)，根据实时显示的水汽吸收峰的正负，向光路中注入潮湿空气或干燥氮气，同时扫描不间断一直进行。当水汽峰逐渐变小直至消失时，强制终止扫描，得到 100%基线。

3)湿度滴定法测定 L-组氨酸和 D-半乳糖的远红外光谱

通过氮气控制仪器内部的湿度在 20%以下，使用湿度滴定法测定 L-组氨酸和 D-半乳糖的远红外光谱，光谱分辨率为 $4cm^{-1}$，测量范围为 600～$50cm^{-1}$。样品的制备方法为石蜡油研磨法，将研磨好的样品涂抹在聚乙烯薄膜上进行测定，选择聚乙烯薄膜作为测量背景。先设定采集背景单光束谱 100 次，样品扫描次数不固定。对样品扫描 100 次后，再继续扫描的过程中，根据实时显示的水汽吸收峰的正负，确定是否向光路中注入所需气体(潮湿或干燥)。当水汽峰逐渐变小直至消失时，强制终止扫描，得到样品的远红外光谱。

2. 结果与讨论

1)湿度滴定测量法

水分子的转动吸收遍布整个远红外光谱区。如果光路中的水汽含量过高，到达检测器的能量会急剧衰减，100%基线的信噪比会极其差。这是因为在仪器内部湿度较高时(RH>30%)，反常吸收现象将会出现。本书中所有的远红外测试实验均在较低湿度下进行(RH<20%)，放置硅胶干燥剂或吹干燥氮气维持仪器内部的低湿度。

一般红外光谱测量时，连续进行背景和样品的单光束谱采集，背景谱和样品谱的扫描次数固定，测量过程中无人为干预，从而直接得到样品的红外光谱图。我们提出的湿度滴定法的关键在于测定过程中人为控制光路中的水汽含量的相对高低。通过高、低湿度气氛调和出适宜的湿度条件，使样品测量与背景测量的平均水汽含量相等，以扣除水汽影响。为了模拟实际测试，采集背景单光束谱后，打开和关闭样品室进行样品单光束谱的采集。样品单光束谱采集过程中测量体系的水汽含量变化如图 4.13 所示，仪器内部的平均相对湿度低于 20%，即使某时刻可能会高于 20%。图中虚线表示的是采集背景谱时光路中水汽含量的平均水平，从开始扫描至扫描次数达到 N_b阶段称为潮湿阶段或前半阶段，从 N_b至 N_x扫描阶段称为干燥阶段或后半阶段。通常在关闭样品室后，立即进行样品单光束谱采集，此时测量体系的水汽含量相对之前会发生变化。在扫描 N_1次时，通过实时显示的谱图中的水汽吸收峰的出现情况，可以判断此阶段光路水汽含量的高低。从图 4.15 可以看出，前半阶段水汽含量高于虚线，是潮湿的，后半阶段则需引入干燥气体去滴定前半阶段的潮湿气体，直至整个样品谱采集过程的平均水汽含量与背景谱采集时一致。反之，如果前半阶段是干燥的，后半阶段则需引入潮湿的空气来中和。假设前半阶段扫描次数为N_1，后半阶段扫描次数为N_2，故样品谱中水汽吸光度可以表示为$A=\frac{(b_1c_1)N_1+(b_2c_2)N_2}{N_1+N_2}$，$c_1$、$c_2$分别表示两阶段的水汽含量。调节$N_1$、$N_2$值，从而样品中水汽的吸光度可达到与背景谱中的吸光度一致进而被扣除。值得指出的是，水汽吸收峰的动态观察和特定气体的补偿导入，都是在样品谱采集的同时进行的。另外，测量时光路中空气的相对湿度一直是波动的，体系相对湿度并不要求恒定，低于或高于背景谱时的平均值就可以满足要求。

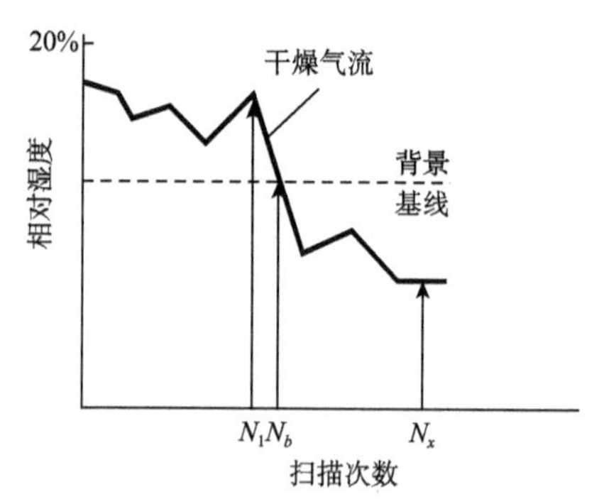

图 4.13　样品单光束谱图采集时，光路中水汽含量的变化示意图

对于常规测试而言，只有在体系水汽含量恒定的情况下，才能获得无水汽吸收干扰的谱图。在快速的光谱测试中，维持仪器内部水汽含量恒定非常困难。然而在新测量方法——湿度滴定法中，体系内部的相对湿度由干/湿滴定法合成，是可调控的。光路的相对湿度高低只是定性而非定量，很容易通过吹干燥气体或打开样品室(引入潮湿空气)来实现。一般情况下，N_1的值必须大，以保证谱图良好的信噪比。从图 4.13 可以看出，扫描次数N_1足够大以便保证中和滴定完全。原则上，大的N_1值需要大的N_x值来匹配，大的N_x值允许逐步进行干/湿滴定。选择合适的扫描次数，潮湿阶段的水汽吸光度和干燥阶段的水汽吸光度将会相互抵消。独立且强烈的水汽吸收峰选定为参考峰，通过实时显示的谱图观察，当水汽峰看不见时，光谱采集过程终止，N_x的值确定。

2)100％基线上水汽吸收峰的消除

图 4.14 是在相对湿度为 12％～20％，光谱分辨率为 4cm^{-1}时，采用湿度滴定法得到的远红外区的 100％基线。在采集背景单光束谱 100 次后，打开和关闭样品室模拟实际测量，随之马上采集样品单光束谱。对样品扫描 100 次时，100％基线上出现明显的水汽吸收倒峰(图 4.14 曲线 A)，并非理想的 100％基线。图 4.14 曲线 A 中向上的吸收峰表明样品测量阶段水汽含量低于背景测量阶段，在这种情

况下，扫描继续进行的同时引入潮湿的空气，去改变仪器内部的湿度，轻轻打开样品室的盖子让空气流入即可。潮湿空气的引入使测量体系的水汽含量高于背景水平，随着扫描次数的增加，水汽吸收峰变得越来越小直至消失。图 4.14 曲线 B 和图 4.14 曲线 C 为扫描次数为 180 次和 256 次时得到的 100%基线。当样品扫描 256 次时，水汽吸收峰基本消失，100%基线接近直线，这表明样品扫描 256 次时测量体系的水汽平均含量与背景谱（100 次扫描）水汽平均含量相等。此次测量，256 次为扫描终点。图 4.14 曲线 D 为在恒定低湿度下（RH=6%），常规测量得到的 100%基线。研究发现，在湿度波动情况下采用新方法得到的 100%基线与恒定极低湿度下（RH=6%）得到的 100%基线效果相当。

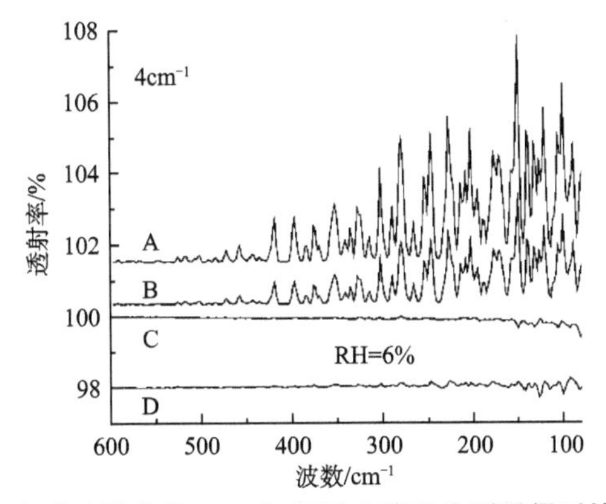

图 4.14　在光谱分辨率为 $4cm^{-1}$，用湿度滴定法测量得到的 100%基线

扫描次数分别为 A. 100；B. 180；C. 256；D. 在恒定湿度下（RH=6%）得到的 100%基线

图 4.15 是在相对湿度为 12%～20%，光谱分辨率为 $2cm^{-1}$ 时，采用湿度滴定法得到的 100%基线。从图中可以看出，光谱分辨率越高，水汽的响应越灵敏，水汽峰强度越大，干扰也越严重。图 4.15 曲线 A，曲线 B 和曲线 C 分别是扫描次数达 100、160 和 236 时的 100%基线，扫描次数为 100 时，出现一系列显著的水汽吸收峰，谱图显示此时测量体系的平均水汽含量高于背景谱。向仪器内部吹入氮气，降低测量体系的水汽含量，水汽吸收峰也随着扫描次数的增加逐渐变小。当样品扫描次数达 236 时，水汽吸收峰基本消失，水汽最强吸收峰 $150cm^{-1}$ 处还有些微小波动峰，但基本不影响样品测定，此次即扫描终点，与图 4.17 曲线 D 恒定湿度下（RH=5%）测量得到的 100%基线相比较，湿度滴定法消除水汽峰的效果还是可以的。

图 4.16 是在相对湿度为 12%～20%，光谱分辨率为 $8cm^{-1}$ 时，采用湿度滴定法得到的 100%基线。图 4.16 曲线 A、曲线 B、曲线 C 分别为扫描次数为 100 次、148 次和 192 次时得到的 100%基线，很明显的是分辨率为 $8cm^{-1}$ 时，水汽吸收峰的峰型宽、强度低，干扰作用相对小很多，但还是有些微弱吸收。同样随着扫描次

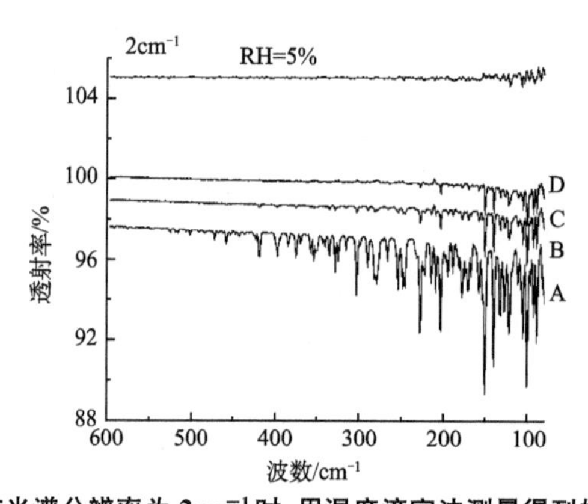

图 4.15　在光谱分辨率为 $2cm^{-1}$ 时，用湿度滴定法测量得到的 100%基线

扫描次数分别为 A. 100；B. 160；C. 236；D. 在恒定湿度下(RH＝5％)得到的 100％基线

数的增加，引入氮气滴定，水汽吸收峰逐渐变小直至消失。当扫描次数达 192 时，水汽吸收峰基本完全消失，100％基线的随机波动为仪器本身的噪声，扫描终止。图 4.16 曲线 D 是在恒定湿度下(RH＝16％)测量得到的 100％基线，相比之下，湿度波动情况下得到的 100％基线可与之媲美。

总而言之，对于不同的光谱分辨率($2cm^{-1}$、$4cm^{-1}$、$8cm^{-1}$)，在湿度波动情况下，采用滴定测量法消除水汽吸收峰的效果均得到证实，其 100％基线不亚于极低恒定湿度下所得到的 100％基线。

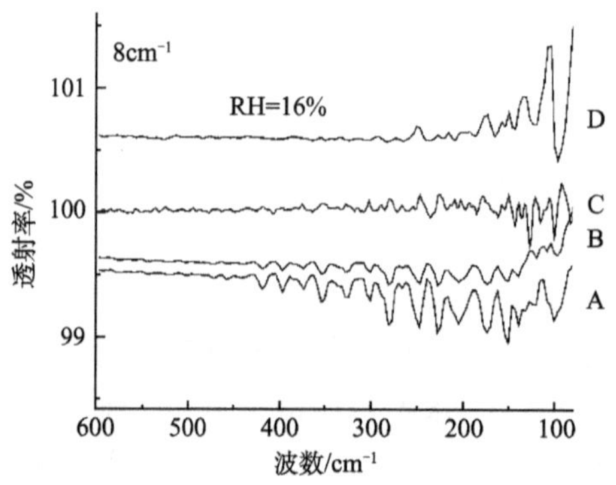

图 4.16　在变动湿度下，分辨率为 $8cm^{-1}$ 用新方法测量得到的 100%基线

扫描次数分别为 A. 100；B. 148；C. 192；D. 在恒定湿度下(RH＝16％)得到的 100％基线

3)L－组氨酸和 D－半乳糖谱图上水汽峰的消除

图 4.17 是光谱分辨率为 $4cm^{-1}$，用新测量方法得到的 L－组氨酸的远红外光谱。图 4.17 曲线 A～曲线 C 的样品扫描次数分别为 100、200 和 268。对样品扫描 100 次后，图 4.17 曲线 A 中出现向下的水汽峰(星号所示)，这表明当前的测量体系中含有较多的水汽，因此向光路中通入干燥氮气并继续扫描 L－组氨酸样品。

由于氮气的导入，测量体系的水汽含量下降，并将低于背景扫描时水汽的平均湿度。从图4.17曲线B和曲线C可以看出，随着样品扫描次数的增加，水汽吸收峰逐渐变小直至消失。在样品扫描次数为268次时水汽峰消失至接近无干扰水平，这时终止扫描，就得到了如图4.17曲线C所示的L-组氨酸的远红外光谱。实验结果表明，新测量方法能有效地消除水汽的吸收，获得了无水汽干扰的L-组氨酸远红外光谱。

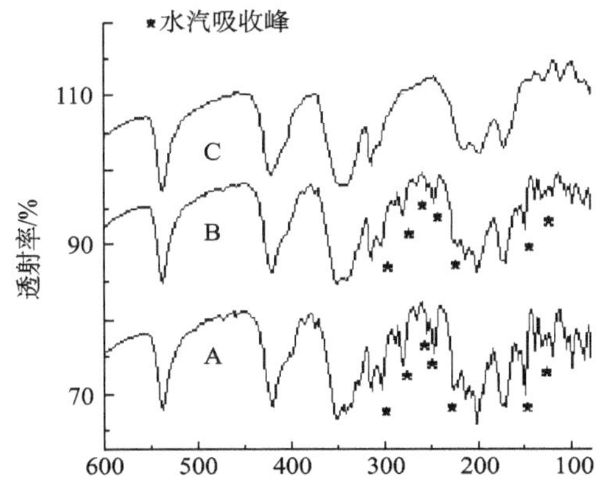

图4.17 新测量方法得到的L-组氨酸的远红外光谱

扫描次数 A.100；B.200；C.268(星号所指示的为水汽吸收峰)

同样，图4.18是用湿度滴定方法得到的无水汽吸收峰干扰的D-半乳糖远红外光谱，也可以观察到随着扫描次数的增加水汽吸收峰从有至无的渐变过程。值得提出的是新方法在湿度波动的情况下进行，可以在放入样品或背景样品后立即进行测量。因此，光谱湿度滴定法显著提高了测试效率。

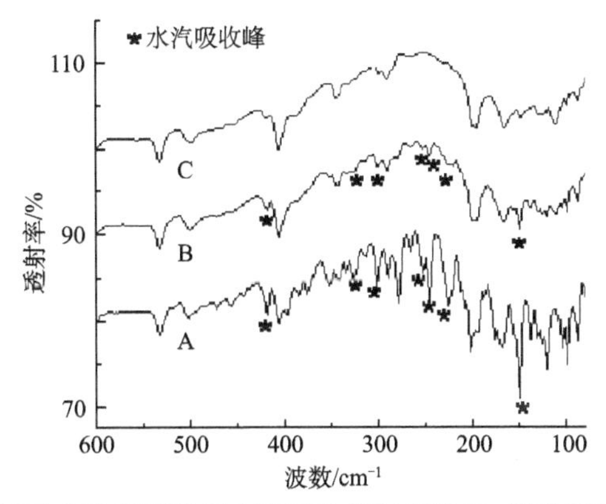

图4.18 新测量方法得到的无水汽吸收峰干扰的D-半乳糖的远红外光谱

扫描次数 A.100；B.196；C.272(星号所指示的为水汽吸收峰)

参考文献

[1] 程辞，王训四，徐铁峰，等．新型远红外 Ge-Ga-Te-CsCl 硫系玻璃的光学特性．硅酸盐学报，2016，44(1)：113-117.

[2] 孙宝勇，刘利国，倪自丰，等．纳米远红外陶瓷粉填充 UHMWPE 复合材料的性能研究. 塑料工业，2017，45(3)：66-69.

[3] 曲远方．现代陶瓷材料及技术．上海：华东理工大学出版社，2008.

[4] Parramon R J. A far-Infrared Spectro-Spatial Space Interferometer. London：Springer International Publishing，2016.

[5] 刘建学，程晓燕，朱文学，等．谷物干燥远红外复合陶瓷材料的研究．农业机械学报，2006，37(6)：59-62.

[6] 宋宪瑞，刘家臣，敬畏，等．TiO_2 -莫来石远红外陶瓷的研究．稀有金属材料与工程，2007，36(S2)：471-473.

[7] 刘维良，骆素铭．常温远红外陶瓷粉和远红外日用陶瓷的研究．陶瓷学报，2002，23：9-16.

[8] 刘洋，李旭日，王娜，等．远红外橡胶功能复合材料的制备及在汽油活化中的应用研究. 功能材料，2014，45(9)：9057-9060.

[9] 胡燕琴，陈玉静，李慧华，等．反常吸收与高质量的远红外光谱．光谱学与光谱分析，2012，32(2)：339-342.

[10] 黄现礼，王福平，姜兆华，等．$MnBaTi_4O_9$ 微波介质陶瓷的远红外光谱研究．稀有金属材料与工程，2005，34(S2)：838-840.

[11] 曹徐苇，范雪荣，王强．远红外纺织品发展综述．印染助剂，2007，24(6)：1-5.

[12] Oliver K，Deshano B，Cain B，et al. Discovery of optically pumped far-infrared laser emissions from formic acid and its isotopologues. Journal of Infrared，Millimeter，and Terahertz Waves，2014，35(5)：419-424.

[13] Takan T，Alasgarzade N，Uzun-Kaymak I U，et al. Detection of far-infrared radiation using glow discharge dectectors. Opcital and Quantum Electronics，2016，48(5)：1-10.

[14] 陈汝芬，宋秀芹．冷冻干燥法制备(Y_2O_3. MgO)-ZrO_2 超细粉．稀有金属，2004，28(4)：635-637.

[15] 程晓燕．新型高能谷物远红外辐射器及辐射特性匹配研究．河南科技大学硕士学位论文，2004.

[16] 崔永刚，魏殿群，吴玮，等．远红外加热电机浸漆烘干炉．信息技术，1994，(1)：6，7.

[17] 丁莹．萝卜远红外干燥的试验研究．山东理工大学硕士学位论文，2009.

[18] 豆斌朝，林振汉．喷雾干燥法制备的 Yb_2O_3(Al_2O_3)-8YSZ 超细粉的性能．稀有金属快报，2005，24(12)：27-31.

[19] 窦明民．等离子体氧化热分解法制备超细氧化锆．过程工程学报，2001，1(4)：445-448.

[20] 高学峰，郭莹．优质高温远红外涂料的研制与应用．现代技术陶瓷，2000，(2)：22-25.

[21] 韩玲．速溶牦牛油茶生产工艺及参数研究．农业工程学报，2002，18(3)：113-116.

[22] 胡傲，曾汉民．纳米 ZrO_2——一种很有前途的远红外辐射材料．材料导报，2004，4(18)：124-127.

[23] 胡洁．果蔬远红外真空干燥技术研究．江南大学硕士学位论文，2008.

[24] 胡亚范．远红外辐射加热技术节能原理与应用．红外技术，2002，24(5)：58，59.

[25] 黄朝晖，张连学，王英平，等．恒温热风和变温远红外干燥西洋参的对比研究．特产研究，2002，(3)：11-14.

[26] 黄飞，杨涛，徐坤．远红外涂料在烟叶烤房中的应用．农业科技与装备，2010，(6)：9-12.

[27] 姜元志．远红外与热风联合干燥高湿物料的机理与试验研究．莱阳农学院硕士学位论文，2005.

[28] 李东光．功能性涂料的生产与应用．南京：江苏科学技术出版社，2006.

[29] 李法庆．新型高温远红外节能涂料应用于工业窑炉的节能研究．能产业与科技论坛，2007，6(8)：105，106.

[30] 李红涛，刘建学．高效远红外辐射陶瓷的研究现状及应用．现代技术陶瓷，2005，26(2)：24-26.

[31] 李红涛，刘建学．锆钛系远红外谷物干燥复合材料的研究．红外技术，2006，28(1)：16-18.

[32] 李红涛，刘建学．远红外辐射陶瓷研究的现状及进展．陶瓷，2005.(4)：49-51.

[33] 李红涛．谷物干燥远红外复合陶瓷辐射器的研究．河南科技大学硕士学位论文，2006.

[34] 李毅，张永忠．远红外车辆检测装置的设计．冶金自动化，2009，33(S1).

[35] 刘相东．常用工业干燥设备及应用．北京：化学工业出版社，2005.

[36] 刘旭，姚晓红，蔡华，等．竹单板干燥机理及远红外干燥在竹单板干燥中的应用．湖南农机，2002，(1)：13-15.

[37] 麻伍军．纳米远红外材料的合成及其在纺织品中的应用．苏州大学硕士学位论文，2012.

[38] 潘美丽．远红外保暖鞋里材料的制备及性能研究．陕西科技大学硕士学位论文，2011.

[39] 朱文学，刘建学，刘云宏等．中药材干燥原理与技术．北京：化学工业出版社，2007.

[40] 齐鲁，叶建忠，李和玉，等．远红外磁性纤维的研究．高分子材料科学与工程，2004，20(1)：198-201.

[41] 沈国先，赵连英．远红外材料及纺织品保健功能的试验研究．现代防治技术，2012，20(6)：53-57.

[42] 宋祥玲．远红外果蔬脱水的试验研究．山东理工大学硕士学位论文，2005.

[43] 孙笑非．纳米结构二氧化锆的制备及形貌控制．河北师范大学硕士学位论文，2006.

[44] 汤运启．远红外保暖鞋里材料的研究与开发．陕西科技大学硕士学位论文，2008.
[45] 王改芝．添加远红外粉体提高皮革的保暖研究．陕西科技大学硕士学位论文，2007.
[46] 王军．直热式远红外辐射器在烤漆设备及中温烘箱中的应用．应用红外与光电子学，1990，(10)：27，28.
[47] 王俊，许乃章．远红外热风干燥香菇的研究．农业工程学报，1993，9(2)：95-101.
[48] 王俊，张敏，刘正怀．远红外辐射并配以排湿气流干燥蘑菇片的实验研究．浙江大学学报，1999，25(4)：448-450.
[49] 吴连连．低温远红外干燥水稻爆腰规律的试验研究．莱阳农学院硕士学位论文，2006.
[50] 谢已书，陈晓明．远红外涂料在烤烟上的应用试验效果．贵州农业科学，2000，(S1)：68，69.
[51] 徐凤，徐红．远红外纺织品的开发与应用．轻纺工业与技术，2011，40(5)：52-54.
[52] 徐贵力，程玉来，毛罕平，等．远红外常压、负压联合干燥香菇的试验研究．农业工程学报，2001，17(3)：133-136.
[53] 杨广慧，张彦．纳米氧化锆的制备及应用．化工新型材料，2000，5(27)：21-24.
[54] 杨华．远红外技术及其在食品工业上的应用与展望．包装与食品机械，2006，24(3)：46-50.
[55] 袁兵．远红外纺织品的保健效果．红外技术，2002，24(5)：52-54.
[56] 翟如健．远红外定向辐射技术在涂漆烘干中的应用．摩托车技术，2003，(2)：24-26.
[57] 张辉．远红外辐射涂料节能原理与应用．应用能源技术，2003，(6)：25，26.
[58] 张珺．远红外丙纶针织物的研究与分析．东华大学硕士学位论文，2007.
[59] 赵光贤．红外线远红外线在橡胶工业中的应用．特种橡胶制品，2004，25(2)：41-43.
[60] 宗源．远红外聚酰胺纤维及其织物的制备和性能研究．东华大学硕士学位论文，2013.
[61] Afzal T M, Abe T. Diffusion in potato during farInfrared radiation drying. Journal of Food Engineering, 1998, 37: 353-365.
[62] Mongpraneet S, Abe T, Tsurusaki T. Accelerated drying of welsh onion by farinfrared radiation under vacuum conditions. Joumal of Food Engineering, 2002, (55): 147-156.
[63] Umesh Hebbar H, Rastogi N K. Mass transfer during infrared drying of cashew kernel. Journal of Food Engineering, 2001, 47(1): 1-5.
[64] Vahur S, Teearu A, Leito I. ATR-FT-IR spectroscopy in the region of 550-230cm^{-1} for identification of inorganic pigments. Spectrochimica Acta Part A-Molecular and Biomolecular Spectroscopy, 2010, 75: 1061-1072.
[65] Brusentsova T N, Peale R E, Maukonen D, et al. Far infrared spectroscopy of carbonate minerals. American Mineralogist, 2010, 95: 1515-1522.